Pueblos indígenas e inversión en territorio ancestral

Gloria Huamán Rodríguez

Pueblos indígenas e inversión en territorio ancestral

Violación de un derecho colectivo

Amazonía peruana en pedazos para petróleo y gas

PL ACADEMIC RESEARCH

Bibliographic Information published by the Deutsche Nationalbibliothek

The Deutsche Nationalbibliothek lists this publication in the Deutsche Nationalbibliografie; detailed bibliographic data is available in the internet at http://dnb.d-nb.de.

Library of Congress Cataloging-in-Publication Data

Huamán Rodríguez, Gloria, 1964- author.

Pueblos indígenas e inversión en territorio ancestral : violación de un derecho colectivo : amazona peruana en pedazos para petróleo y gas / Gloria Huamán Rodríguez

pages cm

Includes bibliographical references and index.

ISBN 978-3-631-67010-1 (Print) – ISBN 978-3-653-06160-4 (E-Book) 1. Indians of South America–Land tenure–Peru. 2. Mineral rights–Peru. 3. Petroleum law and legislation–Peru. 4. Indians of South America–Legal status, laws, etc–Peru. I. Title.

KHQ3813.H83 2015

346.8504'3208998–dc23

2015030937

ISBN 978-3-631-67010-1 (Print)

E-ISBN 978-3-653-06160-4 (E-Book)

DOI 10.3726/978-3-653-06160-4

PL Academic Research is an Imprint of Peter Lang GmbH.

Peter Lang – Frankfurt am Main · Bern · Bruxelles · New York · Oxford · Warszawa · Wien

This publication has been peer reviewed.

www.peterlang.com

A Roland y Sofía
por compartir la esperanza
de vivir en un mundo mejor

Siglas y acrónimos

AIDESEP	Asociación Interétnica para el Desarrollo de la Selva de Perú
ANP	Áreas Naturales Protegidas
AELC	Asociación Europea de Libre Comercio integrado por Suiza, Noruega, Islandia y Liechtenstein
BID	Banco Interamericano de Desarrollo
CEACR	Comisión de Expertos en Aplicación de Convenios y Recomendaciones de la OIT
CERD	Committee on the Elimination of Racial Discrimination
CIDH	Comisión Interamericana de Derechos Humanos
CIEL	Center for International Environmental Law
COFOPRI	Organismo de Formalización de la Propiedad Informal
CONAM	Consejo Nacional del Ambiente
DGAAE	Dirección General de Asuntos Ambientales Energéticos
DGH	Dirección General de Hidrocarburos
DIA	Declaración de impacto ambiental
EIA	Estudios de impacto ambiental
EVAP	Evaluación ambiental preliminar
FENAMAD	Federación Nativa del Río Madre de Dios y Afluentes
GNUD	Grupo de las Naciones Unidas para el Desarrollo
INEI	Instituto Nacional de Estadística e Informática
INRENA	Instituto Nacional de Recursos Naturales
MINEM	Ministerio de Energía y Minas
OCDE	Organización de Cooperación y Desarrollo Económicos
ODECOFROC	Organización de Desarrollo de las Comunidades Fronterizas del Cenepa
OEFA	Organismo de Evaluación y Fiscalización Ambiental
OEA	Organización de los Estados Americanos
OIT	Organización Internacional del Trabajo
ONU	Organización de las Naciones Unidas
OSINERG	antigua Oficina Supervisora de Inversiones en Energía
OSINERGMIN	Organismo Supervisor de la Inversión en Energía y Minería de Perú
PERUPETRO S.A.	Empresa Estatal de Derecho Privado del Sector Energía y Minas de Perú
PetroPerú S.A	Empresa estatal Petróleos Perú S.A.

PIDCP	Pacto Internacional de Derechos Civiles y Políticos
PNUD	Programa de las Naciones Unidas para el Desarrollo (UNDP en inglés)
SENACE	Servicio Nacional de Certificación Ambiental para las Inversiones Sostenibles
SERNANP	Servicio Nacional de Áreas Naturales Protegidas
SINANPE	Sistema Nacional de Áreas Naturales Protegidas
TLC	tratado de libre comercio
UNPFII	Foro Permanente para las Cuestiones Indígenas de la ONU

Índice

Índice de mapas y cuadros

Mapas

Cuadros

Introducción

Gracias a la presencia de una rica variedad de flora y fauna, Perú es calificado como uno de los países mega-diversos de la Tierra. Sus tres grandes regiones, con diferentes ecosistemas y climas, se han convertido en el refugio perfecto para una gran parte de la riqueza biológica mundial.

Sin embargo, Perú no sólo es un país mega-diverso en sentido biológico, sino también en sentido humano y cultural. Al interior de sus fronteras, especialmente en zonas biodiversas, viven sociedades o pueblos autodenominados originarios, quienes, desde sus antepasados más lejanos, practican y cuidan de la más rica variedad de expresiones culturales, tradiciones y costumbres. Ellos hacen de Perú un país multicultural, multiétnico y multinacional. Afirmar que el país está compuesto por *una sola nación*, es negar la existencia de sus pueblos originarios.

Mientras la riqueza biológica es objeto de orgullo y admiración, la rica variedad de los pueblos originarios, internacionalmente conocidos como pueblos indígenas, apenas son visibilizados en el quehacer político del país.

Los pueblos indígenas de Perú han sobrevivido el largo proceso de colonización iniciado con la invasión europea del siglo XVI y hoy luchan por mantener sus prácticas culturales, sociales, políticas y económicas tradicionales, y por no terminar asimilados o insertados a la sociedad dominante.

Desde la colonia española, los pueblos originarios han sido sometidos a la explotación, discriminación, despojo, expropiación y segregación. El nacimiento de un Estado democrático republicano ocurrido en el siglo XIX no ha significado para ellos el cambio ni la reivindicación de sus derechos mellados durante la época anterior.

Desde tiempos inmemorables, la Amazonía peruana ha sido ocupada por una diversidad de pueblos originarios o indígenas. El normal desarrollo de estas sociedades ha sido interrumpido por sucesos históricos como la cristianización forzada de los siglos XVII y XVIII, la fiebre del caucho de fines del siglo XIX e inicios del siglo pasado, la violencia político-social de los años 80' y 90' pasados, así como la explotación legal e ilegal de los recursos naturales de estos últimos 40 años. Estos hechos han traído secuelas graves en la composición demográfica y en la organización socio-política y económica de dichos pueblos; muchos desaparecieron o se diseminaron, algunos fueron asimilados por pueblos vecinos o se perdieron en las ciudades emergentes. Estadísticas oficiales informan que una minoría de la población amazónica estaría compuesta por personas indígenas. Aun cuando esta información es objetada por los representantes indígenas, como veremos en el desarrollo de la presente investigación, la población indígena de la Amazonía ha ido disminuyendo gravemente.

Desde sus ancestros, los pueblos indígenas de la Amazonía peruana, obedeciendo a normas consuetudinarias y tradicionales, fueron ocupando, disfrutando y controlando territorios ricos en flora, fauna y otros recursos naturales que les han servido como fuente de alimentación, trabajo, curación, prácticas rituales, recreación e intercambio económico. Los territorios que identificaron como suyos han sido definidos desde una perspectiva distinta a la de tipo occidental. Con ayuda de estudios antropológicos y sociales podremos llegar a entender el concepto indígena de territorio ancestral o tradicional y el vínculo, en sus distintas manifestaciones vitales, que une a los pueblos indígenas con él.

La colonización permanente de la Amazonía ha significado la pérdida de control de gran parte de territorios ancestrales o tradicionales, los mismos que han ido cayendo en manos privadas o del Estado. A su vez, la pérdida o disminución de territorios ancestrales significa la extinción de los pueblos indígenas. Muchos de ellos han desaparecido y otros están en peligro latente de hacerlo.

La legislación peruana no ha dado una respuesta clara y definitiva a las demandas de los pueblos indígenas, quienes reclaman el restablecimiento de sus derechos territoriales, afectados durante la historia de colonización, y la protección jurídica de los territorios que aún poseen. El Estado, fuera de reconocer el derecho legítimo de los pueblos sobre sus territorios ancestrales y recursos naturales, ha creado figuras jurídicas como las llamadas comunidades nativas (y campesinas) con derechos limitados a la superficie del suelo. Del mismo modo, antes de reconocer el derecho inherente a los territorios ha ido creando áreas naturales de protección que afectan gravemente la intangibilidad de los territorios indígenas.

Bajo los argumentos de desarrollo, inversiones e interés público, el Estado peruano, desde hace más de 20 años, viene promoviendo y ejecutando grandes proyectos para la extracción de recursos renovables y no renovables en toda la Amazonía. Este plan gubernamental viene afectando gravemente los territorios y recursos naturales de los pueblos indígenas, quienes para hacer frente a tal agresión no cuentan con la protección jurídica suficiente que garantice la integridad e intangibilidad de sus territorios ancestrales o tradicionales, ni con recursos legales o jurídicos suficientes para repeler tales actos. Una de las actividades extractivas que afecta tanto la seguridad territorial de los pueblos indígenas, así como la existencia de éstos, es la extracción de hidrocarburos. Para ello, el Estado, aprovechando la falta de seguridad jurídica de los territorios indígenas, los viene otorgando mediante contratos de larga duración a empresas transnacionales para la exploración y explotación de hidrocarburos. Un análisis minucioso del régimen de inversiones nos podrá ayudar a comprender las prioridades que el Estado tiene y la falta de interés en solucionar las demandas de los pueblos indígenas en relación a sus territorios y recursos naturales.

La presión que ejerce el Estado sobre los territorios indígenas trae consigo graves conflictos sociales que terminan enfrentando no sólo a los pueblos indígenas con las empresas petroleras y el Estado, sino también a los miembros de los mismos pueblos indígenas o a éstos con los vecinos. Las protestas, marchas y huelgas organizadas por los pueblos afectados terminan muchas veces en represión policial que desencadena muertes, lesiones y detenciones. Los hechos ocurridos el 5 de junio de 2009 en la carretera "Fernando Belaunde Terry", en la denominada "Curva del Diablo", ubicada en las provincias de Bagua y Uctubamba, Departamento de Amazonas, es sólo una muestra de los conflictos que surgen cuando el Estado afecta unilateralmente territorios indígenas para la industria y el comercio. En el 2008, el gobierno central emitió 101 decretos legislativos a fin de hacer viable la vigencia del tratado de libre comercio suscrito con Estados Unidos de Norteamérica. Aproximadamente once de dichas normas afectaban frontalmente el territorio de los pueblos indígenas, incluso debilitaban los títulos comunales adquiridos decenios antes. Es por ello que los pueblos indígenas Awajún y Wampis de la región convocaron a huelga y marchas de protesta pacífica, las que provocaron la reacción represiva del Estado y terminaron con muchas personas muertas (33, entre policías, miembros de pueblos indígenas y otros), otras malheridas y detenidas (especialmente indígenas)[1]. Según la organización no gubernamental Amnistía Internacional, más de 200 personas civiles habrían sido heridas con armas de fuego y gases lacrimógenos disparados por las fuerzas policiales.[2]

La contaminación de las fuentes principales de subsistencia es una consecuencia drástica que experimentan los pueblos indígenas afectados por la industria de hidrocarburos. Los animales silvestres, peces, plantas, frutos, raíces y productos de la pequeña agricultura, o bien están contaminados con petróleo y demás residuos químicos peligrosos o se han extinguido definitivamente.

---

1 A/HRC/12/34/Add.8 del 18 de agosto de 2009, informe del Relator Especial sobre la situación de los derechos humanos y las libertades fundamentales de los indígenas.- *Observaciones sobre la situación de los pueblos indígenas de la Amazonía y los sucesos del 5 de junio y días posteriores en las provincias de Bagua y Uctubamba*: http://ap.ohchr.org/documents/sdpage_e.aspx?m=73&t=9 (diciembre 2012)

2 Amnistía Internacional, *Perú: Bagua, seis meses después*; London, Reino Unido 2009; pp. 6, 7

Objeto

Apoyado en las nuevas tendencias del derecho internacional de derechos humanos, el presente trabajo se ha propuesto intensificar el análisis del derecho de los pueblos indígenas de la Amazonía peruana al territorio ancestral o tradicional y recursos naturales existentes en éstos, como un derecho humano colectivo tal como veremos en el punto 4. Previamente, intentaremos demostrar que dicha región no es 'tierra de nadie' ni objeto de libre disposición, sino que está ocupada todavía, aunque parcialmente debido a la colonización permanente, por pueblos originarios, cuyos derechos territoriales se remontan a épocas anteriores a la llegada de los invasores europeos y al establecimiento del Estado-nación actual.

Del mismo modo, el objetivo del presente estudio es confrontar la vigencia del citado derecho inherente y originario de los pueblos indígenas de la Selva peruana con la legislación nacional. Esto nos permitirá explicar las razones por las cuales el Estado dispone libremente de los territorios indígenas y los destina a la explotación industrial. En el punto 5 abordaremos al detalle la primacía del sistema legal de inversiones frente al sistema de protección de los derechos humanos de los pueblos indígenas. Insistiremos en la forma cómo el Estado superpone derechos de particulares sobre derechos territoriales colectivos y cómo se viene lotizando el territorio de los pueblos indígenas para ser entregado a empresas transnacionales dedicadas a la exploración y explotación de hidrocarburos.

La lotización de territorios ancestrales indígenas para dichas actividades es un ejemplo para demostrar que el Estado nacional los despoja para ejecutar programas de desarrollo e inversión, los que, lejos de favorecer a la economía de los pueblos afectados, son la causa de deforestación, degradación y contaminación de bosques, ríos, quebradas, lagunas y suelos, respectivamente. Los puntos 6 y 7 del presente estudio buscarán explicar las consecuencias de la ocupación ilegítima de los territorios indígenas por las empresas contratistas tanto en el derecho territorial como el medio ambiente natural de los pueblos afectados. De esta forma se llegará a explicar la relación intrínseca del derecho al territorio ancestral y recursos naturales con el derecho a un medio ambiente natural, sano y equilibrado de los pueblos indígenas. Sólo a manera de referencia, se tratará el derecho a la libre determinación de los pueblos indígenas en relación a los territorios y recursos naturales.

El Estado peruano no puede omitir el cumplimiento de las obligaciones internacionales de protección, respeto y garantía de los derechos humanos tanto individuales como colectivos de los pueblos indígenas. Dichas obligaciones han sido asumidas mediante la firma y ratificación de normas internacionales de nexo jurídico obligatorio como el Pacto Internacional de las Naciones Unidas sobre los

Derechos Civiles y Políticos, Pacto Internacional de las Naciones Unidas sobre los Derechos Económicos, Sociales y Culturales, la Convención Internacional sobre la Eliminación de todas las Formas de Discriminación Racial, el Convenio 169 de la Organización Internacional del Trabajo sobre pueblos indígenas y tribales en países independientes, entre otros que analizaremos en el punto 8 del presente estudio. Un análisis del vínculo jurídico que tiene la Declaración de las Naciones Unidas sobre los derechos de los pueblos indígenas nos permitirá explicar la importancia de esta norma en la protección de los derechos colectivos de los pueblos indígenas, como el derecho al territorio ancestral o tradicional y la obligación del Estado frente a los mismos. Finalmente, en el punto 9 analizaremos brevemente el intento de la comunidad internacional de buscar salidas que obligan a las empresas transnacionales y otras a respetar los derechos humanos en general y mitigar las consecuencias en caso de ocurrida la violación de esos derechos.

Metodología

El tema, materia de investigación, es abordado cualitativamente. Los instrumentos legales internacionales, especialmente el Convenio 169 y la Declaración de las Naciones Unidas sobre los derechos de los pueblos indígenas, arriba mencionados, son analizados desde el ángulo teleológico, el mismo que nos ha de permitir entender la finalidad para la cual dichas normas fueron introducidas en el derecho internacional.

El conjunto de instrumentos legales nacionales, entre ellos las dos últimas Constituciones Políticas de Perú (1979 y 1993), así como normas de menor rango dictadas en materia de hidrocarburos, comunidades nativas, de promoción de la Selva, conservación y aprovechamiento de recursos naturales, es analizado sistemáticamente, de tal forma que del análisis se podrá comprender la falta de implementación de normas internacionales que protegen los derechos colectivos inherentes de los pueblos indígenas, como el derecho al territorio ancestral y recursos naturales.

Para abordar el tema es necesario revisar bibliografía de derecho internacional actual. Del mismo modo, se revisará bibliografía nacional peruana, así como algunas sentencias de la Corte Interamericana de Derechos Humanos y de la Corte Constitucional peruana. Bibliografía de otras disciplinas (antropología, historia) nos ayudará a explicar mejor el vínculo intrínseco que existe entre el pueblo indígena y los territorios que ocupan.

Los mapas y cuadros que acompañan a la presente investigación servirán para ilustrar mejor la ubicación de los lotes de hidrocarburos y la dimensión de las superposiciones.

1. Los pueblos indígenas de la Amazonía peruana

1.1. La Amazonía como hábitat natural

La superficie continental del territorio peruano actual tiene una extensión aproximada de 128'521,500 hectáreas (ha), dividida en tres grandes regiones geográficas: Costa, Sierra y Selva. La extensión marítima supera los 99 millones de hectáreas.

Debido a la gran diversidad de formas de vida animal y vegetal existente en dichas regiones, incluidos los ríos, lagos, lagunas y el mar, Perú ha sido ubicado entre los doce países mega-diversos de nuestro planeta[3]. El territorio peruano es hábitat de más de 379 especies de anfibios, 383 de reptiles, 1,822 de aves, 462 de mamíferos, entre otras. Aproximadamente el 16% de estos animales son considerados endémicos[4]; es decir, no viven en otro lugar del mundo, salvo en determinadas zonas del país. Igualmente, Perú es hogar de aproximadamente 17,144 especies de plantas vasculares, de las cuales el 31.2% son endémicas.

El calificativo de país mega-diverso se debe precisamente a la biodiversidad existente y hasta ahora registrada en la Selva o Amazonía peruana, la misma que posee una gran variedad de ecosistemas que constituyen el hábitat natural perfecto para una diversidad de especies de plantas y animales.

La región amazónica comprende los departamentos políticos (o regiones políticas) de Loreto, Ucayali, Madre de Dios y parte de los departamentos de Amazonas, Cajamarca, Huancavelica, La Libertad, Pasco, Piura, Puno, Ayacucho, Junín, Cusco, San Martín y Huánuco.

Ella se extiende por una superficie aproximada de 78'282,060 ha, es decir por un 60.9% de la superficie continental del territorio peruano. Esta región geográfica está dividida en dos partes: Selva Alta y Selva Baja. La Selva Alta se ubica entre los 600 y 2,000 metros sobre el nivel del mar (m.s.n.m.) y la Selva Baja está debajo de los 600 m.s.n.m. aproximadamente.

---

3 Centro de Datos para la Conservación - Universidad Nacional Agraria La Molina: http://cdc.lamolina.edu.pe/Area_Trabajo/especies.htm (diciembre 2010)

4 Mongabay.com: http://rainforests.mongabay.com/deforestation/2000/Peru.htm (octubre 2010), recoge información de World Conservation Monitoring Centre of the UNDP

José Álvarez explica que la Amazonía, en general, no es un espacio uniforme, sino que está compuesta por cientos de bosques distintos que crecen sobre suelos de diverso origen, edad, estado de meteorización, textura y variedad de nutrientes; es decir, la Amazonía es un mosaico de distintos tipos de suelos, sobre los que crecen diferentes comunidades de plantas y animales relacionadas entre sí. Según el mismo autor sólo la Reserva de Allpahuayo-Mishana, ubicada en Loreto, a 22 kilómetros de su capital Iquitos y considerada como el *'punto caliente'* de biodiversidad no sólo del Amazonas peruano, sino también del planeta, cuenta con más de 194 especies de anfibios, 186 de reptiles, 780 de aves (incluyendo 25 especies de loros) y más de 150 especies de mamíferos. Es de resaltar la cifra extraordinaria de 518 especies de mariposas halladas en esta reserva natural. Tal es la biodiversidad en esta área, que crecen cerca de 300 especies de árboles por hectárea[5]. Por estas razones y por ser hábitat de un gran número de especies de plantas y animales endémicos, dicha reserva es considerada zona de gran importancia para la generación y conservación de especies.

Sin embargo, la riqueza natural amazónica se ve amenazada por la permanente colonización de áreas vulnerables, que está provocando su deforestación y degradación. Para el año 2000 la deforestación de dicha región habría alcanzado, según versión estatal, a 7'172,553 ha, siendo últimamente la tasa anual aproximada de deforestación de 144,221 ha. El pronóstico oficial de crecimiento de la deforestación de los bosques amazónicos llegaría hasta una tasa anual de 177,078 ha si no se toman medidas de protección ambiental[6]. Según cálculos extraoficiales, la deforestación de la Amazonía habría alcanzado en el 2000 a más de once millones de hectáreas[7]; es decir, aproximadamente cuatro millones de hectáreas más que las calculadas oficialmente. Con el paso de los años, la deforestación se agrava, pues según cálculos empíricos, la deforestación al 2012 habría crecido hasta alcanzar más de 13 millones de hectáreas. Asimismo, la explotación de recursos naturales, como la madera, hidrocarburos, minerales y otros, habría degradado hasta más del 60% de los bosques primarios[8]. Sea cual fuere el grado

---

5 ALVAREZ ALONSO, José, *Imágenes del Paraiso, La Reserva Nacional Allpahuayo-Mishana*; Instituto de Investigaciones de la Amazonía Peruana-IIAP, Perú, 2006, pp. 8ss

6 ARMAS, Angel, BÖRNER, Jan, TITO, Marcos, DIAZ, Licely, TAPIA-CORAL, Sandra C., WUNDER, Sven, REYMOND, Louis y NASCIMIENTO, Nathalia, *Pagos por Servicios Ambientales para la conservación de bosques en la Amazonía peruana: Un análisis de viabilidad*, SERNANP, Perú, 2009, p. 34

7 DOUROJEANNI, Marc, BARANDIARÁN, Alberto y DOUROJEANNI, Diego, *Amazonía Peruana en 2021*, Perú, 2010, p. 44

8 DOUROJEANNI *et al.*, 2010: 44

de deforestación y degradación de esta región, el peligro que se cierne sobre la riqueza biológica es muy grave.

Para la existencia y reproducción de plantas y animales, las cuencas hidrográficas en la Amazonía juegan un papel muy importante.

Según el Programa de las Naciones Unidas para el Desarrollo (PNUD), con datos de la Intendencia de Recursos Hídricos del Instituto Nacional de Recursos Naturales (INRENA), de las 107 cuencas hidrográficas principales de Perú, 45 pertenecen a la vertiente del Amazonas, siendo la cuenca del río Amazonas la de mayor dimensión (7'050,000 km^2 y 1,771 km de recorrido dentro de territorio peruano).[9]

La cuenca hidrográfica, tal como define el PNUD, es una unidad territorial compuesta por una superficie terrestre por donde fluye el agua de las lluvias, nieve o deshielo hacia una corriente principal para llegar a un punto final, sea éste un lago, laguna, mar o desembalse. Además, la cuenca hidrográfica está vista como un producto social debido a la interacción humana con el medio natural, en un determinado espacio y tiempo.[10]

Desde un punto de vista poblacional, según el PNUD, las cuencas amazónicas remotas como las de los ríos Tambo (parte baja), Morona, el Medio y Bajo Ucayali, Pachitea, Tamaya, Marañón, Cenepa, Alto Yuruá y la mayoría de las cuencas de Loreto presentan bajos niveles de densidad poblacional y alta dispersión demográfica. En cuanto a las cuencas de la Selva Alta como las de Mayo, Medio Alto y Medio Huallaga, Perené, Utcubamba y Aguaytía, según la misma fuente, tienen un alto crecimiento demográfico debido a la migración de poblaciones andinas o costeras.[11]

1.2. La Amazonía y sus pueblos

La Amazonía peruana no sólo es hábitat de una maravillosa biodiversidad admirada mundialmente, sino que al interior de sus bosques, a orillas de los ríos, lagos y lagunas, al pie de las montañas y cabeceras de los ríos, en las llamadas cuencas hidrográficas, viven y se reproducen miles de seres humanos, quienes desde sus antepasados muy remotos ocupan grandes territorios y utilizan los

9 Programa de las Naciones Unidas para el Desarrollo-PNUD, *Informe sobre Desarrollo Humano Perú 2009, por una densidad del Estado al servicio de la gente. Una visión desde las cuencas*, Parte II, Perú, 2009, p. 39

10 PNUD, 2009: 25

11 PNUD, 2009: 46

recursos naturales para asegurar su existencia. Estamos hablando de los pueblos indígenas, autodenominados originarios.

Desde tiempos inmemorables, la Amazonía ha sido ocupada por cientos de pueblos distintos, quienes obedeciendo a normas de costumbre y prácticas tradicionales han ido accediendo a espacios territoriales suficientes para el sustento de las familias pertenecientes a diversos grupos sociales o tribus.

Desde la llegada de los invasores europeos a Perú (siglo XVI), los pueblos amazónicos han sufrido también bajo la permanente y agresiva colonización de sus territorios. El ingreso de agentes externos como religiosos, latifundistas, mercaderes, caucheros, buscadores de oro y petróleo, madereros, aventureros, narcotraficantes, entre otros, ha repercutido gravemente tanto en la demografía, como en la integridad económico-social y política de los pueblos originarios.

El historiador Jesús San Román nos cuenta que a la llegada de los invasores europeos, territorios inmensos ubicados entre los ríos Napo y Putumayo, en la Selva Baja, estaban habitados por grupos tribales pertenecientes a la nación de los *'encabellados'*, nombre dado por los colonos debido a la larga cabellera que traían. Estos grupos fueron los primeros en sufrir la amarga experiencia de la invasión extranjera. Asimismo, otra nación importante de nombre Yameo ocupaba la margen izquierda del río Amazonas hasta el río Tigre, así como los ríos menores y quebradas intermedias.[12]

Dichas naciones no eran las únicas, tenían vecinas como las de los Aunal e Itucal, Mayoruna, Payagua, Iquito, Semigae, Zápara y Cocama, quienes poblaban la parte baja del río Ucayali.

Igualmente, el lado derecho del Amazonas estaba ocupado por los Mayoruna, tribu que extendía sus dominios hasta el río Yavarí. Los Omagua, Yurimagua, Aizuari, Ibanomo y otras naciones ocupaban islas del Amazonas, desde la desembocadura del río Napo hasta la boca del río Negro.

En cuanto a la estructura socio-política de estos pueblos antiguos del Napo y Amazonas, según San Román, la vida social se basaba en la familia y el grupo tribal. Es decir, sus rasgos eran ante todo familiares, pues el grupo tribal estaba conformado por un núcleo reducido de familias. Los grupos tribales eran relativamente pequeños y tenían una vida seminómada pues se dedicaban a la caza, recolección de frutos y la horticultura. Los grupos vivían dispersos por el territorio de sus dominios, habitando una o varias casas. Ellos vivían en un medio natural homogéneo donde mantenían su autonomía e individualidad,

12 SAN ROMÁN, Jesús Víctor, *Perfiles históricos de la Amazonía*, CETA CAAP IIAP, Perú, 1994, pp. 21, 23

enfrentando y adecuándose *"a las condiciones ecológicas y a la limitación de los recursos existentes"* en un determinado lugar, es por ello que la *"vida seminómada era la respuesta adecuada"* para obtener los recursos suficientes que aseguren la existencia de sus miembros.[13]

Los pobladores de esta región no eran agricultores, pero sembraban alrededor de sus casas pequeñas parcelas de yuca, plátano, maíz y maní destinados, ante todo, al consumo familiar. La carne de animales silvestres y el pescado formaban parte de la alimentación básica. Los pobladores de estas tribus no criaban animales domésticos para alimentarse, pues eran cazadores, su ocupación primaria. Así como los pobladores de esta zona, la gran mayoría de habitantes de la Amazonía se dedicaban a actividades de tipo colectivista-comunitaria y que a la llegada de los misioneros jesuitas empezaron a sembrar mayores extensiones de tierras y aprendieron a criar animales domésticos.[14]

Durante más de 170 años (desde 1640) de presencia jesuita y franciscana en la Amazonía, los misioneros extranjeros fundaron pueblos o reducciones misionales al estilo europeo en las cuencas hidrográficas del Amazonas, Marañón, Napo, Huallaga y Ucayali. Dichas reducciones misionales estaban compuestas exclusivamente por indígenas, quienes eran forzados a la conversión cristiana. Ellos eran sometidos a traslados arbitrarios a lugares alejados de sus familiares o grupos tribales y de sus territorios[15]. Debido a la falta de costumbre de vivir en *'pueblos'* a lo español, a la propagación de enfermedades traídas por los misioneros que los desolaba, a incursiones guerreras de tribus enemigas y a la explotación a la que eran sometidos, los indígenas huían de las reducciones.

La labor primordial de los misioneros era obligar a los indígenas a desplazarse hacia las orillas de los principales ríos de la Amazonía, significando ello el abandono de sus territorios ancestrales y la unión con otras tribus, muchas veces enemigas. No obstante a que el objetivo del colono jesuita o franciscano era convertir al indígena en agricultor, éste no renunciaba a las labores de caza y pesca, ejerciéndolas de modo alternado.[16]

A manera de resumen, Alberto Chirif afirma que la imposición de las reducciones o pueblos misionales ha tenido tres efectos graves en los pobladores amazónicos: a) la concentración de indígenas en determinados lugares; b) la limitación del espacio territorial y del disfrute de sus recursos naturales; y, c)

---

13 SAN ROMÁN, 1994: 35
14 SAN ROMÁN, 1994: 36
15 SAN ROMÁN, 1994: 81
16 SAN ROMÁN, 1994: 85

la disminución grave de su demografía a causa de muertes por enfermedades virales y hambre.[17]

La independencia de Perú proclamada en 1821 y la fundación de un Estado republicano no significaron la independencia de los pueblos indígenas sometidos al dominio extranjero; sino, por el contrario, dieron paso a presiones colonizadoras con caracteres de servidumbre. No sólo criollos blancos, sino también mestizos provenientes de la Sierra y Costa ingresaron a la Amazonía en busca de tierras y de mano de obra gratis o barata. De esta manera, los nuevos colonos convirtieron a pobladores amazónicos en sus peones y esclavos, y buena parte de sus territorios en tierras privadas.

En la época del caucho[18] (1880-1914), una parte de los pobladores amazónicos fue integrada a un nuevo orden socio-económico basado en la aparición de dos figuras denominadas *'patrón'* y *'regatón'*. Ambos personajes colonos colocaron a los indígenas en una situación de dependencia (ataduras de tipo económico, sentimentales, jurídico, etc.). El indígena, catequizado por los jesuitas y franciscanos, trabajaba gratis para los personajes nuevos. Este tipo de explotación empezó con el reclutamiento de indígenas bajo el sistema de habilitación y enganche, que consistía en endeudarlos con productos (machetes, hachas) sobrevaluados, por los que tenían que pagar con productos naturales subvaluados, que no cubrían suficientemente la deuda contraída, o con la entrega de sus propios hijos. Era todo un sistema de dependencia y explotación.[19]

Del mismo modo, con el *'boom'* del caucho la Amazonía peruana sufrió una invasión de grandes dimensiones, atrayendo a nuevos colonos, esta vez más agresivos y sanguinarios, quienes rápidamente poblaron las cuencas, ríos y quebradas. La Amazonía se convirtió en el enclave extractivo de caucho para grandes empresas inglesas y norteamericanas, así como para personas individuales de origen europeo y criollos.

A falta de suficiente mano de obra para recoger el caucho, se dio inicio a una violenta caza de indígenas, llamada *'correría de indios'*; esto significaba que los caucheros, en persona u otros bajo su servicio (entre los que se encontraban

---

17 CHIRIF, Alberto, *Época del Caucho y Barbarie*; como introducción a la obra "El Proceso del Putumayo" de Carlos Valcárcel, Perú, 2004

18 Para Alberto Chirif, el caucho es "el nombre genérico dado en el Perú y otros países para designar diversas especies de gomas elásticas"; hay diferencias entre dos especies "shiringa (Hevea brasiliensis) y caucho (Castilloa ulei o C. elastica). Mientras el látex de la primera se obtiene sangrando el árbol en pie, el de la segunda se logra luego de tumbarla, aunque también es posible drenarlo" (Chirif, 2004)

19 CHIRIF, 2004

indígenas de otras regiones), los perseguían sin compasión hasta atraparlos y hacerlos sus esclavos; las mujeres y niños menores de ocho años eran vendidos públicamente como esclavos y sus tierras pasaban a manos de los agresores. Las correrías, como afirma San Román, eran asaltos armados a familias indígenas, las mismas que quedaban desintegradas y diseminadas. Los miembros de la familia que habían resultado muertos o heridos quedaban abandonados y los vivos eran llevados y entregados a los *'patrones'* caucheros[20] para el recojo y acopio del caucho, en general lejos de sus territorios ancestrales.

Estos hechos sangrientos llevaron a la desaparición de muchas tribus indígenas y a la disminución de la población. Igualmente, obligaron a los sobrevivientes de la *'cacería humana'* a abandonar las orillas de los ríos principales e internarse en los bosques profundos de la Selva.

En la zona comprendida entre Putumayo y Caquetá (Loreto), según datos recogidos por Chirif, de las aproximadamente 63,000 personas indígenas que vivían al inicio de la época del caucho, luego de los actos de genocidio cometidos por el empresario Julio César Arana, próspero cauchero de la zona, y sus socios y dependientes, sólo quedaron como 8,000. Estos actos violentos causaron la desarticulación de sociedades que hasta entonces contaban con estructuras complejas y un sistema de liderazgo tradicional hereditario.[21]

En otra parte de la Amazonía, en la región actual de Madre de Dios, bajo los mismos métodos de explotación, persecución y esclavitud aplicados en Loreto, los caucheros, entre los que destaca el tristemente célebre Carlos Fermín Fitzcarrald, quien para facilitar el traslado del caucho habría descubierto el famoso istmo que surca un trecho de bosque para unir los ríos de Ucayali y Madre de Dios, llevaron al exterminio de muchos pueblos indígenas y obligaron a huir a otros hacia las cabeceras de los ríos o a partes más recónditas de la Selva. Tal como precisa la Federación Nativa del Río Madre de Dios y Afluentes (FENAMAD), los primeros caucheros que ingresaron a la zona masacraron a indígenas Ese Eja, Amarakaeri, Arazaire o Arasaeri, Kisambaeri, Pukirieri, Sapiteri, Toyoeri, Iñapari, Machiguenga, Yine, entre otros; los sobrevivientes de estos pueblos optaron por replegarse a zonas de difícil acceso.[22]

FENAMAD afirma que Fitzcarrald y sus socios llegaron a matar como a 2,000 Toyoeri, en la parte alta de Madre de Dios. Del mismo modo, afirma que de

---

20 SAN ROMÁN, 1994: 156

21 CHIRIF, 2004

22 Federación Nativa del Río Madre de Dios y Afluentes (FENAMAD), *Estudio Técnico sobre la presencia de pueblos indígenas en aislamiento voluntario entre las cuencas altas de los Ríos Tambopata, Inambari, Malinowski, Heath y sus afluentes*, Perú, 2009, p. 25

30,000 miembros del pueblo Harakmbut y de 10,000 Ese Eja, se habrían registrado posteriormente sólo 1,626 y 640 personas, respectivamente.[23]

Como acertadamente sostiene Chirif, toda esta empresa de sangre obedeció a una iniciativa impulsada por el Estado peruano, quien mediante medidas legales promocionaba y apoyaba a empresas extranjeras para la exploración y explotación del caucho y otros recursos naturales en la región amazónica.[24]

Posteriormente, durante los conflictos armados fronterizos con Ecuador y Colombia ocurridos entre los siglos XIX y XX, los grupos indígenas no quedaron al margen de ellos; sino que muchos fueron obligados a participar directamente en ataques bélicos. Otros, como sostiene San Román, fueron reubicados en contra de su voluntad por orden del Estado peruano, tal como ocurrió en el trapecio Amazónico ubicado entre los ríos Caquetá y Putumayo que pasó a poder de Colombia.[25]

La situación tan vulnerable del poblador indígena de la Amazonía, víctima de muerte, persecución, diseminación y desaparición de sus pueblos, no mejoró con el fin de los conflictos armados internacionales librados por el Estado peruano, pues revivió durante la guerra interna de los años 80' y 90' del siglo pasado. El poblador indígena terminó atrapado entre dos fuegos: el de los grupos terroristas del Partido Comunista del Perú-Sendero Luminoso y del Movimiento Revolucionario Túpac Amaru[26] y el de las fuerzas militares y policiales del Estado.

El conflicto armado interno que duró como 20 años no se redujo a la participación de los grupos armados, sino que involucró a miembros indígenas, quienes se llevaron la peor parte de las consecuencias. La Comisión de la Verdad y Reconciliación del Perú (Comisión de la Verdad) calcula que aproximadamente un 75% de las 69,280 víctimas fatales fueron indígenas[27]. Dicha comisión recoge, por ejemplo, el caso de los pueblos indígenas Asháninka, Yanesha y Nomatsiguenga de la Selva Central (ubicados entre las provincias de Satipo y Chanchamayo del

---

23 FENAMAD, 2009: 32

24 CHIRIF, 2004

25 SAN ROMÁN, 1994: 191 y 192

26 Organizaciones subversivas o terroristas que durante aproximadamente 20 años desencadenaron un conflicto armado contra el Estado y la sociedad peruana. Ver en Comisión de la Verdad y Reconciliación, *Informe Final sobre el Conflicto Armado Interno ocurrido en Perú entre los años de 1980 y 2000*, Capítulo 1, Perú, 2003, pp. 13 y 379ss

27 Comisión de la Verdad y Reconciliación, *Informe Final sobre el Conflicto Armado Interno ocurrido en Perú entre los años de 1980 y 2000*, Conclusiones generales, conclusión 6, Perú, 2003

departamento de Junín, y la provincia de Oxapampa del departamento de Pasco, así como en zonas de frontera de Ucayali), quienes sufrieron bajo los estragos de la violencia; ellos fueron arrasados, esclavizados y obligados a huir en busca de refugio al interior del país. Se calcula que aproximadamente 10,000 indígenas de esta área habrían sido desplazados forzadamente, unos 6,000 perecieron y otros 5,000 padecieron cautiverio en manos de Sendero Luminoso. Así mismo, habrían desaparecido entre 30 y 40 comunidades Asháninka (27 comunidades del Alto Tambo y todas las comunidades nativas del Valle del río Ene).[28]

Según la misma fuente, estos atropellos empezaron cuando Sendero Luminoso tomó el control de territorios indígenas, declarándolos *'zonas liberadas'* y sometió a los pobladores indígenas bajo amenaza de castigo, tortura y muerte. Éstos fueron obligados a trabajar en los campos de cultivo y a pescar en los ríos para la alimentación de los mandos terroristas. Los niños Asháninka no fueron la excepción en toda esta maraña, sino que los de cinco a diez años fueron reclutados por los sediciosos para entrenarlos militarmente. Muchas personas sometidas al cautiverio murieron, ya sea por ataques directos o por enfermedades y desnutrición.[29]

La respuesta del Estado a dicha acción no se hizo esperar y el ejército peruano arremetió contra varias comunidades Asháninka controladas por el grupo subversivo. Esto obligó a los pobladores indígenas a huir en busca de refugio en los bosques o en las ciudades cercanas.

Un fenómeno que marcó esta era de agresión fue el surgimiento y formación, voluntaria en contadas ocasiones y obligada en su mayoría, de los conocidos *'ejércitos Asháninka'* o comités de autodefensa o rondas nativas, significando ello la formación de grupos indígenas armados, al inicio con armas rústicas como machetes, flechas o palos, luego con armas de fuego. Ellos se encargaron de repeler en primera fila los ataques subversivos a sus comunidades. En los casos de formación de tales comités, a iniciativa del ejército peruano o a imposición de éste, la provisión de armas de fuego corría bajo la responsabilidad del Estado, tal como precisa la Comisión[30]:

> *[E]l Ejército le dio gran importancia a la formación de Rondas en todo el territorio bajo su mando, incluyendo la provincia de Satipo. Fue acá en la Selva Central, donde el Estado comenzó a fomentar de una manera más sistemática estas organizaciones de la población civil y a darle[s] armas como parte de una estrategia contrasubversiva más decidida contra PCP-SL [Sendero Luminoso]. El mismo presidente Fujimori fue en varias ocasiones a Satipo a entregar armas a los ronderos.*

---

28 Comisión de la Verdad y Reconciliación, 2003: Tomo V, Capítulo 2, p. 241
29 Comisión de la Verdad y Reconciliación, 2003: Tomo V, pp. 248ss
30 Comisión de la Verdad y Reconciliación, 2003: Tomo V, p. 267

Esta forma de militarización de pueblos indígenas trajo como consecuencia, no sólo la expulsión, en parte, de los grupos terroristas, sino ante todo profundizó los conflictos existentes al interior de los pueblos o entre otros diferentes, con consecuencias fatales como la muerte, expulsión y aislamiento. Es más, como habían sido obligados a agruparse en núcleos poblacionales, lejos de sus territorios tradicionales y debido a que las rondas o comités estaban conformados por todos los varones indígenas, la estructura económica se vio debilitada de tal forma que la carencia de recursos alimenticios creció y la mortalidad de los indígenas también.[31]

Desde hace 20 años aproximadamente, una nueva forma de colonización se ha desatado en la Amazonía peruana. Ella tiene caracteres modernos pero con efectos que no se diferencian de las antiguas formas de ocupación violenta. La búsqueda desesperada de fuentes de energía como el petróleo y gas, de minerales y otros recursos naturales comerciables, en combinación con políticas nacionales de inversión están llevando a la ocupación de grandes espacios de la Amazonía, especialmente territorios indígenas, por empresas nacionales e internacionales, legales e ilegales.

1.3. Pueblos amazónicos en la actualidad

Según cálculos empíricos, aproximadamente un tercio de la población peruana está compuesto por miembros de 75 pueblos indígenas. Estos pueblos han sobrevivido el largo proceso de invasión, colonización y asimilación. José Aylwin afirma que la población indígena de Perú alcanza los 10'000,000, repartidos entre las tres grandes regiones geográficas (Costa, Sierra, Selva)[32]. De esta manera, Perú se convierte en uno de los países de América con mayor población indígena al lado de México. Los más numerosos del país serían los pueblos indígenas denominados Quechua, Aymara, Aguaruna y Asháninka.

Por descender de los primeros pueblos, sociedades, naciones o grupos humanos que habitaron esta región, los pueblos actuales de la Amazonía peruana se han autodenominado pueblos originarios. A la llegada de los invasores europeos, durante la fundación del Estado-nación y la imposición de límites estatales, la Amazonía ya estaba ocupada por cientos de pueblos originarios, tal como se ha descrito líneas arriba. Los pueblos originarios de esta región han sido

---

31 Comisión de la Verdad y Reconciliación, 2003: Tomo V, p. 260

32 AYLWIN OYARZÚN, José, *Ombudsman y Derechos Indígenas en América Latina: Estudio comparativo sobre el marco normativo e institucional*, Instituto Interamericano de Derechos Humanos, Costa Rica, 2006, p. 22, 657

calificados desde fuera como *'nativos'*, *'tribus'*, *'pueblos nativos'*, *'etnias'*, *'comunidades nativas'* entre otros.

Estudios antropológicos actuales han podido identificar en la Amazonía peruana aproximadamente 60 pueblos indígenas pertenecientes a 17 familias etnolingüísticas[33]. Así apreciamos del siguiente cuadro:

Cuadro 1. Pueblos Indígenas de la Amazonía Peruana

Nº	Familia lingüística	Pueblos indígenas
1	Arawa	Culina
2	Arawak	Amuesha (Yanesha), Asháninka, Ashéninka, Caquinte, Chamicuro, Iñapari, Machiguenga (Matsigenka), Nanti, Nomatsiguenga, Mashco-Piro, Piro (Yine), Resigaro
3	Bora	Bora (Bóóraa)
4	Cahuapana	Chayahuita (Shawi), Jebero (Shiwilu)
5	Candoshi	Candoshi (Candozi), Shapra (Chapara)
6	Harakmbut	Amarakaeri, Arazaire, Harakmbut, Huachipaire, Pukirieri, Sapiteri, Toyoeri
7	Huitoto	Andoque, Huitoto (Uitoto), Ocaina
8	Jíbaro	Achuar, Aguaruna (Awajún), Huambisa (Wampis)
9	Pano	Amahuaca, Cacataibo, Capanahua, Cashinahua, Chintonahua, Isconahua, Marinahua, Mastanahua, Mayoruna (Matsés), Morunahua (o Murunahua), Nahua, Sharanahua, Shipibo-Conibo, Yaminahua,
10	Peba Yagua	Yagua
11	Quechua	Quechua (Lamas, Kichwa), Quechua (Napo, Kichwa), Quechua (sin especificar), Quechua (Pastaza, Kichwa)
12	Shimaco	Urarina
13	Tacana	Ese Eja
14	Ticuna	Ticuna (Tikuna)
15	Tucano	Orejón (Mai Juna), Secoya (Airo Pai)
16	Tupi-Guaraní	Cocama-Cocamilla (Kukama-Kukamiria), Omagua
17	Záparo	Arabela, Iquito, Taushiro

Fuente[34]

33 BENAVIDES, Margarita (editora), *Atlas de Comunidades Nativas y Áreas Naturales Protegidas del Nordeste de la Amazonía Peruana*, Perú, 2010, pp. 17ss

34 BENAVIDES, 2010: 20. La editora recoge información de fuente diversa.

Durante el proceso de colonización de la Amazonía peruana y debido a políticas estatales de asimilación, la demografía de los pueblos indígenas se ha visto debilitada gravemente. Muchos pueblos han desaparecido definitivamente y otros (citados en el cuadro 1) están en peligro de extinción. Algunos, dependiendo del área geográfica donde se ubican, han logrado sobrevivir con o sin influencia exterior.

Según información oficial del Instituto Nacional de Estadística e Informática (INEI) de Perú, quien ha llevado a cabo el II Censo de Comunidades Indígenas de la Amazonía Peruana 2007[35], la población indígena de esta región llegaría a los 332,975 habitantes, significando sólo el 9% de la población total de dicha región (3'675,292).[36]

La misma fuente informa que la mayor población indígena en la región estaría compuesta por la familia lingüística Arawak (Arahuaca) con un 38,6%, y la de los Jíbaro con un 24,0%. Mientras que la de menor población serían los Tacana con un 0,2%.[37]

Es necesario anotar que las cifras dadas por el INEI, por sus características, no incluyen a miembros de pueblos indígenas en aislamiento y otros sectores nómadas o seminómadas; tampoco hace referencia a sectores indígenas que se han trasladado en grupos a las ciudades como producto de la migración forzada de los últimos años, ni a los que no han logrado constituir comunidades nativas. Dicho II Censo de Comunidades Indígenas (nueva terminología) 2007 se ha llevado a cabo sólo al interior de las llamadas comunidades nativas y en base a criterios lingüísticos y no de pertenencia o identidad con un determinado pueblo; por lo que no refleja exactamente la realidad poblacional indígena de la Amazonía. Mientras no se realice un censo en base a criterios acordados con los representantes de los mismos pueblos indígenas, las cifras oficiales dadas por el INEI tendrán sólo un carácter referencial.

1.3.1. Tipos de pueblos indígenas amazónicos

Los pueblos indígenas amazónicos, no obstante a las repetidas experiencias traumáticas vividas en el pasado, que han llevado a la desaparición de muchos y a la

35 Instituto Nacional de Estadística e Informática de Perú (INEI), *Censos Nacionales 2007: XI de Población y VI de Vivienda, resumen ejecutivo, resultados definitivos de las comunidades indígenas*, Perú, 2009, p. 11

36 Instituto Nacional de Estadística e Informática, Informe N° 014 de febrero 2009: www.inei.gob.pe/ (octubre 2010)

37 INEI, 2009: 11

reducción demográfica de otros, aún continúan ocupando territorios heredados de sus ancestros y con los que guardan una relación intrínseca especial. Muchos de ellos, dependiendo de las condiciones geográficas de sus territorios, se han mantenido lejos de la influencia del mundo occidental traída por los colonos; otros, a pesar de ello, han aprendido a recrear sus costumbres y tradiciones, pero sin perder la esencia: su identidad. Algunos pueblos o sectores se han visto obligados a vivir en partes inaccesibles de sus propios territorios a donde huyeron del exterminio de los invasores. Otros pueblos, por haber perdido el dominio de sus territorios ancestrales debido a la colonización permanente de la Amazonía, han terminado insertándose en las ciudades.

Tomando en cuenta los acontecimientos históricos que cambiaron el rumbo normal de muchos pueblos originarios de la Amazonía y desde un punto de vista de sus relaciones socio-económicas con la sociedad occidental, podemos agruparlos hasta en tres tipos: a) pueblos indígenas en situación de aislamiento (llamados autónomos), b) pueblos indígenas en contacto inicial, y c) pueblos indígenas en contacto permanente o esporádico con el resto de la sociedad envolvente.

Los **pueblos indígenas en situación de aislamiento** son aquellos pueblos o grupos nómadas que, habiendo sufrido en el pasado la amarga experiencia de contacto con agentes colonizadores y sus consecuencias graves en la salud y vida de sus miembros, han huido a lugares menos accesibles de sus territorios en busca de seguridad y se mantienen lejos del contacto con el resto de la población, incluso de otros pueblos indígenas. Los pueblos en aislamiento tienen características antropológicas y sociales comunes como el hecho de vivir en bandas y/o tribus y dedicarse a la caza, pesca, recolección de frutos, semillas y raíces como actividades económicas de subsistencia. Estas actividades se combinan con la horticultura y silvicultura itinerante. Ellos se desplazan por grandes extensiones de territorios amazónicos; dependiendo de la estación del año, recorren caminos desde la cabecera de los ríos hasta las partes llanas.

Los pueblos en aislamiento recorren lugares con abundante, pero dispersa, riqueza natural, que les garantiza la reproducción y sobrevivencia. Sus territorios están alejados de los centros poblacionales. Es posible que tengan vínculos étnicos o de parentesco con otros pueblos o miembros de pueblos indígenas en contacto, con quienes mantienen relaciones esporádicas de intercambio de bienes.

Las Directrices de Protección para los Pueblos Indígenas en Aislamiento y en Contacto Inicial de la Región Amazónica, el Gran Chaco y la Región Oriental de Paraguay (Directrices de Protección), dadas por el Alto Comisionado para los Derechos Humanos de la Organización de las Naciones Unidas (ONU), han intentado definir a los pueblos indígenas en situación de aislamiento de la siguiente manera: *"pueblos o segmentos de pueblos indígenas que no mantienen contactos regulares con la población mayoritaria, y que además suelen rehuir todo tipo de contacto con personas ajenas a su grupo"*. Es decir, el contacto que mantienen con otros sectores de la sociedad envolvente es irregular y evitan el contacto con terceros ajenos. Igualmente, consideran pueblos indígenas en aislamiento a grupos de indígenas que pertenecen a pueblos *"ya contactados que tras una relación intermitente con las sociedades envolventes deciden volver a una situación de aislamiento como estrategia de supervivencia y rompen voluntariamente todas las relaciones que pudieran tener con dichas sociedades"*[38]. En esta segunda parte, el contacto con la sociedad envolvente, luego de una relación rápida, se rompe voluntariamente y el grupo indígena vuelve a la situación de aislamiento para protegerse del peligro.

Existe un debate en el sentido de que si el aislamiento de dichos pueblos es voluntario o no. La respuesta, en el caso de Perú, la encontramos en la historia de colonización de la Amazonía de los últimos siglos. Las experiencias traumáticas que obligaron a muchos pueblos o sectores indígenas a abandonar las orillas de los grandes ríos y huir a las partes más remotas, especialmente a las cabeceras de los ríos menores y de difícil acceso, fueron las muertes masivas causadas por epidemias propagadas en las reducciones misionales, la persecución y exterminio en la época del caucho y la nueva ola de epidemias traídas por recientes misiones religiosas y otros agentes de la era post caucho.

Tal como precisa Alex Rivas, la decisión de aislamiento de los pueblos indígenas *"es regularmente el producto de encuentros dramáticos con efectos negativos para su sociedad"*. Los encuentros dramáticos se traducen en epidemias virales, infecciones y otras enfermedades que los llevan a la muerte, así como los secuestros y la violencia física inmediata. Estos eventos violentos vulneran no sólo sus vidas, sino también los territorios y medio natural.[39]

Es decir, los hechos traumáticos han obligado a los pueblos o sectores indígenas a evitar cualquier relación con el resto de la sociedad envolvente, inclusive con otros indígenas. Sin embargo, la decisión de mantenerse en aislamiento, alejados de todo contacto que les signifique peligro de muerte y extinción,

---

38 Oficina del Alto Comisionado de las Naciones Unidas para los Derechos Humanos (OHCHR), *Directrices de Protección para los Pueblos Indígenas en Aislamiento y en Contacto Inicial de la Región Amazónica, el Gran Chaco y la Región Oriental de Paraguay*, Ginebra, 2012, párrafo 8

39 RIVAS TOLEDO, Alex, *Los Pueblos Indígenas en aislamiento desde los derechos humanos y la conservación de la biodiversidad*, Unión Mundial para la Naturaleza-UICN, Ecuador 2005, p. 5

puede tomarse como un acto voluntario de los mismos pueblos, quienes con frecuencia envían mensajes de rechazo frente a cualquier intento de contacto forzado.

En estos últimos años, algunos pueblos que se mantenían en aislamiento, vienen experimentando el contacto forzado por agentes externos (buscadores de oro, empresas petroleras y gaseras, madereros, turistas, religiosos, investigadores, etc.), quienes de modo legal o ilegal ingresan a sus territorios en busca de recursos naturales comerciables o aventura. Esto provoca nuevamente el desplazamiento y la pérdida del control de sus territorios, el deterioro del medio ambiente y la muerte de muchos de sus miembros. Ellos huyen a zonas marginales de sus territorios o cerca de comunidades nativas donde se asientan y adoptan una vida sedentaria o seminómada y son llamados pueblos en situación de **contacto inicial** o contacto reciente.

La Defensoría del Pueblo de Perú sostiene que hace 30 años aproximadamente, el pueblo indígena Nahua ubicado entre los departamentos de Cusco y Ucayali, en la Reserva Territorial Kugapakori, Nahua, Nanti y otros, ha sido contactado violentamente por extractores ilegales de madera[40]. Sin embargo, el contacto forzado de los pueblos de dicha reserva no sólo es provocado por madereros ilegales, sino también por trabajadores del Proyecto de Gas de Camisea, y hasta por misioneros cristianos. Esto hace que al interior de la reserva se formen grupos o sectores de pueblos en situación de contacto inicial como los denominados Montetoni, Marankeato y Santa Rosa de Serjali[41], entre otros.

En cuanto a la cantidad de pueblos indígenas en aislamiento de la Amazonía peruana, sólo hay datos referenciales. Se dice que podrían ser entre 14 a 20 pueblos. Según el Instituto del Bien Común, la cifra de sus habitantes oscilaría entre 5,000 y 10,000 personas.[42]

Empero, en base a información recogida de diversa fuente se puede decir que en la Amazonía peruana viven aproximadamente 29 pueblos o grupos indígenas en situación de aislamiento, tal como se aprecia del siguiente cuadro. Algunos pueblos han sido enunciados en el cuadro 1 o pertenecen a los pueblos que allí se detallan. No está descartado que algún pueblo o grupo indígena sea conocido con nombres diferentes:

---

40 Defensoría del Pueblo de Perú, *pueblos indígenas en situación de aislamiento y contacto inicial,* Informe Defensorial N° 101, Perú, 2006, p. 11

41 Entre tanto estos tres sectores de pueblos indígenas contactados se han organizado en comunidades nativas.

42 Instituto del Bien Común: http://www.ibcperu.org/servicios/sicna.php (junio 2011)

Cuadro 2: Pueblos o grupos indígenas en situación de aislamiento en la Amazonía peruana		
N°	**Pueblos o subgrupos (familias lingüísticas, pueblos o reservas)**	**Región de ubicación**
1	Abijiría (propuesta Reserva Territorial Napo-Tigre)	Loreto (Alto Putumayo)
2	Amahuaca (Pano, Reserva Territorial Madre de Dios)	Madre de Dios
3	Asháninka (Parque Nacional Otishi)	Junín, Cusco
4	Cacataibo (familia etnolingüística Pano)	Loreto,Ucayali, Huanuco (Parque Nacional Cordillera Azul)
5	Caquinte (Arawak, Reserva Territorial Kugapakori y otros)	Cusco, Junín, San Martín
6	Chintonahua (Yora, de la familia lingüística Pano)	Ucayali, Madre de Dios
7	Curanjeño (Parque Nacional Alto Purús)	Madre de Dios, Ucayali
8	Iñapari (Arawak, Reserva Nacional Tambopata)	Madre de Dios
9	Iquito-Cahuarano (Zona Reservada Pucaruro)	Loreto
10	Isconahua (Pano, Reserva Territorial Isconahua)	Ucayali, Loreto
11	Capanahua (familia Pano, propuesta Reserva Territorial Maquia-Callería)	Loreto (Bajo Ucayali, Sierra del Divisor)
12	Kirineri (Matsiguenga en la Reserva Territorial Kugapakori otros)	Cusco, Ucayali
13	Kugapakori (Matsiguenga en Reserva territorial Kugapakori y otros)	Cusco, Ucayali
14	Maraktoa (Tacana, Parque Nacional Bahuaja Sonene y Reserva Nacional Tambopata)	Madre de Dios
15	Mashco-Piro (Reserva Territorial Madre de Dios, Parque Nacional Manu)	Madre de Dios, Ucayali, Cusco
16	Mastanahua (Parque Nacional Alto Purús)	Ucayali, Madre de Dios
17	Matis, Korubo o Matsés (cuencas de Yavarí, propuesta Reserva Territorial Yavarí-Mirim)	Loreto
18	Matsés (o Mayoruna, en propuesta Reserva Territorial Yaraví-Tapiche en la Sierra del Divisor)	Loreto, Ucayali
19	Matsiguenga	Cusco, Ucayali
20	Morunahua (Yora, de la familia lingüística Pano)	Ucayali
21	Nahua (Reserva Territorial Kugapakori, Nahua, Nanti y otros)	Cusco, Ucayali,

22	Nanti (Arawak.- Reserva Territorial Kugapakori y otros)	Cusco, Madre de Dios
23	Pananujuri (prop. Reserva Territorial Napo-Tigre)	Loreto (Alto Putumayo)
24	Sharanahua	Ucayali, Madre de Dios
25	Tagaeri (Huaorani, propuesta Reserva Territorial Napo-Tigre)	Loreto
26	Taromenane (Huaorani, prop. Reserva Territorial Napo-Tigre)	Loreto
27	Taushiro (Záparo, zona reservada Pucaruro)	Loreto
28	Yaminahua (Reserva Territorial Madre de Dios, Parque Nacional Alto Purús)	Madre de Dios, Ucayali
29	Yine, Yora (Reserva Comunal Amarakaeri, Reserva Territorial Kugapakori y otros)	Madre de Dios

Estos pueblos o grupos indígenas están en constante peligro de extinción. Por causas externas, como enfermedades, asesinatos, persecución y otras relacionadas con el proceso de colonización de la Selva, muchos pueblos en aislamiento han desaparecido definitivamente. La Defensoría del Pueblo, recogiendo lo afirmado por el Consejo Nacional del Ambiente (CONAM), sostiene que entre los años 1950 y 1997 se habrían extinguido como once grupos indígenas, entre los que destacan los Andoque, Panobo, Shetebo, Angotero[43], y otros que ya no figuran en el cuadro 2.

Sobre la existencia de los pueblos indígenas en situación de aislamiento se han reunido, en estudios especializados, pruebas e indicios suficientes[44]. Sin embargo, representantes del gobierno central y de las empresas dedicadas a la extracción de recursos naturales en la Amazonía se han dedicado a negarles tal existencia.[45]

43 Defensoría del Pueblo, 2006: 51ss

44 CASAFRANCA VALENCIA, Handersson y CARHUATOCTO SANDOVAL, Henry, *OJOS QUE NO VEN... La Justicia en el caso de los Pueblos Indígenas en Aislamiento Voluntario del Napo Tigre VS la petrolera PERENCO*, Perú, 2009, pp. 48ss; también en FENAMAD, 2009: 65ss

45 El ex-Presidente de Perú Alan García Pérez, citado por Rory Carroll en su Artículo publicado en The Guardian *Could Peru's uncontacted Amazonian tribes be wiped out by oil giants? Not if they don't exist*, del 4 de Julio del 2009, sostenía, en relación a la superposición del lote de hidrocarburos 67 sobre territorios de pueblos en situación de aislamiento, que "*the 'figure of the jungle native' is a ruse to prevent oil exploration*". Del mismo modo el periodista recogió las declaraciones de Daniel Saba, ex jefe de la

El tipo más numeroso de pueblos indígenas está compuesto por aquellos **pueblos que mantienen vínculo permanente o esporádico** con otros sectores de la sociedad peruana o el Estado. En muchos casos, y por razones coyunturales, se han organizado en comunidades nativas, una salida legal para salvar algo de sus territorios ancestrales. Dentro de este grupo también están los pueblos indígenas que sin haberse organizado en comunidades nativas mantienen relaciones económicas con otros, sean indígenas o no.

El contacto con la sociedad envolvente tiene muchas formas como la presencia de centros de salud, escuelas y oficinas agrarias del Estado, municipalidades distritales, etc., o son visitados por comerciantes, turistas, científicos, periodistas o religiosos, o sus miembros trabajan para empresas madereras, petroleras o mineras.

Los pueblos indígenas pertenecientes a este grupo viven especialmente en los llamados anexos, aldeas o comunidades nativas, donde se han asentado de modo permanente.

También hay pueblos seminómadas como los Candoshi o Kandozi, quienes, por razones ya mencionadas, se han organizado en comunidades nativas. Pedro García y Alexandre Surrallés sostienen que los Kandozi ("kadoashi" en lengua autóctona) en la actualidad habitan una superficie aproximada de 10,000 km^2 en la Alta Amazonía ubicada a orillas de los ríos afluentes del Bajo Pastaza (Menchari, Huitoyacu, Ungurahui, Chuinda, entre otros) y cuya población ascendería a 3,000 habitantes dedicados a la horticultura de roza, recolección de productos naturales para la alimentación, caza y pesca. Según los citados investigadores, la casa u hogar kandozi viene a formar el centro de operaciones para las diferentes actividades de subsistencia, siendo ella a la vez el eje fundamental de las relaciones sociales. Los Kandozi tienen como vecinos a otros pueblos indígenas como los Chapara, Achuar, Kichwa del Pastaza, Wampis, Urarina Awajún, Shawi y Kukamiria; pueblos que formando un cinturón étnico servirían de protección a los Kandozi de los intentos de colonización de sus territorios ricos en petróleo, oro y agua.[46]

---

empresa petrolera estatal Petroleos del Perú S.A. (PetroPerú S.A.), quien sostuvo que "*It's absurd to say there are uncontacted peoples when no one has seen them.*" Finalmente, el artículo periodístico repite las palabras de Rodrigo Marquez, jefe regional de la empresa anglo-francesa Perenco para América Latina, quien afirma que ellos "*have done very detailed studies to ascertain if there are uncontacted tribes because that would be a very serious matter. The evidence is non-existent*":www.guardian.co.uk/enviroment/2009/jul/04/peru/rainforest-conservation (octubre 2010)

46 GARCÍA HIERRO, Pedro y SURRALLÉS, Alexandre, *Antropología de un Derecho.- libre determinación territorial de los pueblos indígenas como derecho humano*, Dinamarca, 2009, pp. 58ss

2. Protección de los pueblos indígenas en el derecho internacional

En 70 países de la Tierra viven más de 370 millones de personas pertenecientes a alrededor de 5,000 pueblos indígenas. Estos pueblos son descendientes de aquellos que durante muchos siglos han sufrido bajo la invasión, colonización, explotación, despojo, expropiación, asimilación, discriminación y racismo de fuerzas externas. Ellos todavía ocupan grandes regiones biodiversas a lo largo de los cinco Continentes (Asia, África, América, Europa y Australia).

El disfrute desigual de los derechos humanos tradicionales y la permanente segregación en que viven los pueblos indígenas al interior de los países denominados soberanos y libres, han sido plasmados en repetidas demandas de los pueblos afectados y están llevando a la comunidad internacional a desarrollar mecanismos jurídicos y legales a fin de revertir dicha situación y priorizar la promoción y protección de los derechos colectivos inherentes y fundamentales que aseguren la existencia de los actuales y futuros pueblos indígenas.

La denominación de **pueblos indígenas**, como afirma Augusto Willemsen, es el resultado del consenso de los representantes legítimos de los mismos pueblos, quienes, a lo largo de más de tres décadas, participaron activamente en las diferentes jornadas propiciadas por la ONU para analizar y debatir la situación de los pueblos indígenas de toda la Tierra afectados por el racismo y la discriminación[47]. Dicha denominación fue introducida en la Declaración de las Naciones Unidas sobre los derechos de los pueblos indígenas (Declaración)[48] para referirse a los sujetos de derechos humanos y libertades fundamentales reconocidos en ella. Según el mismo autor, el hecho de asumir el término de pueblos indígenas y dejar de lado el de *'poblaciones indígenas'*, obedece a una reivindicación de su **derecho de autodefinición**, pues el término de *'poblaciones'* está vinculado a conceptos integracionistas y proteccionistas de algunos instrumentos jurídicos

---

47 WILLEMSEN DÍAZ, Augusto; *Cómo Llegaron los Derechos de los Pueblos Indígenas a la ONU*, en CHARTERS, Claire y STAVENHAGEN, Rodolfo (editores), *El Desafío de la Declaración, Historia y Futuro de la Declaración de la ONU sobre Pueblos Indígenas*, Dinamarca, 2010, pp. 16ss

48 Declaración de las Naciones Unidas sobre los derechos de los pueblos indígenas, adoptada mediante Resolución N° 61/295 por la Asamblea General de la Organización de las Naciones Unidas el 13 de septiembre de 2007

internacionales anteriores a la Declaración[49], como es el caso del Convenio 107 de la Organización Internacional del Trabajo (OIT) sobre poblaciones indígenas y tribuales de 1957 y de la Recomendación 104 del mismo año.[50]

En cuanto a la tarea de identificar a miembros de pueblos indígenas, Hernán Santa Cruz, citado en el Estudio del Problema de la Discriminación contra Poblaciones Indígenas (Estudio Martínez-Cobo) presentado ante la Subcomisión de Prevención de Discriminaciones y Protección a las Minorías, de la Comisión de Derechos Humanos de la ONU, sostiene que ésa sería una labor muy difícil y compleja, toda vez de que la primera confrontación entre invasores e invadidos habría ocurrido hace siglos y que con el paso del tiempo las distinciones físicas y étnicas entre ambos grupos se habrían diluido. Pero, la tarea de identificar a pueblos en aislamiento o los que viven en lugares de difícil acceso sería mucho más fácil.[51]

Sin embargo, a fin de evitar complicaciones en la tarea de determinar quién es o no indígena y cuál es la definición de pueblos indígenas, el antiguo Consejo Mundial de los Pueblos Indígenas ha precisado que en base al principio rector de la autodefinición, los pueblos indígenas están premunidos del derecho de definir, de acuerdo a normas de costumbre y tradiciones, su propia identidad y determinar quién es una persona indígena[52], tal como ha quedado plasmado en el Artículo 33 (primer párrafo) de la Declaración:

> *Los pueblos indígenas tienen derecho a determinar su propia identidad o pertenencia conforme a sus costumbres y tradiciones.*

Por su parte, Tuula Kolari sostiene que el término de pueblos indígenas tiene un sentido multidimensional, pero de difícil definición y estaría sujeto a interpretación de diferente índole. Ella resalta el hecho de que el término de pueblo obedece a la preferencia de los mismos pueblos indígenas para poder distinguirse del resto de la sociedad envolvente.[53]

---

49 WILLEMSEN, 2010: 16ss

50 Recomendación 104 sobre la protección e integración de las poblaciones indígenas y de otras poblaciones tribuales y semitribuales en los países independientes, adoptada el 26 de junio de 1957 por la Conferencia General de la Organización Internacional del Trabajo

51 E/CN.4/Sub.2/1982/2/Add.6 of the Commission on Human Rights, Sub-Commission on Prevention of Discrimination and Protection of Minorities, *Study of the Problem of Discrimination Against Indigenous Populations*, Final Report (supplementary part) submitted by the Special Rapporteur Mr. José R. Martínez Cobo, 1982, Chapter V, paragraph 5

52 E/CN.4/Sub.2/1982/2/Add.6, 1982: parágrafo 9

53 KOLARI, Tuula, *The Right to a Decent Environment with Special Reference to Indigenous Peoples*, Juridica Lapponica 31, Rovaniemi University of Lapland, Arctic Centre, The Northern Institute for Environmental and Minority Law, Finland, 2004, p. 94

En cuanto a la definición de pueblos indígenas, el Grupo de las Naciones Unidas para el Desarrollo (GNUD) afirma que la comunidad internacional no ha adoptado una definición de tipo universal formal, debido a que no es necesario definir el término de pueblos indígenas para alcanzar el reconocimiento y la protección cabal de los derechos y libertades fundamentales de los mismos.[54]

Uno de los instrumentos internacionales más importantes, previos a la Declaración, que ha introducido el término de pueblos indígenas es el Convenio 169 de la OIT sobre pueblos indígenas y tribales (Convenio 169)[55], el mismo que en su Artículo 1 (1.b) precisa:

> *El presente Convenio se aplica:*
> *a los pueblos en países independientes, considerados indígenas por el hecho de descender de poblaciones que habitaban en el país o en una región geográfica a la que pertenece el país en la época de la conquista o la colonización o del establecimiento de las actuales fronteras estatales y que, cualquiera que sea su situación jurídica, conservan todas sus propias instituciones sociales, económicas, culturales y políticas, o parte de ellas.*

La OIT sostiene que esta norma del Convenio 169 no define estrictamente el concepto de pueblos indígenas, sino que simplemente describe a los pueblos beneficiarios de la protección internacional. En todo caso la cobertura del Convenio se basa en una combinación de criterios objetivos (continuidad histórica) y subjetivos (auto-identificación).[56]

El hecho de que la comunidad internacional no adopte una definición formal de pueblos indígenas, no impide mencionar la definición provisional, de tipo práctico y académico que conjuga aspectos inherentes y diversos de los pueblos indígenas, contenida en el Estudio Martínez-Cobo[57]. Este estudio resume que son:

> *Indigenous communities, peoples and nations are those which, having historical continuity with pre-invasion and pre-colonial societies that developed on their territories, consider themselves distinct from other sectors of the societies now prevailing in those territories, or*

---

54 Grupo de las Naciones Unidas para el Desarrollo (GNUD), *Directrices sobre asuntos de los pueblos indígenas*, febrero 2008, p. 8

55 Convenio 169 sobre pueblos indígenas y tribales, adoptado por la Conferencia General de la Organización Internacional del Trabajo el 27 de junio de 1989 y ratificado por Perú el 2 de febrero de 1994

56 Organización Internacional del Trabajo (OIT), *Los Derechos de los Pueblos Indígenas y Tribales en la Práctica*, 2009, pp. 11, 18

57 E/CN.4/Sub.2/1983/21/Add.8 of the Commission on Human Rights, Sub-Commission on Prevention of Discrimination and Protection of Minorities, *Study of the Problem of Discrimination Against Indigenous Populations*, Final Report (last part) submitted by the Special Rapporteur Mr. José Martínez Cobo, 1983, paragraph 379

parts of them. They form at present non-dominant sectors of society and are determined to preserve, develop and transmit to future generations their ancestral territories, and their ethnic identity; as the basis of their continued existence as peoples, in accordance with their own cultural patterns, social institutions and legal systems.[58]

Tal como afirman los autores del citado estudio, ellos han dado ideas básicas para el debate intelectual en el campo internacional, y que la cuestión de definición se debe dejar a los mismos pueblos indígenas, quienes no esperan sino ser reconocidos de acuerdo a su propia percepción y concepción en relación a otros grupos.[59]

Por tanto, la definición no debe ser el producto de la percepción de terceros por medio de valores de sociedades ajenas o dominantes en un Estado-nación. Los Estados no tienen la facultad de determinar quién es o qué pueblo es o no indígena, debiendo respetar el derecho a la auto-denominación y autodefinición de los pueblos indígenas.

De la definición provisional de pueblos indígenas asumida por el Estudio Martínez-Cobo podemos identificar algunos elementos fundamentales, tanto objetivos (antepasado, cultura, idioma) como subjetivos (auto-identificación), para que un pueblo se considere indígena y sea reconocido como tal por los demás[60]:

a. **Auto-denominación.**- el derecho a la autodefinición cubre también el derecho a la auto-denominación de los colectivos indígenas, quienes tienen la libertad de decidir si se llaman pueblos, naciones, comunidades o etnias, sin que por ello estén excluidos de la protección jurídica. La mención de algunos términos no es excluyente, sino sólo ejemplos de grupos humanos.
b. **Continuidad histórica en territorios ancestrales.**- los pueblos indígenas actuales vienen a ser los sucesores de las sociedades que se desarrollaron, antes

---

58 La versión en castellano de dicha definición fue recogida en GNUD, 2008: 9, y es como sigue:
"comunidades, pueblos y naciones indígenas los que, teniendo una continuidad histórica con las sociedades anteriores a la invasión y precoloniales que se desarrollaron en sus territorios, se consideran distintos de otros sectores de las sociedades que ahora prevalecen en esos territorios o en partes de ellos. Constituyen ahora sectores no dominantes de la sociedad y tienen la determinación de preservar, desarrollar y transmitir a futuras generaciones sus territorios ancestrales y su identidad étnica como base de su existencia continuada como pueblos, de acuerdo con sus propios patrones culturales, sus instituciones sociales y sistemas legales."

59 E/CN.4/Sub.2/1983/21/Add.8, 1983: párrafo 368

60 E/CN.4/Sub.2/1983/21/Add.8, 1983: párrafo 380ss

de la invasión europea y/o posterior colonización, en los territorios que ahora ocupan o reclaman como suyos. Este elemento incluye la continuidad en la práctica de manifestaciones culturales como la religión, cosmovisión, sistema de organización social, vestido, estilo de vida, etc., así como la continuidad en el uso del mismo idioma, sea de modo exclusivo, como idioma materno, de comunicación al interior de la familia, o de preferencia, habitual o normal.

c. **Auto-identificación o considerarse distinto.**- éste es un elemento subjetivo que consiste en diferenciarse del resto de la sociedad envolvente. Esta diferenciación es vital para garantizar la existencia de los pueblos indígenas como tales; pues su situación vulnerable frente al resto de la sociedad de un Estado-nación, les hace correr el peligro de terminar insertados y/o asimilados a la sociedad predominante y desaparecer. En consecuencia, los pueblos indígenas existen como pueblos mientras ellos se consideren diferentes. El considerarse distinto debería interpretarse como una discriminación positiva a favor de uno de los sectores menos favorecidos de las sociedades, no significando por ello la afectación del derecho humano a la igualdad de los demás ante la ley. Considerarse diferente les permite hacerse visibles en una sociedad integracionista.
d. **Sector no dominante.**- los pueblos indígenas forman parte del sector menos favorecido de la sociedad en general. Este factor ha sido precisamente uno de los que impulsaron a la comunidad internacional a buscar mecanismos jurídicos de protección de los derechos colectivos e individuales de los pueblos y sus miembros indígenas.
e. **Determinación de seguir existiendo.**- es uno de los elementos que caracteriza la lucha permanente de los pueblos indígenas de la Tierra en defensa de sus territorios ancestrales, a los que están vitalmente ligados; pues éstos garantizan no sólo la existencia propia actual, sino también la de sus futuras generaciones. Dicho elemento incluye la preservación de la identidad étnica, la misma que también garantiza la existencia continua de los pueblos indígenas.

2.1. Pueblos indígenas como titulares de derechos humanos colectivos

Al inicio de la sistematización de los derechos humanos como derechos subjetivos inherentes, inalienables, irrenunciables y universales, plasmados en la Declaración Universal de los Derechos Humanos del 10 de diciembre de 1948 (Declaración Universal), fue el hombre o persona natural el titular principal de los mismos, tal como uno de sus considerandos nos indica: *"los pueblos de las*

Naciones Unidas han reafirmado en la Carta su fe en los derechos fundamentales del hombre, en la dignidad y el valor de la persona humana y en la igualdad de derechos de hombres y mujeres"; es decir, el individuo o miembro de la familia humana.

Sin embargo, como afirma Manfred Nowak, los derechos humanos, como un sistema único de valores reconocido universalmente, no es un sistema estático; sino por el contrario, es todo un proceso en movimiento que nunca termina. Este proceso obedece a cambios en las relaciones interhumanas, ya sea a nivel nacional o internacional. El desarrollo de los derechos humanos, dice el autor, responde ante todo a la amenaza o actos de represión perpetrados contra individuos o grupos de individuos; en ese sentido, los derechos humanos son estándares mínimos reconocidos por el derecho consuetudinario y tratados internacionales como derechos inalienables basados en la dignidad humana.[61]

Los derechos humanos son descritos como los derechos fundamentales inherentes a los seres humanos que les permiten vivir en libertad, igualdad y en dignidad humana. Desde un punto de vista legal, tal como precisa Nowak, los derechos humanos son la suma de los derechos civiles, políticos, económicos, sociales, culturales y colectivos contenidos en instrumentos internacionales y regionales de derechos humanos, así como en constituciones estatales.[62]

No obstante a tener privilegios los derechos humanos individuales, las puertas a un nuevo ámbito de protección están abiertas. Es decir, instrumentos internacionales, al inicio con cierto escepticismo y al final con mucha claridad, reconocen derechos colectivos de pueblos; cambiando de esta manera la perspectiva de los derechos humanos en cuanto a los sujetos de derechos en el ámbito internacional. El mismo concepto de derechos humanos se aplica tanto a los derechos individuales como colectivos, tal como Nowak lo sugiere: "*Of course, individual rights must be given priority (...) the term human rights applies equally to individual and collective rights, although not every human right allows by its very nature, to be extended to individuals, groups and legal entities alike*".[63]

Tanto el Pacto Internacional de Derechos Económicos, Sociales y Culturales[64] como el Pacto Internacional de Derechos Civiles y Políticos[65] (Pactos Internacio-

---

61 NOWAK, Manfred, *Introduction to the International Human Rights Regime*, Brill Academic Publishers, The Netherlands, 2003, pp. 1ss

62 NOWAK, 2003: 1

63 NOWAK, 2003: 5

64 Pacto Internacional de Derechos Económicos, Sociales y Culturales, adoptado por la Asamblea General de las Naciones Unidas del 16 de diciembre de 1966

65 Pacto Internacional de Derechos Civiles y Políticos, adoptado por la Asamblea General de las Naciones Unidas del 16 de diciembre de 1966, en vigor desde el 23 de marzo de 1976

nales) reconocen, de modo general, a todos los pueblos de la Tierra la calidad de titulares del derecho a la libre determinación. Así precisa el Artículo 1 (1) de ambos pactos:

> *Todos los pueblos tienen el derecho de libre determinación. En virtud de este derecho establecen libremente su condición política y proveen asimismo a su desarrollo económico, social y cultural.*

A nivel regional, la Carta Africana de Derechos Humanos y de Pueblos de 1981 (Carta Africana)[66] reconoce a todos los pueblos africanos como titulares de derechos colectivos fundamentales a la existencia, a la libre determinación, entre otros. Así prescribe su Artículo 20 (1):

> *All peoples shall have the right to existence. They shall have the unquestionable and inalienable right to self-determination. They shall freely determine their political status and shall pursue their economic and social development according to the policy they have freely chosen.*

En la evolución de los derechos humanos han surgido teorías e ideologías como la llamada teoría de las tres generaciones o dimensiones, postulada por Karel Vasak, un especialista en derechos humanos de los años 70' (durante la Guerra Fría). Según esta teoría, los derechos humanos se agrupan en: 1) primera generación.- los derechos civiles y políticos, los que contienen garantías para la protección de la vida, la integridad corporal, etc.; 2) segunda generación.- los derechos económicos, sociales y culturales, nacidos como reacción a los problemas sociales del siglo XIX. En este grupo se encuentran los derechos a la alimentación, al seguro social, al trabajo, a la educación, etc.; 3) tercera generación.- compuesta por los derechos colectivos o de grupos como el derecho al desarrollo, a la paz, a un medio ambiente sano y limpio[67]. Los derechos de los pueblos indígenas estarían enmarcados en este último grupo[68]. Para Walter Kälin y Jörg Künzli, los verdaderos derechos colectivos serían los derechos de la llamada tercera generación contemplados por ambos Pactos Internacionales.[69]

---

66 African (Banjul) Charter on Human and Peoples' Rights, adopted 27 June 1981, entered into force 21 October 1986

67 KÄLIN, Walter und KÜNZLI, Jörg, *Universeller Menschenrechtsschutz*, 2. Auflage, Helbing Lichtenhahn Verlag Nomos, Basel, 2008, pp. 37, 38

68 Instituto Interamericano de Derechos Humanos, *Campaña Educativa sobre Derechos Humanos y Derechos Indígenas*, Costa Rica, 2007, pp. 28ss

69 KÄLIN y otro, 2008: 133

Según Nowak, el Artículo 28 de la Declaración Universal de los Derechos Humanos sería considerado como la base de la tercera generación de los derechos humanos al establecer[70]:

> *Toda persona tiene derecho a que se establezca un orden social e internacional en el que los derechos y libertades proclamados en esta declaración se hagan plenamente efectivos.*

Para hacer frente a la teoría de las tres generaciones de los derechos humanos, surgieron propuestas al interior de la ONU destinadas a unificar criterios en el trato global de los mismos. Es así como las nuevas corrientes terminaron siendo incluidas en los principios de la Declaración y el Programa de Acción de Viena de 1993 (Declaración y Programa de Acción de Viena)[71]. Veamos lo que el Principio 5 nos dice:

> *Todos los derechos humanos son universales, indivisibles e interdependientes y están relacionados entre sí. La comunidad internacional debe tratar los derechos humanos en forma global y de manera justa y equitativa, en pie de igualdad y dándoles a todos el mismo peso. Debe tenerse en cuenta la importancia de las particularidades nacionales y regionales, así como de los diversos patrimonios históricos, culturales y religioso [...]*

Este precepto detalla con claridad los principios rectores de los derechos humanos: universalidad, indivisibilidad, interdependencia e interrelación.

La universalidad se refiere al trato global de los derechos humanos, siendo los Estados los llamados a tomar todas las medidas necesarias a fin de que los derechos se hagan efectivos de modo justo, equitativo e igual.

Georg Lohmann ha precisado que la idea de los derechos humanos reclama una pretensión universal, es decir que ellos deben tener vigencia para cada uno de los seres humanos de la Tierra, en un contexto de igualdad e independiente de la religión, raza, cultura, sexo, origen, etc. Del mismo modo, él afirma que los derechos humanos son derechos muy complejos, pues por un lado ellos tendrían una dimensión moral y por el otro deberían entenderse como derechos fundamentales legales por formar parte del derecho positivo nacional e internacional.[72]

---

70 NOWAK, 2003: 24

71 La Declaración y el Programa de Acción de Viena, aprobados en la Conferencia Mundial de Derechos Humanos organizada en Viena, Austria, del 14 al 25 de junio de 1993

72 LOHMANN, Georg, *Zur Verständigung über die Universalität der Menschenrechte.- Eine Einführung*, en NOOKE, Günter, LOHMAN, Georg und WAHLERS, Gerhard, *Gelten Menschenrechte universal? Begründung und Infragestellungen*, Originalausgabe, Herder GmbH, Deutschland, 2008, pp. 47ss

Continuando su análisis, Lohmann afirma que la universalidad de los derechos humanos no sólo es cuantitativo, sino también cualitativo, pues todos los individuos de un grupo deberían estar de modo igual y necesariamente reconocidos en sus derechos.[73]

Por su parte Kälin y Künzli afirman que desde la promulgación de la Declaración Universal, la vigencia internacional de los derechos humanos es controvertida. Si bien es cierto que la vigencia de los derechos humanos, como tales, no es objetada por los gobiernos y el discurso en derechos humanos se ha convertido en universal, en la práctica no existe un acuerdo entre los Estados sobre el contenido de alguna garantía[74]. Es decir, todavía se objeta la vigencia de los derechos humanos por provenir de una cultura occidental.

Sin embargo, afirman los mismos autores, las diferencias en el debate sobre los derechos humanos pueden superarse. Pues las culturas no son estáticas, sino abiertas a cambios e influencias entre ellas y todo apunta a que los derechos humanos en ese proceso, a pesar de su origen occidental, vienen siendo reconocidos como una medida universal para un buen vivir de todos los humanos y en dignidad.[75]

Con el principio de la indivisibilidad de los derechos humanos se habría llegado, como sostiene Nowak, a superar, por lo menos de modo formal, la teoría de las tres generaciones o dimensiones de los derechos humanos desarrollada hasta antes de aprobarse la Declaración y Programa de Acción de Viena. Se dice de modo formal, porque aún queda un largo camino hasta superar tal debate entre los países del este, oeste y sur de la tierra.[76]

En el debate político e ideológico de los años 70' del siglo pasado sobre las tres generaciones de los derechos humanos se resaltaba la primacía de algunos derechos humanos, sean los derechos civiles, políticos o económicos, pero descuidando los otros. Sin embargo, como precisa Nowak, todos los derechos humanos son justiciables y obligan a los Estados al respeto, garantía y protección por igual.[77]

La interdependencia y conexión de los derechos humanos nos indican que éstos no están aislados, sino que existen e interactúan de modo complementario. Si uno de los derechos humanos sufre lesión, los otros también son afectados.

---

73 LOHMANN, 2008: pp. 47ss

74 KÄLIN y otro, 2008: 22, 24

75 KÄLIN y otro, 2008: 34

76 NOWAK, Manfred, *Einführung in das internationale Menschenrechtssystem*, Neuer Wissenschaftlicher Verlag GmbH, Österreich, 2002, pp. 35, 36, 37

77 NOWAK, 2002: 36, 62

La situación vulnerable de los pueblos indígenas de toda la Tierra y la necesidad de alcanzar una efectiva protección de sus derechos en el marco de los principios básicos de los derechos humanos de universalidad, indivisibilidad e interdependencia, dio pie al reconocimiento preciso de los pueblos indígenas como sujetos o titulares de derechos humanos a nivel internacional. Érica-Irene Daes, ex Presidenta y Relatora Especial del Grupo de Trabajo de la ONU sobre Poblaciones Indígenas intenta explicar las razones de tal reconocimiento y afirma que ningún otro sector de las "*sociedades contemporáneas había sido tan ignorado y discriminado como los indígenas. Muy a menudo, los pueblos indígenas habían sido las principales víctimas de violaciones graves y sistemáticas de sus derechos humanos*".[78]

La Declaración y el Convenio 169 son los instrumentos jurídicos internacionales que reconocen la titularidad de derechos colectivos de los pueblos indígenas. La Declaración recoge y precisa tanto derechos individuales como colectivos de los miembros y pueblos indígenas. Daes sostiene que ella (la Declaración), al recoger derechos colectivos, no lo hace sino para garantizar la existencia misma de los pueblos indígenas y velar por su integridad como colectivos frente al poder aplastante del Estado.[79]

Bajo los principios básicos de los derechos humanos antes citados, la Declaración resalta derechos colectivos de los pueblos indígenas como el de la libre determinación en el ámbito político, jurídico, económico, social y cultural, al autogobierno, a la autodefinición, a la consulta previa, a las tierras y territorios, así como a los recursos naturales; realza el rol importante de la autodefinición y auto-identificación en la protección jurídica de los pueblos indígenas. Del mismo modo, la Declaración conjuga los derechos humanos individuales de cada persona indígena y los derechos colectivos de sus pueblos, reconocidos previamente por normas internacionales generales, vinculándolos de modo vital, como se desprende de su Artículo 1:

> *Los indígenas tienen derecho, como pueblos o como personas, al disfrute pleno de todos los derechos humanos y las libertades fundamentales reconocidos por la Carta de las Naciones Unidas, la Declaración Universal de los Derechos Humanos y la normativa internacional de los derechos humanos.*

---

78 DAES, Erica-Irene A., *La contribución del Grupo de Trabajo sobre Poblaciones Indígenas a la génesis y evolución de la Declaración de la ONU sobre los Derechos de los Pueblos Indígenas*, en CHARTERS, Claire y STAVENHAGEN, Rodolfo (editores), *El Desafío de la Declaración, Historia y Futuro de la Declaración de la ONU sobre Pueblos Indígenas*, Dinamarca, 2010, pp. 55ss

79 DAES en CHARTERS y otro, 2010: pp. 55ss

La posición de los pueblos indígenas partícipes en los debates previos a la Declaración, ha sido siempre el de ser vistos no sólo como simples interesados u objetos de estudio, sino como verdaderos sujetos de derechos; pues ellos, como afirma Kolari, tienen todas las capacidades y el derecho de ser reconocidos, en condiciones iguales, como parte en la toma de decisiones que afecten sus vidas, territorios, bienestar y ejercicio de la libre determinación y desarrollo sostenible.[80]

La Declaración da un paso muy importante en la historia del derecho internacional de los derechos humanos al reconocer la titularidad de los pueblos indígenas sobre derechos colectivos y porque, como sostiene Rodolfo Stavenhagen, ex Relator Especial de la ONU sobre los derechos de los pueblos indígenas, ella se ocupa del reconocimiento, promoción y protección de los derechos colectivos y libertades de los pueblos indígenas. Es más, la necesidad urgente de precisar los derechos humanos de los pueblos indígenas en un documento especial, ha obedecido nada menos que a la desigualdad en el goce de los derechos universales pre-reconocidos. Stavenhagen identifica dos causas principales de la mencionada desigualdad: el racismo étnico y la discriminación contra los pueblos indígenas, quienes, para poder alcanzar el disfrute de los derechos humanos individuales y colectivos, tienen que enfrentarse a grandes obstáculos propios del *"enfoque clásico y liberal de los derechos humanos"*, los mismos que hasta el momento han sido nada satisfactorios para las sociedades indígenas.[81]

Por tanto, la Declaración tiene una característica especial que la diferencia de otros instrumentos internacionales: los titulares de los derechos reconocidos no sólo son los miembros o individuos de los pueblos indígenas, sino la unidad colectiva, es decir el grupo o el pueblo indígena como sociedad, cultura y comunidad viva. La razón aquí, como precisa Stavenhagen, radica en el hecho de que *"hay ciertos derechos humanos individuales que sólo pueden disfrutarse en 'comunidad con otros'"*.[82]

Por su lado, el Convenio 169 reconoce también la titularidad de los pueblos indígenas (y tribales) en el ejercicio de derechos y libertades fundamentales contenidos en él, tal como prevé el Artículo 3 (1):

---

80 KOLARI, 2004: 97

81 STAVENHAGEN, Rodolfo, *Cómo hacer para que la Declaración sea efectiva*; en CHARTERS, Claire y STAVENHAGEN, Rodolfo (editores), *El Desafío de la Declaración, Historia y Futuro de la Declaración de la ONU sobre Pueblos Indígenas*, Dinamarca, 2010, pp. 374ss

82 STAVENHAGEN en CHARTERS y otros, 2010: pp. 374ss

Los pueblos indígenas y tribales deberán gozar plenamente de los derechos humanos y libertades fundamentales, sin obstáculos ni discriminación. Las disposiciones de este Convenio se aplicarán sin discriminación a los hombres y mujeres de esos pueblos.

El Convenio 169 ha revisado el contenido de su antecesor, el Convenio 107 de 1957, el mismo que no obstante a ser el único instrumento internacional en su momento que trataba el asunto de las *'poblaciones'* indígenas fue considerado en la evolución del derecho internacional como un documento anacrónico por propiciar políticas estatales integracionistas y de asimilación de los pueblos indígenas. Tal como precisa Lee Swepston, citado por James Anaya, el Convenio 107 *"presumed the eventual disappearance of indigenous and tribal populations as they were gradually integrated into the countries in which they live, the 1989 instrument adopted an attitude of respect for the cultures and ways of life of these peoples"*[83]. En tal sentido, el Convenio 169 garantiza hoy a los pueblos indígenas y tribales el ejercicio de sus derechos y libertades como entes colectivos sin exponerlos al peligro de extinción.

Los pueblos indígenas, como titulares de derechos humanos, están en la capacidad jurídica de hacer valer sus derechos ante cualquier institución administrativa o instancia judicial, a nivel nacional o internacional. Para ello, los pueblos indígenas tienen la facultad plena de nombrar o elegir a sus propios órganos representativos, tal como prevé el Artículo 18 de la Declaración:

Los pueblos indígenas tienen derecho a participar en la adopción de decisiones en las cuestiones que afecten a sus derechos, por conducto de representantes elegidos por ellos de conformidad con sus propios procedimientos, así como a mantener y desarrollar sus propias instituciones de adopción de decisiones.

A nivel regional, la jurisprudencia interamericana ha ido introduciendo paso a paso a los pueblos indígenas como titulares de derechos humanos colectivos. Al inicio, la Corte Interamericana de Derechos Humanos (Corte Interamericana) reconocía la existencia de derechos colectivos sobre la tierra (el territorio) sólo a los miembros de las comunidades indígenas, tal como apreciamos del siguiente texto extraído de la parte resolutiva de la sentencia dictada en el caso de la Comunidad Indígena Xákmok Kásek de Paraguay:

El Estado violó el derecho a la propiedad comunitaria, las garantías judiciales y la protección judicial, consatgrados respectivamente en los Artículos 21.1, 8.1 y 25.1 de la

---

83 SWEPSTON, Lee, *The ILO Indigenous and Tribal Peoples Convention (169): Eight Years After Adoption*; in ANAYA, S. James, *International Human Rights and Indigenous Peoples*, 1st. Edition, Wolters Kluwer Law and Business, United States of America, 2009, pp. 134ss

Convención Americana, en relación con los Artículos 1.1 y 2 de la misma, en perjuicio de los miembros de la Comunidad Xákmok Kásek, de conformidad con lo expuesto en los párrafos 54 y 182 de esta Sentencia.[84]

Posteriormente, la Corte Interamericana ha reconocido que los pueblos indígenas son titulares de derechos humanos y los considera como la parte lesionada o perjudicada por actos de violación de derechos humanos. Esto ha quedado plasmado en la sentencia dictada en el caso del pueblo indígena Kichwa de Sarayacu contra Ecuador. Su párrafo 341 (punto 2) declara expresamente:

El Estado es responsable por la violación de los derechos a la consulta, a la propiedad comunal indígena y a la identidad cultural, en los términos del Artículo 21 de la Convención Americana, en relación con los Artículos 1.1 y 2 de la misma, en perjuicio del Pueblo Indígena Kichwa de Sarayaku, de conformidad con lo expuesto en los párrafos 145 a 227, 231 y 232 de la presente Sentencia.[85]

De esta manera, la jurisprudencia interamericana ha dado un paso muy importante en la aplicación de normas internacionales que reconocen a los pueblos indígenas la titularidad de derechos humanos colectivos.

---

84 Sentencia de la Corte Interamericana de Derechos Humanos sobre el fondo, reparaciones y costas, dictada en el caso de la Comunidad Indígena Xákmok Kásek vs. Paraguay el 24 de agosto de 2010, párrafo 337, sub-número 2

85 Sentencia de la Corte Interamericana de Derechos Humanos, sobre el fondo y reparaciones, recaída en el caso del pueblo indígena Kichwa de Sarayaku vs. Ecuador el 27 de junio de 2012

3. Pueblos indígenas de la Amazonía en el sistema legal peruano

La existencia de los pueblos indígenas de la Amazonía peruana, poseedores de las más ricas expresiones culturales del país, de costumbres y prácticas económicas ancestrales, no ha sido reconocida oficial- ni abiertamente por el Estado. El hecho de mencionar o definir, hasta inadecuadamente, el término de pueblos indígenas en algunas leyes ordinarias, no significa todavía un acto de reconocimiento que lleve a la protección plena de los mismos y la de sus derechos inherentes.

A la fecha de promulgación de la última Constitución Política del Estado Peruano (Constitución 1993)[86], éste había firmado y aprobado el Convenio 169[87]. Igualmente, para entonces el Estado conocía del contenido del Estudio Martínez-Cobo (1981-1984), por ser miembro de la ONU y haber participado en los debates al interior de dicha organización sobre la situación alarmante de discriminación y olvido en que vivían los pueblos indígenas. Sin embargo, ni los pueblos indígenas ni sus derechos colectivos fundamentales como el derecho a la libre determinación, a la consulta previa e informada o a sus territorios ancestrales y recursos naturales fueron incluidos en dicha norma legal, obviando así obligaciones internacionales asumidas.

Se podría decir que la norma contenida en el Artículo 2 (19) de la Constitución 1993 protege a los pueblos indígenas y sus derechos culturales, pero como observamos de su contenido, ella es genérica al establecer que:

El Estado reconoce y protege la pluralidad étnica y cultural de la Nación.

Sólo en la Amazonía peruana, sin contar a los de la Sierra y Costa, viven más de 60 pueblos o naciones indígenas; resultando ambigua e irreal la norma en mención, pues sólo estaría protegiendo la pluralidad étnica y cultural de una '*nación*'. En consecuencia, dicho precepto no es suficiente para asegurar la existencia de los pueblos indígenas como sociedades titulares de derechos humanos colectivos.

---

86 Constitución Política del Perú de 1993, promulgada por el Congreso Constituyente Democrático el 29 de diciembre de 1993

87 Resolución Legislativa 26253 del 2 de diciembre de 1993, aprobando el Convenio 169 de la OIT sobre pueblos indígenas y tribales en Países independientes

Hay autores que sostienen que el reconocimiento de la existencia legal de las llamadas comunidades nativas (y campesinas), hecho por el Artículo 89 de la Constitución 1993, significaría el reconocimiento tácito de los pueblos indígenas. Pero, ellas vienen a ser sólo organizaciones cuya existencia está supeditada a las disposiciones legales y no a la voluntad de los pueblos indígenas, tal como se aprecia a continuación:

> *Las Comunidades Campesinas y las Nativas tienen existencia legal y son personas jurídicas.*
>
> *Son autónomas en su organización, en el trabajo comunal y en el uso y la libre disposición de sus tierras, así como en lo económico y administrativo, dentro del marco que la ley establece. La propiedad de sus tierras es imprescriptible, salvo en el caso de abandono previsto en el Artículo anterior.*
>
> *El Estado respeta la identidad cultural de las Comunidades Campesinas y Nativas.*

Para Enrique Bernales, la norma en mención sería el *"reconocimiento jurídico"* a la existencia social e histórica de las comunidades campesinas y nativas, las mismas que, según su entender, serían instituciones antiguas cuya existencia se remontaría a épocas anteriores a la invasión española, unas de reconocimiento antiguo, otras de formación reciente al amparo de normas legales.[88]

Sin embargo, las comunidades nativas (y campesinas) son personas jurídicas u organizaciones creadas por ley en el siglo pasado, de dudosa naturaleza jurídica con derechos territoriales muy débiles y limitados a tierras de cultivo y ganadería. Es más, ellas, tal como sostienen García y Surrallés, son personas jurídicas que representan una *"ficción legal proveniente de un patrimonio cultural foráneo"*, y que su creación se traduce en *"una descomposición jurídica"* de los pueblos indígenas de la Amazonía peruana. Esta ficción legal obedece ante todo a intereses político-económicos del gobierno y no a la necesidad jurídica de regular instituciones pre-existentes.[89]

Dichas comunidades nativas (y campesinas) fueron creadas[90] con anterioridad a la Constitución 1993; incluso su antecesora[91] había otorgado seguridad jurídica más amplia a las tierras comunales, tal como veremos posteriormente.

---

88 BERNALES BALLESTEROS, Enrique, *La Constitución de 1993, Análisis Comparado*, Perú, 1996, p. 362

89 GARCÍA y otro, 2009: 34, 35

90 Decreto Ley 20653, Ley de Comunidades Nativas y de Promoción Agropecuaria de Regiones de Selva y Ceja de Selva, promulgado el 18 de junio de 1974; nuevo Decreto Ley 22175, Ley de Comunidades Nativas y de Desarrollo Agrario de las Regiones de Selva y Ceja de Selva, promulgado el 9 de mayo de 1978

91 Constitución Política del Perú de 1979 del 12 de julio de 1979

La Ley de Comunidades Nativas y de Desarrollo Agrario de las Regiones de Selva y Ceja de Selva (Ley de Comunidades Nativas)[92], promueve ante todo el asentamiento rural (colonización) de la Amazonía mediante el establecimiento organizado de personas dedicadas a actividades de aprovechamiento integral de los recursos naturales renovables, como es la producción agropecuaria, fauna silvestre, la industria, entre otros. Dentro de ese proyecto de colonización, el Estado declara reconocer la existencia legal y la personería jurídica de las comunidades nativas, las mismas que, según el Artículo 8, tendrían su origen:

> *[...] en los grupos tribales de la Selva y Ceja de Selva y están constituidas por conjuntos de familias vinculadas por los siguientes elementos principales: idioma o dialecto, caracteres culturales y sociales, tenencia y usufructo común y permanente de un mismo territorio, con asentamiento nucleado o disperso.*

Esta ley, como mencionan García y Surrallés, ha significado, junto a la limitación de los derechos territoriales de los pueblos indígenas y la reducción de los mismos a comunidades nativas, la colonización de sus territorios ancestrales.[93]

La naturaleza jurídica de las comunidades nativas es dudosa e indefinida. Por un lado su creación, organización interna y extinción son reguladas por normas de derecho público, como la Ley de Comunidades Nativas y su reglamento, haciendo entrever la calidad de personas jurídicas de derecho público. Pero, por otro lado su existencia legal está regulada por el Código Civil peruano[94], cuyo Artículo 135 expresamente dice:

> *Para la existencia legal de las comunidades se requiere, además de la inscripción en el registro respectivo, su reconocimiento oficial.*

Entendido, en este caso, los registros públicos de personas jurídicas de derecho privado. Es decir, las comunidades nativas (y campesinas) son a la vez personas jurídicas de derecho público y privado.

Para la inscripción de la personería jurídica de una comunidad nativa en los registros públicos, los interesados tienen que esperar muchos años y salvar un trámite administrativo complicado y burocrático ante los órganos estatales; incluso, toda la documentación es redactada en castellano, idioma que la gran mayoría de los pueblos indígenas, que se han visto obligados a organizarse en comunidades, desconocen o no dominan.

---

92 Decreto Ley 22175, Ley de Comunidades Nativas y de Desarrollo Agrario de las Regiones de Selva y Ceja de Selva dado el 9 de mayo de 1978

93 GARCÍA y otro, 2009: 33

94 Código Civil peruano promulgado mediante Decreto Legislativo Nro. 295 el 24 de julio de 1984

De acuerdo a la Ley de Comunidades Nativas el reconocimiento oficial de la personería jurídica de las comunidades nativas es requisito fundamental para que éstas puedan solicitar la demarcación y titulación de las tierras comunales. A fin de salvar, por lo menos una parte de sus territorios u obtener un título sobre lo poco que había quedado luego de sus traslados forzados e invasión, muchos pueblos amazónicos, como los Amuesha (de las regiones de Huánuco, Junín, Pasco), se han visto obligados a organizarse en comunidades legales; asumiendo así tal ficción legal, incluso con el riesgo de convertirse definitivamente en grupos sedentarios dedicados a la ganadería y agricultura, tal como veremos posteriormente.

En cuanto a los miembros integrantes de una comunidad nativa, la ley en comentario cae en contradicciones. De su Artículo 8 se podría decir que ellas están organizadas por miembros de pueblos indígenas; pero, conforme apreciamos de la norma contenida en su Artículo 9 (primera parte), la figura resulta siendo otra:

> *Son miembros de las Comunidades Nativas los nacidos en el seno de las mismas y aquellas a quienes éstas incorporen siempre que reúnan los requisitos que señale el Estatuto de Comunidades Nativas.*

Para poder entender mejor el mensaje de esta norma citamos la parte inicial de su Artículo 17, el que tampoco guarda relación con el 8 ya mencionado, el que se refiere al hecho de que las comunidades nativas tendrían su origen en *'grupos tribales'*:

> *Los ocupantes precarios y los mejoreros, ubicados en tierras de una Comunidad Nativa, podrán incorporarse a la Comunidad.*

Los ocupantes precarios y mejoreros vienen a ser nada menos que los colonos no indígenas que han ido invadiendo parte de los territorios indígenas.

El Reglamento de la Ley de Comunidades Nativas (Reglamento)[95] precisa al detalle de cómo deben estar organizadas las comunidades nativas, qué funciones tienen sus órganos administrativos, quién los representa y qué tipo de normas deben aprobar ellas para su funcionamiento. Así tenemos por ejemplo el Artículo 21, que a la letra dice:

> *La Asamblea General es el Órgano máximo de la Comunidad y está constituida por todos los comuneros debidamente inscritos en el Padrón de Comuneros.*

---

95 Decreto Supremo 003-79-AA, Reglamento de la Ley de Comunidades Nativas y de Desarrollo Agrario de las Regiones de Selva y Ceja de Selva, dictado el 25 de enero de 1979

Igualmente, se ocupa de los otros órganos de gestión administrativa (jefe, secretario, tesorero, secretario de producción y comercialización, entre otros). El secretario, por ejemplo, es el encargado de conducir y conservar los libros de actas (escritos en castellano), padrón de comuneros y otros documentos administrativos de la comunidad, debiendo suscribirlos conjuntamente con el jefe de la comunidad (Artículo 22 del Reglamento). Aquí se observa cómo el Estado exige de los pueblos indígenas agrupados en comunidades nativas a organizarse de una forma absolutamente distinta a sus normas tradicionales o de costumbre.

En consecuencia, el sistema legal de las comunidades nativas está lejos de cumplir con los estándares internacionales de protección de los pueblos indígenas y sus derechos colectivos inherentes. La noción de pueblo indígena va más allá de lo que se entiende por comunidad nativa creada por ley.

La Comisión de Expertos en Aplicación de Convenios y Recomendaciones de la OIT (CEACR), ha hecho saber al Estado peruano sus observaciones sobre la inexistencia de un criterio unificado y de una terminología para distinguir la categoría jurídica de pueblos indígenas en Perú. Es más, ha precisado que los términos de comunidades campesinas y nativas no hacen más que crear confusión en cuanto al sujeto de derecho protegido por el Convenio 169. En 2008, por ejemplo, la CEACR recomendó al Estado peruano, en consulta con las organizaciones indígenas, adoptar las medidas correctivas a tal anomalía. Es decir que, en un proceso de implementación del Convenio 169, se adopte una terminología y criterio único para determinar la titularidad de los derechos colectivos reconocidos internacionalmente.[96]

Para justificar el requerimiento reiterado de la OIT, en cuanto a la implementación del Convenio 169, el Estado ha ido incluyendo de modo retórico el término de pueblos indígenas en leyes ordinarias y reglamentos de los ministerios como es el caso de la Ley General del Ambiente[97], la misma que, en su Artículo 70, diferencia a los pueblos indígenas de las comunidades de origen legal:

> *En el diseño y aplicación de la política ambiental y, en particular, en el proceso de ordenamiento territorial, se deben salvaguardar los derechos de los pueblos indígenas, comunidades campesinas y nativas reconocidas en la Constitución Política y en los tratados internacionales ratificados por el Estado.*

---

96 Observación (CEACR)-Adopción: 2008, Publicación: 98ª reunión CIT (2009): http://www.ilo.org/dyn/normlex/es/f?p=1000:13100:0::NO:13100:P13100_COMMENT_ID:2296554 (junio 2012)

97 Ley 28611, Ley General del Ambiente, dado el 13 de octubre del 2005

A raíz de muertes masivas al interior de los pueblos indígenas en aislamiento y las denuncias y reclamos de los representantes indígenas de la Amazonía, el parlamento peruano dio la Ley Sobre la Protección de Pueblos Indígenas u Originarios en Situación de Aislamiento y en Situación de Contacto Inicial (Ley de Pueblos en Aislamiento)[98]. Pero esta ley, ignorando las propuestas de las organizaciones defensoras de los derechos indígenas y en contradicción al principio universal de autodefinición, da una definición errada de pueblos indígenas tal como apreciamos de su Artículo 2 (a y b):

a. *Pueblos Indígenas.- Aquellos que se autorreconocen como tales, mantienen una cultura propia, se encuentran en posesión de un área de tierra, forman parte del Estado peruano conforme a la Constitución. En éstos se incluye a los pueblos indígenas en situación de aislamiento o en situación de contacto inicial.*
b. *Aislamiento.- Situación de un pueblo indígena, o parte de él, que ocurre cuando éste no ha desarrollado relaciones sociales sostenidas con los demás integrantes de la sociedad nacional o que, habiendo hecho, han optado por descontinuarlas.*

Según esta norma los pueblos indígenas serían aquellos pueblos que poseen un '*área de tierra*' (entiéndase como tierra agropecuaria) y que forman parte del Estado peruano conforme a la Constitución; es decir, vivan al interior de sus fronteras nacionales. Hay pueblos indígenas como los Awajún y Wampis (familia lingüística Jíbaro), o los Pananujuri o Taromenane (Huaorani), quienes ocupan territorios que traspasan el límite de las fronteras nacionales. Es más, como se ha mencionado líneas arriba, los pueblos indígenas del país no han sido introducidos formalmente a la Constitución del Estado como parte integrante de la República y por ende ausentes en la misma.

La definición de aislamiento contenida en la citada norma, es completamente falsa; pues los pueblos en aislamiento son aquellos pueblos que han sufrido bajo el proceso de colonización por parte de esa '*sociedad nacional*' y que para salvar sus vidas han huido a lugares inaccesibles de la Selva y no es que hayan desarrollado relaciones sociales con ella y optado luego por abandonarlas pacíficamente. No se puede hablar de relaciones sociales sino de contacto forzado y traumático que los ha llevado al aislamiento total o parcial.

Una vez más, una ley incompleta que sólo sirve para salir del apuro. César Gamboa y Asunta Santillán sostienen que, si bien es cierto que la Ley de Pueblos en Aislamiento es un avance en la garantía de los derechos individuales a la vida

---

98 Ley 28736, sobre la Protección de Pueblos Indígenas u Originarios en Situación de Aislamiento y en Situación de Contacto Inicial, promulgada el 16 y publicada el 18 de mayo de 2006

y a la salud de los miembros de pueblos indígenas en aislamiento, y en la creación de reservas indígenas provisionales a su favor, ella no refleja la verdadera aspiración de las organizaciones indígenas dedicadas a la protección de dichos pueblos. Los autores afirman que en *"el texto promulgado, se han eliminado muchos elementos esenciales de la propuesta original consensuada del Poder Ejecutivo con las organizaciones indígenas"*, como la intangibilidad de las reservas, la prohibición de actividades extractivas en ellas, entre otros que garanticen la existencia de los pueblos.[99]

Hay que añadir que la Ley de Pueblos en Aislamiento no reconoce de antemano la existencia de los pueblos indígenas en situación de aislamiento y/o contacto inicial, sino que su reconocimiento está sujeto a un trámite administrativo. Los pueblos en aislamiento, según esta ley, serán reconocidos recién mediante normas menores (decretos supremos) tal como precisa la primera parte del Artículo 3 (a):

> *Se reconoce a un grupo humano la categoría de Pueblo Indígena en situación de aislamiento o en situación de contacto inicial mediante decreto supremo, el mismo que para su validez requiere de un estudio previo realizado por una Comisión Multisectorial presidida por el Instituto Nacional de Desarrollo de Pueblos Andinos, Amazónicos y Afroperuano [...]*

Una vez reconocidos oficialmente recién podrán gozar de la protección temporal y limitada de sus territorios hasta hacerse sedentarios y organizarse en comunidades nativas. Hasta hoy no se ha reconocido ningún pueblo indígena en aislamiento bajo los requisitos establecidos por la ley en comentario.

El vacío constitucional, en cuanto al reconocimiento de los pueblos indígenas como titulares de derechos colectivos fundamentales, es la causa de tanta confusión y contradicción a la hora de intentar remediar obligaciones internacionales con leyes que no las implementan debidamente.

Después de aproximadamente 17 años, desde la ratificación del Convenio 169 y sin la participación debida de los representantes legítimos de los pueblos indígenas, el Congreso peruano ha dado la Ley 29785 (Ley de Consulta)[100], que regula el derecho a la consulta de los pueblos indígenas u originarios y cuyo objeto sería desarrollar los principios y procedimientos del derecho a la consulta previa a los pueblos indígenas sobre las medidas legislativas o administrativas

---

99 GAMBOA, César, SANTILLÁN, Asunta, *Compendio de Normas e Instrumentos sobre Pueblos Indígenas Aislados*, Perú, 2007, Capítulo III, p. 1

100 Ley 29785, Ley del derecho a la consulta previa a los pueblos indígenas u originarios, reconocido en el Convenio 169 de la Organización Internacional del Trabajo (OIT), promulgada el 7 de setiembre de 2011

que los afecten directamente. Según dicha ley, la finalidad de la consulta sería, tal como precisa el Convenio 169, *"alcanzar un acuerdo o consentimiento entre el Estado y los pueblos indígenas u originarios respecto a la medida legislativa o administrativa que les afecten directamente."*(Artículo 2).

Otra vez nos encontramos ante una ley que aparentemente estaría para proteger los derechos colectivos de los pueblos indígenas. Sin embargo, ya desde los criterios de identificación de los pueblos indígenas, la ley tiene limitaciones que no responden a los estándares internacionales desarrollados al interior de las Naciones Unidas. El Artículo 7 de la Ley de Consulta dice textualmente:

> *Para identificar a los pueblos indígenas u originarios como sujetos colectivos, se toman en cuenta criterios objetivos y subjetivos.*
> *Los Criterios objetivos son los siguientes:*
>
> *a. Descendencia directa de las poblaciones originarias del territorio nacional.*
> *b. Estilos de vida y vínculos espirituales e históricos con el territorio que tradicionalmente usan u ocupan.*
> *c. Instituciones sociales y costumbres propias.*
> *d. Patrones culturales y modo de vida distintos a los otros sectores de la población nacional.*
>
> *El criterio subjetivo se encuentra relacionado con la conciencia del grupo colectivo de poseer una identidad indígena u originaria.*

Los criterios detallados en la citada norma no guardan relación con la norma contenida en el Artículo 1 (1.b) del Convenio 169. La Ley de Consulta elabora una lista cerrada sobre los criterios (desde la perspectiva del Estado) de identificación de los pueblos indígenas a ser consultados, callando aspectos importantes descritos por el Convenio 169, como el hecho de que los pueblos indígenas descienden (no habla de descendencia *'directa'*) de las poblaciones que habitaban en el país o región antes de la llegada de los invasores y/o colonos, o antes del establecimiento de las actuales fronteras estatales. El Convenio 169 establece reglas básicas abiertas que deberían ayudar a identificar a un pueblo indígena como titular de derechos, pero la Ley de Consulta les limita esa posibilidad con un listado fijo de criterios.

Con esta Ley de Consulta existe el riesgo de que muchos pueblos indígenas de la Amazonía peruana no sean considerados como sujetos del derecho a la consulta por no reunir todos los criterios señalados en ella. Por ejemplo, al organizarse en comunidades nativas y sufrir cambios estructurales durante el proceso de colonización, muchos pueblos indígenas han ido perdiendo algunas instituciones sociales, políticas y/o culturales, pero han seguido ocupando sus territorios ancestrales, recreando sus tradiciones y costumbres, y ante todo han conservado su identidad étnica. Éstos caerían fuera de los criterios cerrados de la ley en comentario.

Finalmente, la Ley de Consulta no ha recogido otros elementos sustanciales contenidos en el Estudio Martínez-Cobo, como el hecho de que los pueblos indígenas se consideran distintos de otros sectores de la sociedad envolvente, que pertenecen a un sector no dominante y tienen la determinación de preservar, desarrollar y transmitir a sus descendientes los territorios que poseen ancestralmente.

El Reglamento de la Ley de Consulta[101], aprobado mediante una norma inferior (decreto supremo) para regular la consulta previa de las medidas administrativas y legislativas del poder ejecutivo, intenta reparar las omisiones de la ley y establece algunos criterios más, tal como se lee de su Artículo 3 (k):

> *Pueblo Indígena u Originario.- Pueblo que desciende de poblaciones que habitaban en el país en la época de la colonización y que, cualquiera que sea su situación jurídica, conserven todas sus propias instituciones sociales, económicas, culturales y políticas, o parte de ellas, y que, al mismo tiempo, se auto reconozca como tal. Los criterios establecidos en el Artículo 7° de la Ley deben ser interpretados en el marco de lo señalado en el Artículo 1 del Convenio 169 de la OIT. La población que vive organizada en comunidades campesinas y comunidades nativas podrá ser identificada como pueblos indígenas, o parte de ellos, conforme a dichos criterios. Las denominaciones empleadas para designar a los pueblos indígenas no alteran su naturaleza, ni sus derechos colectivos. En adelante se utilizará la expresión "pueblo indígena" para referirse a "pueblo indígena u originario".*

La definición hecha mediante esta norma de menor jerarquía que la constitución no significa todavía el reconocimiento abierto y formal de la existencia de los diferentes pueblos indígenas del país como titulares de derechos humanos colectivos, inherentes y fundamentales al territorio ancestral, a la libre determinación, cultura, religión, entre otros.

---

101 Decreto Supremo 001-2012-MC que aprueba el Reglamento de la Ley Nro. 29784, Ley del Derecho a la Consulta Previa a los Pueblos Indígenas u Originarios reconocido en el Convenio 169 de la Organización del Trabajo (OIT), publicado el 3 de abril de 2012

4. El derecho colectivo de los pueblos indígenas a territorios y recursos naturales

4.1. Territorio indígena ancestral

A diferencia de otros, los pueblos indígenas están unidos de modo vital a los territorios que ocupan colectivamente. Su existencia como sociedades especiales está ligada a la existencia de sus territorios.

Tanto en la doctrina, como en las normas internacionales y jurisprudencia, existen diferentes denominaciones para calificar el espacio vital que ocupan los pueblos indígenas. Se le denomina territorio (o tierra) ancestral, tradicional, histórico, étnico o comunal. Adecuando el significado de dichos adjetivos al tema que nos ocupa, podemos decir que el adjetivo ancestral sirve para referirse a los territorios que fueron ocupados desde tiempos remotos por los antepasados de los pueblos actuales. Del mismo modo, el adjetivo tradicional nos indica que los territorios actuales fueron, o están siendo, ocupados siguiendo normas y costumbres muy antiguas y que se han ido trasladando de generación tras generación. Un territorio es calificado como histórico por haberse desarrollado en él, durante la historia, un pueblo determinado. Estos calificativos y otros no hacen sino referirse a los mismos espacios vitales que ocupan los pueblos indígenas actuales, ya sea desde sus ancestros y/o tradicionalmente. A fin de guardar la armonía en el desarrollo del presente trabajo se utilizará el calificativo de territorio indígena ancestral o tradicional para referirnos a los territorios de los pueblos indígenas.

4.1.1. La noción indígena de territorio

La noción de territorio ancestral o tradicional por parte de los propios pueblos amazónicos ha ido cambiando con el paso del tiempo y a causa de influencias externas. Sin embargo, su esencia se mantiene tal como se explica a continuación.

Desde la visión tradicional de los pueblos indígenas el territorio que ocupan en colectivo es un todo indivisible o espacio vital donde han desarrollado y transmitido sus culturas e historia de generación tras generación. Es más, el territorio indígena es considerado como el hábitat natural que ha dado origen a la misma existencia de sus habitantes y el de los pueblos. García y Surrallés precisan que los Kandozi definen su territorio como un mundo compuesto por tres dimensiones. La primera es el *tsaponish* que viene a ser el espacio que ha emergido del agua después del diluvio y el que actualmente ocupan. Luego el mundo acuático, el mismo que se sumergió durante el diluvio, ocurrido alrededor del lago Musa Karusha, donde habitan los espíritus de los miembros de antiguos pueblos ahora denominados *tsogi* y que llevan una vida similar al de los humanos. Finalmente, la tercera dimensión o tierra es denominada *kaniba* ubicada en el espacio celeste o cielo, habitada por los espíritus de los que fallecen. De esta manera, la noción de territorio que manejan los Kandozi va más allá del espacio netamente geográfico, pues abarca también un espacio abstracto que engloba la visión completa del mundo y revela, de la forma más fina, la relación que existe entre la sociedad y su territorio como un todo[102]. Así, continúan los autores, en la cosmovisión de los Kandozi, hasta los *"árboles y sobretodo los animales que pueblan los bosques de su territorio son considerados personas"*[103]. Es decir, el territorio no es un espacio exclusivo de los humanos, sino que es compartido, por igual, con otros seres sean animales, plantas y espíritus de antiguos habitantes de tierras sumergidas. Por tanto el territorio es un espacio no sólo de interacción social entre las personas humanas, sino también un *"espacio de interacción ritual"* con personas no humanas, cuyo contacto es valorado por los miembros indígenas para obtener habilidades de superación.[104]

La concepción tradicional de territorio de los pueblos indígenas de la Amazonía se diferencia claramente del concepto occidental que se tiene de *'tierra'*. Así señalan Alberto Chirif y Pedro García, quienes nos explican que para la economía liberal en las culturas y el derecho occidentales *"la tierra es simplemente uno de los factores de producción, un bien mercantil bien delimitado, apropiable y disponible en provecho de aquel individuo o persona que disponga de capital para acceder al mercado de tierras"*.[105]

Mientras que para la cultura occidental, la tierra es un bien mercantil comerciable, el territorio está concebido, desde la visión tradicional indígena, como toda una constelación de prácticas y relaciones sociales, factibles de ser descritas por cada miembro de los pueblos. Es por ello, como explican Chirif y García, que el territorio viene a ser el punto de referencia fundamental para la identidad colectiva de las personas, familias y grupos[106]. Sin embargo, en muchos casos, la percepción o noción del hábitat o territorio indígena ha ido cambiando, debido

---

102 GARCIA y otro, 2009: 74, 75, 76

103 GARCÍA y otro, 2009: 82

104 GARCIA y otro, 2009: 84

105 CHIRIF, Alberto y GARCÍA HIERRO, Pedro, *Marcando Territorio, progresos y limitaciones de la titulación de territorios indígenas en la Amazonía*, Perú, 2007, p. 22

106 CHIRIF y otro, 2007: 26, 27

a los procesos de colonización de la Amazonía y la imposición de figuras legales, como las llamadas tierras comunales, áreas naturales de protección, entre otras.

En un documento publicado por la Asociación Interétnica para el Desarrollo de la Selva del Perú (AIDESEP), organización que agrupa y representa a los pueblos indígenas de la Amazonía peruana, territorio indígena es definido como el *"embrión que dio origen a la existencia de nuestros pueblos con culturas e identidad propia"*; es decir, el territorio es el origen (la madre) de la existencia misma de los pueblos, y sin territorio ellos estarían sentenciados a morir. Para los pueblos indígenas, continúa AIDESEP, el territorio *"adquiere importancia espiritual y es sagrado"*, mientras que el concepto de *'tierra'* se limita al uso individual de una determinada porción geográfica y está sujeta a la enajenación en el mercado libre.[107]

Recogiendo elementos de la noción indígena tradicional podemos decir que territorio es el todo, el universo donde se origina la vida de los animales, plantas y humanos, compuesto por elementos materiales e inmateriales que se relacionan entre sí y son indivisibles. Los elementos materiales como los bosques, ríos, lagunas, cerros, espacio aéreo, suelos, subsuelos, entre otros, guardan una relación intrínseca con la cosmovisión y con el desarrollo cultural, social, político y económico de los pueblos que los habitan. Por tanto, territorio no sólo es el lugar que se habita, sino también el que guarda la memoria de los pueblos y donde se practican o recrean las costumbres y tradiciones ancestrales.

El territorio indígena ha sido y es ocupado obedeciendo a normas consuetudinarias establecidas al interior de cada uno de los pueblos indígenas. Estas normas de costumbre tienen su sustento en la forma colectiva del disfrute y cuidado del territorio en su integridad; es decir, se basan en el sentimiento de 'nosotros' que caracteriza a sociedades indígenas. Dicha forma colectiva de ocupación del territorio repercute en la satisfacción de las diversas necesidades individuales y familiares de sus miembros.[108]

Para la AIDESEP, el concepto de territorio se aleja de la definición de tierra precisamente porque él es considerado un bien colectivo o común en toda su magnitud, es decir como un todo no pasible de apropiación individual o fraccionamiento. En tal sentido, el medio natural compuesto por las montañas, cataratas, lagos, etc., donde sus antepasados meditaron *"son heredados como lugares sagrados y gozan de respeto como fuentes de realización visionaria y fortalecimiento espiritual"* del pueblo en su conjunto y no está a la libre disposición de alguno

107 AIDESEP: www.aidesep.org.pe/index.php?id=6 (octubre 2010)
108 CHIRIF et al, 1990: 95

o algunos individuos[109]. Es decir, el territorio ancestral o tradicional es considerado un bien común o colectivo que va más allá de los intereses individuales de los miembros del pueblo que lo ocupan.

4.1.2. Relación intrínseca pueblo indígena y territorio

Los pueblos indígenas de la Amazonía peruana están vinculados vitalmente a sus territorios ancestrales o tradicionales.

Tal como sostienen Alberto Chirif *et al.*, la noción indígena de territorio no hace sino definir la realidad milenaria de la relación intrínseca que une a los pueblos originarios con su hábitat natural[110]. Se dice que la relación que existe entre el pueblo y su territorio es intrínseca, precisamente porque ese vínculo es esencial o fundamental y de tipo holista ('holas' en griego significa 'todo'); o sea, la existencia del pueblo está ligada a la existencia de su territorio, entendido éste en su totalidad.

Tanto los montes, como los valles, ríos y lagunas, que forman parte del territorio indígena, se identifican con la existencia de la sociedad que los habita. El territorio, en la concepción indígena, es un espacio integral, donde cada parte, por muy pequeña que fuese, cada expresión de la vida y la naturaleza *"es sagrada en la memoria y en la experiencia colectiva de ese pueblo y que se comparte en íntima interrelación con el resto de los seres vivos respetando su natural evolución como única garantía de mutuo desenvolvimiento"*.[111]

Es decir, los elementos materiales, llámese espacio o medio natural, que forman parte del territorio, están interrelacionados y se complementan entre sí para satisfacer las necesidades en común de tipo económico, espiritual, social y de organización de las generaciones presentes y futuras de los pueblos.

El líder awajún Zebelio Kayap resume que para los pueblos Jíbaro, territorio es un todo indivisible y que los pueblos están íntimamente vinculados a sus bosques, suelo y subsuelo, por tanto, sin éstos ellos dejarían de existir; es decir, *"[s]in los recursos naturales, sin los ríos, cataratas, sin los bosques no seríamos pueblos indígenas, porque nuestra educación y visión están basadas"* en ellos.[112]

---

109 AIDESEP: www.aidesep.org.pe/index.php?id=6 (octubre 2010)

110 CHIRIF, Alberto, GARCÍA, Pedro y SMITH, Richard Chase, *El Indígena y su Territorio*, Perú, 1990, p. 26

111 CHIRIF et al, 1990: 27, 28

112 Entrevista personal dada por Zebelio Kayap Yempekit, Jefe de las Comunidades Awajún del Cenepa y Presidente de la Organización de Desarrollo de las Comunidades Fronterizas del Cenepa (ODECOFROC), el 21 de julio de 2011

Los lugares sagrados son puntos vitales que mantienen viva la relación de los pueblos indígenas con sus territorios. De las palabras de Pancho Kantosh, otro líder awajún del Cenepa, podemos afirmar que uno de los lugares sagrados de los pueblos Jíbaro es el cerro denominado Kumpanam, ubicado en la Cordillera del Cóndor (noroeste de la Amazonía peruana). Kantosh sostiene que hasta allí han llegado sus antepasados a:

> *[...] soñar, visitaban el cerro para adquirir un poder para ser valiente, para ser luchador, ser un hombre notable. Este lugar ha sido y es sagrado para nosotros. Nadie lo tocaba, porque si alguien se quiere acercar hacía llover, cuando querían subir al cerro llovía y reventaba relámpagos. Era un lugar respetado.*[113]

La FENAMAD nos explica que la mitología indígena se basa en la espiritualidad de los seres que habitan su mundo como los ríos, los animales, las plantas, incluso las estrellas, quienes en su estado anterior tenían una forma humana y eran considerados parte de la familia y del grupo social. Las plantas y animales del bosque y los ríos están íntimamente ligados al mundo espiritual, por lo que será necesario tener *"la capacidad de comunicarse [mediante los sueños] con el mundo del espíritu a fin de asegurar la disponibilidad regular de producción"* de recursos vitales y evitar sobrepasar los límites permitidos. A través de los sueños se adquiere el conocimiento que guía la vida colectiva y la conexión con el mundo invisible o espiritual. Este conocimiento y el dominio de técnicas de caza, por ejemplo, harán de la cacería todo un éxito. Pero, políticas estatales de asimilación e integracionistas, como la imposición de programas de desarrollo, están llevando al quebrantamiento de la relación espiritual y religiosa de los pueblos indígenas con sus territorios. Las nuevas generaciones de muchos pueblos, como los Harakmbut y Ese Eja, de acuerdo a la FENAMAD, están dejando de lado las actividades de caza, pesca y cultivo de productos tradicionales, para dedicarse a la minería aluvial y recojo de castaña con fines de lucro, lo que significa dejar de lado *"muchos mitos y ritos que regeneran la relación del indígena con el monte, las aguas, los animales, las chacras, etc., estas a su vez con los dueños o espíritus del bosque"*, alejándose así de la cultura indígena y adoptando la ajena.[114]

Sin embargo, la esencia en la relación con los territorios ancestrales y/o tradicionales se mantiene. El grado de dicha relación varía de acuerdo al grado de influencia de valores ajenos impuestos o asumidos. De todas formas, como afirma la Comisión Interamericana de Derechos Humanos (CIDH), los pueblos

113 Entrevista de la autora con Pancho Kantosh Saan, Coordinador de Territorio y Medio Ambiente de ODECOFROC, el 21 de julio de 2011

114 FENAMAD, 2009: 144

indígenas tienen una relación única de tipo material, cultural y espiritual con el territorio tradicional o ancestral. Dicha relación, dependiendo del pueblo indígena y de circunstancias específicas, se expresa de diferente manera que incluye el uso y el control tradicionales del territorio, así como *"la preservación de sitios sagrados o ceremoniales, asentamientos o cultivos esporádicos, recolección estacional o nómada, cacería y pesca, el uso consuetudinario de recursos naturales u otros elementos característicos de la cultura indígena"*.[115]

4.2. Dimensión material del territorio indígena ancestral

Hemos mencionado líneas arriba que el territorio de los pueblos indígenas amazónicos está compuesto por elementos materiales e inmateriales. Estos elementos o dimensiones son fundamentales para garantizar la existencia y supervivencia de los pueblos actuales y futuros.

La dimensión material del territorio ancestral o tradicional comprende el espacio geográfico y todos los recursos naturales. Esta dimensión incluye la superficie del suelo donde tiene lugar la vida de los pueblos indígenas, el subsuelo y el aire.

Los elementos materiales, como parte indivisible del todo, dependen y se complementan entre sí. El Artículo 13 (2) del Convenio 169 precisa que el territorio de los pueblos indígenas está compuesto por la totalidad del hábitat natural que ocupan:

> *La utilización del término tierras en los Artículos 15 y 16 deberá incluir el concepto de territorios, lo que cubre la totalidad del hábitat de las regiones que los pueblos interesados ocupan o utilizan de alguna otra manera.*

Entendiendo el término de hábitat como el espacio geográfico, biológico y físico, donde se han desarrollado y establecido los pueblos indígenas.

Los recursos naturales forman parte de los elementos materiales del territorio indígena. Por tanto, los recursos hídricos (como el agua de los ríos, las lagunas, lagos y fuentes de agua), biológicos (fauna y flora) o recursos minerales o energéticos (oro, plata, hidrocarburos, gas natural, etc.) son partes indivisibles del territorio donde se encuentran. Muchos de los recursos naturales han sido utilizados de forma continua en el quehacer diario, en la medicina, en los ritos religiosos y/o en la recreación. Los pueblos indígenas amazónicos han sabido

---

115 OEA/Ser.L/V/II Doc. 56/09 de la Comisión Interamericana de Derechos Humanos de la Organización de los Estados Americanos, *Derechos de los Pueblos Indígenas y Tribales sobre sus Tierras Ancestrales y Recursos Naturales*, USA, 2009, párrafo 1

manejar los recursos naturales de modo colectivo, eficaz y sin destruirlos. Para ellos, como afirman Chirif *et al.*, la naturaleza significa *"no un medio de acumulación de riqueza y poder, sino de aprovechamiento de recursos para hacer frente a sus necesidades de consumo, de intercambio y de celebración del ritual"*, es más, en el aprovechamiento de los recursos siempre ha estado presente tanto el bienestar actual como el de las futuras generaciones.[116]

Los recursos naturales son sustancias que existen en su forma natural en la Tierra. Dichos recursos, renovables o no renovables, sirven para la manufactura de productos, la satisfacción de necesidades humanas, primarias o secundarias, y la preservación de la biósfera.

Es decir, los recursos naturales (utilizados tradicionalmente o no) existentes en territorio de los pueblos indígenas son todos aquellos componentes naturales, que en su conjunto forman el medio ambiente que los rodea, se encuentren en el suelo, en el subsuelo o en el aire, en las rocas, en los ríos, en las cuencas o en los mares.

La extensión material del territorio de los pueblos indígenas de la Amazonía peruana, no se limita al área de asentamiento o de viviendas y el campo de cultivo y/o crianza de animales domésticos; sino, se extiende hasta llegar a los bosques, ríos, lagos, lagunas, montañas y cataratas, de donde se extraen los recursos naturales para el sustento diario y el trabajo.

Desde tiempos remotos, los pueblos amazónicos han ido accediendo y haciendo suyos territorios suficientes para garantizar la existencia de sus integrantes, quienes, unidos por lazos familiares y de grupos y valiéndose de puntos de referencia como los ríos, cuevas, árboles sobresalientes o lomas, han ido identificando tanto la extensión como los límites de las áreas ocupadas, ya sea de modo exclusivo o en común con otros grupos o pueblos vecinos. Los límites de sus territorios han sido establecidos, aún en casos de confrontación con grupos o pueblos vecinos, obedeciendo a normas consuetudinarias y tradiciones ancestrales. García y Surrallés aseguran que los puntos de referencia establecidos por los pueblos indígenas, para identificar sus territorios, han ido recibiendo nombres específicos grabados en la memoria de los pueblos y que se transmiten de generación tras generación; así precisan que, por ejemplo, la toponimia kandozi *"se interesa particularmente por los nombres de los ríos y lagos que atraviesan su territorio. Cada uno tiene un nombre propio y exclusivo: no hay ni dos ríos ni dos lagos denominados de la misma manera, siempre son diferentes así se trate del más pequeño riachuelo"*.[117]

116 CHIRIF *et al.*, 1990: 99, 100
117 GARCÍA y otro, 2009: 81

En la cosmovisión de los pueblos indígenas de la Amazonía, según Chirif y García, no ha existido la necesidad de establecer hitos que limiten los territorios de los pueblos o grupos vecinos, porque ellos han sabido perfectamente cuál era el hábitat seguro que le correspondía y/o corresponde[118]. La delimitación territorial es un proceso iniciado por el Estado y por las razones que más adelante precisaremos.

4.3. Derecho ancestral sobre territorios y recursos naturales

A la llegada de los invasores europeos, la Amazonía peruana ha estado poblada por pueblos originarios o indígenas, quienes, desde épocas remotas, han ido accediendo y ocupando, conforme a normas consuetudinarias, territorios identificados como el hábitat seguro para la existencia de sus sociedades. Dichos territorios han ido cediendo a la invasión y la colonización permanente de la región. Sin embargo, los pueblos indígenas actuales todavía ocupan territorios heredados de sus ancestros.

Los pueblos actuales tienen derechos territoriales de tipo ancestral sobre los territorios que todavía ocupan en colectivo. Esos derechos comprenden el disfrute y uso tradicional de los territorios, su control, cuidado, distribución, posesión, transmisión generacional, entre otros.

Como muy bien describen Chirif *et al.*, las sociedades indígenas tradicionales de la Amazonía fueron sociedades sin clases basadas en un sistema de reciprocidad, el mismo que garantizaba el acceso abierto a la principal fuente de riqueza, que son los bosques, y la redistribución de la riqueza al interior de los pueblos. Los derechos territoriales de los pueblos indígenas de la Amazonía se iniciaron con actos de apropiación del territorio y culminaron con la posesión de los mismos.[119]

En el aprovechamiento de los recursos naturales no existe privilegio alguno, porque todo depende de la disponibilidad de los recursos en el territorio que ocupan.

Los derechos ancestrales de los pueblos amazónicos sobre sus territorios son derechos originarios[120]; pues, los antepasados de los pueblos indígenas de la Amazonía, obedeciendo a reglas consuetudinarias y tradiciones antiguas y desde antes de la llegada de los invasores europeos y otros colonos y la formación del Estado-nación, fueron los primeros en acceder y controlar los territorios

---

118 CHIRIF y otro, 2007: 23

119 CHIRIF *et al.*, 1990: 24, 84

120 CHIRIF *et al.*, 1990: 62

y recursos naturales en ellos existentes. En consecuencia, los derechos de los pueblos indígenas sobre sus territorios y recursos naturales existen al margen de la voluntad estatal y priman frente a intereses de otros impuestos desde fuera.

En ese sentido y de forma acertada, incluso la CIDH sostiene que los territorios ancestrales pertenecen a los pueblos indígenas que los ocupan debido al uso y ocupación ancestral; por tanto, el derecho de propiedad indígena tiene su fundamento *"en las culturas jurídicas indígenas, y en sus sistemas ancestrales de propiedad, con independencia del reconocimiento estatal"*.[121]

4.4. Protección internacional de la dimensión inmaterial del territorio ancestral

La otra dimensión del territorio ancestral está compuesta por elementos inmateriales, los mismos que se traducen en las manifestaciones culturales, espirituales, sociales, cósmicas e históricas. Estos elementos están íntimamente ligados a la dimensión material del territorio. Gracias a la dimensión inmaterial del territorio, los pueblos indígenas son considerados distintos a otros pueblos que habitan la Tierra.

El territorio no sólo es el lugar donde se satisfacen las necesidades primarias de los pueblos, sino que sus elementos materiales guardan la memoria de sus orígenes y generaciones pasadas, los vinculan con el mundo espiritual y cósmico, explican fenómenos naturales, así como los relacionan con otros seres que comparten el mismo territorio.

Aun cuando el Artículo 27 del Pacto Internacional de Derechos Civiles y Políticos (PIDCP) proteja derechos individuales de miembros de grupos minoritarios, él es considerado como un antecedente válido en la protección del ámbito inmaterial de los territorios que ocupan personas indígenas en colectivo con los demás miembros de su pueblo. El texto inspiró a normas específicas tanto del Convenio 169 como de la Declaración. A decir:

> *En los Estados en que existan minorías étnicas, religiosas o lingüísticas, no se negará a las personas que pertenezcan a dichas minorías el derecho que les corresponde, en común con los demás miembros de su grupo, a tener su propia vida cultural, a profesar y practicar su propia religión y a emplear su propio idioma.*

Las prácticas y representaciones culturales o religiosas ocurren, en el caso de los pueblos indígenas, al interior de las áreas físicas identificadas como los territorios que ocupan.

---

121 OEA, 2009: párrafo 68

El Estudio Martínez-Cobo ha entendido la necesidad urgente de reconocer y comprender la relación especial, de tipo espiritual, que existe entre el pueblo indígena y sus territorios, toda vez de que éstos vienen a ser la base de *"their existence as such and to all their beliefs, customs, traditions and culture"*.[122]

Es por esta razón que tanto el Convenio 169, como la Declaración han reconocido expresamente la protección de la relación especial que existe entre los pueblos indígenas y sus territorios como un derecho humano colectivo.

El Artículo 13 (1) del Convenio 169 tiene la forma de una obligación que el Estado debe asumir frente a los pueblos indígenas a fin de respetar la relación especial con sus territorios:

> *Al aplicar las disposiciones de esta parte del Convenio, los gobiernos deberán respetar la importancia especial que para las culturas y valores espirituales de los pueblos interesados reviste su relación con las tierras o territorios, o con ambos, según los casos, que ocupan o utilizan de alguna otra manera, y en particular los aspectos colectivos de esa relación.*

La relación a que hace referencia este artículo es la relación especial que une a los pueblos indígenas con sus territorios. Por tanto, el Estado está en la obligación internacional de respetar esa relación vital que les garantiza seguir existiendo como pueblos especiales.

Por otra parte, la Declaración reconoce en su Artículo 25 la relación espiritual que une a los pueblos con el territorio (tierras y demás recursos) que ocupan de modo tradicional o de otra forma:

> *Los pueblos indígenas tienen derecho a mantener y fortalecer su propia relación espiritual con las tierras, territorios, aguas, mares costeros y otros recursos que tradicionalmente han poseído u ocupado y utilizado de otra forma y a asumir las responsabilidades que a ese respecto les incumben para con las generaciones venideras.*

Pero, el vínculo que une a los pueblos indígenas con sus territorios no sólo es espiritual, sino que va más allá. Stavenhagen afirma que los pueblos indígenas *"mantienen vínculos históricos y espirituales con sus tierras de origen, territorios geográficos en los que florece la sociedad y la cultura; por lo tanto, constituyen el espacio social en el que una cultura puede transmitirse de generación en generación"*.[123]

Por su parte, la CIDH resalta la obligación de todos los Estados miembros de la Organización de los Estados Americanos (OEA), entre ellos Perú, a respetar esa relación especial que tienen los miembros de los pueblos indígenas y tribales

122 E/CN.4/Sub.2/1983/21/Add.8, 1983: parágrafo 196

123 STAVENHAGEN, Rodolfo, *Los pueblos indígenas y sus derechos*, México, 2007, p. 27

con su territorio, para garantizar, de esta manera, la supervivencia social, cultural y económica de los mismos; pues, esa relación es fundamental para la subsistencia material e integridad cultural de los pueblos indígenas. La razón radica, según la CIDH, en el hecho de que los *"territorios ancestrales tienen un profundo valor espiritual para los pueblos indígenas"*, pues éstos consideran que determinados lugares, fenómenos naturales o recursos son *"especialmente sagrados de conformidad con su tradición, y requieren especial protección. Los territorios y recursos naturales de los pueblos indígenas y tribales son un elemento constitutivo de su cosmovisión y su religiosidad".*[124]

En consecuencia, la relación especial, en sus diferentes manifestaciones, que une a los pueblos indígenas con sus territorios es intrínseca, indisoluble y vital, que los diferencia de los demás.

4.5. Reconocimiento internacional del derecho humano colectivo al territorio ancestral

En general, el territorio de los pueblos indígenas ha entrado al derecho internacional bajo las denominaciones de territorio y tierra. La OIT trata ambos términos casi con el mismo significado, pues tanto tierra como territorio de los pueblos indígenas serían *"los lugares donde vivieron sus ancestros y donde se desarrollan su historia, conocimientos, prácticas de sustento y creencias"*. Sin embargo, ella precisa que el territorio indígena propiamente dicho *"tiene un significado sagrado o espiritual, que va mucho más allá del aspecto productivo y económico de la tierra"*. Es decir, territorio viene a ser la base no sólo de la economía y estrategias de sustento, sino también de sus instituciones tradicionales, así como del bienestar espiritual e identidad colectiva de los pueblos indígenas.[125]

Por otro lado, la OIT agrega que el concepto de tierra utilizado por el Convenio 169 abarca *"la totalidad del territorio que emplean, lo que incluye los bosques, ríos, montañas y mares costeros y tanto la superficie como el subsuelo"*[126], refiriéndose a los elementos materiales del territorio ancestral indígena.

Frente a la permanente extracción de los recursos naturales ubicados en territorios indígenas, para satisfacer intereses de terceros, privados y públicos, sin beneficio alguno para los pueblos afectados y poniendo en riesgo la existencia de éstos, la comunidad internacional alrededor de la ONU ha identificado y precisado la existencia del derecho humano colectivo sobre los territorios ancestrales

---

124 OEA, 2009: párrafo 150
125 OIT, 2009: 90
126 OIT, 2009: 91

o tradicionales como un derecho sustantivo fundamental de los pueblos indígenas. Para ello ha sido necesario proteger, de modo global, tanto la tierra, territorio y recursos naturales y por significar una *"cuestión de derechos humanos esencial para la supervivencia de los pueblos indígenas"*.[127]

El reconocimiento y la protección especial de los territorios, tierras y recursos naturales como parte de los derechos humanos colectivos de los pueblos indígenas tienen como punto de partida el Artículo 1, inciso 2, de los Pactos Internacionales, el mismo que al tratar el tema del derecho a la libre determinación también reconoce el derecho de todos pueblos al disfrute de sus bienes materiales que poseen, tal como apreciamos:

> *Para el logro de sus fines, todos los pueblos pueden disponer libremente de sus riquezas y recursos naturales.*

El término de 'riquezas', en el caso de los pueblos indígenas, incluye a los territorios y recursos naturales que poseen y disfrutan desde sus ancestros. La libre disposición (uso, control, distribución, etc.) de los territorios hará viable el ejercicio del derecho a la libre determinación tal como han reconocido los citados pactos.

El derecho humano colectivo a territorios ancestrales también ha sido recogido por el Convenio 169 y perfeccionado por la Declaración. Esta última reconoce el derecho intrínseco o inherente de los pueblos indígenas sobre sus territorios, tal como precisa el párrafo 7 de su preámbulo:

> *Consciente de la urgente necesidad de respetar y promover los derechos intrínsecos de los pueblos indígenas, que derivan de sus estructuras políticas, económicas y sociales y de sus culturas, de sus tradiciones espirituales, de su historia y de su concepción de la vida, especialmente los derechos a sus tierras, territorios y recursos,*

Se dice que este derecho es inherente o intrínseco porque *"incluso sin la existencia de una Declaración, los pueblos indígenas tienen derechos sobre sus tierras, territorios y recursos"*[128]. Es decir que, aun sin la existencia de una norma declarativa nacional o internacional, los pueblos indígenas tienen derecho a los territorios que ocupan, habitan y utilizan desde mucho antes de la llegada de los invasores o colonizadores y de la demarcación de las fronteras de los Estados actuales.

---

127 STAVENHAGEN, 2007: 29

128 ÅHRÉN, Mattias, *Introducción a las disposiciones sobre tierras, territorios y recursos naturales de la Declaración de la ONU sobre los derechos de los pueblos indígenas*, en CHARTERS, Claire y STAVENHAGEN, Rodolfo (editores), *El Desafío de la Declaración, Historia y Futuro de la Declaración de la ONU sobre Pueblos Indígenas*, Dinamarca, 2010, pp. 210ss

Si bien los derechos humanos clásicos han sido concebidos, en un principio, como inherentes a la persona humana, ellos han sido insuficientes para proteger a los pueblos indígenas como colectivos, cuyos miembros disfrutan de sus derechos sólo en común con los demás, es decir al interior de sus grupos sociales. Este es el caso de los territorios ancestrales o tradicionales, los mismos que son concebidos desde la visión colectiva y no individual. Además, como dice Kolari, no existe una contradicción en el ejercicio de los derechos individuales y derechos colectivos, pues ambos conceptos se complementan mutuamente y por tanto su coexistencia sirve para adaptarlos y hacerlos viables en el sistema de derechos humanos.[129]

Se habla de un derecho humano colectivo al territorio ancestral (con todos sus elementos), porque los pueblos indígenas, desde sus orígenes, han ocupado territorios con los que mantienen una relación vital y especial. Su existencia depende de la integridad de los territorios que ocupan.

El ejercicio pleno del derecho humano colectivo a los territorios ancestrales o tradicionales y recursos naturales, al lado de otros fundamentales, garantizará la sobrevivencia de los pueblos indígenas como sociedades humanas vivas. La protección y defensa contundente de este derecho hará posible parar las amenazas de extinción que se ciernen sobre los pueblos indígenas.

4.5.1. Formas de protección del derecho ancestral a territorios en el derecho internacional

Las formas tradicionales de acceso, posesión, control, uso, disfrute y distribución de los territorios ejercidas por los pueblos indígenas desde sus ancestros, han sido reconocidas, de modo general, por el Artículo 14 (1) del Convenio 169, bajo la denominación de derechos de propiedad y posesión:

> *Deberá reconocerse a los pueblos interesados el derecho de propiedad y de posesión sobre las tierras que tradicionalmente ocupan. Además, en los casos apropiados, deberán tomarse medidas para salvaguardar el derecho de los pueblos interesados a utilizar tierras que no estén exclusivamente ocupadas por ellos, pero a las que hayan tenido tradicionalmente acceso para sus actividades tradicionales y de subsistencia. A este respecto, deberá prestarse particular atención a la situación de los pueblos nómadas y de los agricultores itinerantes.*

Esta norma protege el derecho originario o ancestral de los pueblos indígenas, comprendidos al interior de las fronteras de los llamados países independientes y soberanos que ratificaron el Convenio 169, sobre los territorios que ocupan desde sus ancestros. La protección de esta norma abarca también a los sectores o

---

129 KOLARI, 2004: 134

pueblos indígenas, quienes, por el traslado arbitrario ocurrido luego de fundado el Estado-nación (como en la época del caucho en Perú), perdieron el control de sus propios territorios y hoy ocupan otros en la misma región, reinventando y recreando sus usos tradicionales y reglas consuetudinarias de ocupación y posesión. Igualmente, el derecho de los pueblos indígenas llamados en situación de aislamiento, quienes, por ser nómadas, se trasladan estacionalmente por grandes territorios que ocupan esporádicamente, está protegido bajo la denominación de derecho de propiedad y posesión.

Los territorios comunes compartidos por diferentes grupos o pueblos indígenas, ya sea para la caza, recolección de frutos o pastoreo de animales, también encuentran protección bajo la norma en comentario. En este caso, las áreas ocupadas no son de exclusividad de un pueblo indígena, sino que para su uso se han establecido reglas de entendimiento entre otros iguales.

La norma citada habla de *'tierras'* tradicionales para referirse a la dimensión material de los territorios ancestrales de los pueblos indígenas. Al respecto, la OIT precisa que ellas son *"tierras que los pueblos indígenas habitaron a lo largo del tiempo y que desean transmitir a las generaciones futuras";* por tanto, el reconocimiento del derecho de propiedad y posesión se *"basa en la ocupación y en el uso tradicional, y no en el eventual reconocimiento o registro legal oficial de la propiedad de la tierra"*[130], como ocurre con las tierras comunales en Perú.

El segundo párrafo del Artículo 26 de la Declaración reconoce el derecho de los pueblos indígenas a la posesión, uso, desarrollo y control tanto de los territorios, como tierras y recursos naturales:

> *Los pueblos indígenas tienen derecho a poseer, utilizar, desarrollar y controlar las tierras, territorios y recursos que poseen en razón de la propiedad tradicional y otra forma tradicional de ocupación o utilización, así como aquellos que hayan adquirido de otra forma.*

La base de reconocimiento de los derechos de los pueblos indígenas sobre sus territorios ancestrales o tradicionales, según la Declaración, es la propiedad tradicional y cualquier otra forma tradicional de ocupación o adquisición. Con el término de 'propiedad tradicional', la norma no hace sino reconocer el derecho ancestral de los pueblos sobre los territorios que ocupan y controlan desde sus antepasados. Ella protege también otras formas de adquisición de territorios indígenas, los mismos que son ocupados por los pueblos en base a normas de costumbre ancestral y tradiciones propias o recreadas. Igualmente, la Declaración reconoce el derecho de propiedad de los pueblos indígenas sobre los recursos naturales existentes en territorios y tierras indígenas.

---

130 OIT, 2009: 94

Tal como precisa Mattias Åhrén, la Declaración, al reconocer el derecho colectivo de propiedad de los pueblos indígenas sobre sus territorios, ha dado un paso muy importante dentro del sistema internacional de derechos humanos, superando así teorías liberales individualistas que creían que los derechos de los indígenas podían protegerse con instrumentos internacionales generales de protección de derechos humanos individuales[131]. El mismo autor explica que la palabra clave en esta norma de protección sería la de *'poseer'*; palabra que implicaría los derechos de utilizar, desarrollar y controlar los territorios con sus respectivos recursos. Para él el término de posesión implicaría la *"ocupación o utilización tradicional"* de los territorios, la que a su vez incluiría las diferentes formas en que los pueblos indígenas *"utilizan su tierra, de acuerdo con sus prácticas culturales propias, independientemente de si la utilización de la tierra no es particularmente intensa en comparación con la utilización convencional no indígena"*. Es decir, la posesión comprendería no sólo la posesión de hecho, sino también la consecuente posesión de derecho, la que tendría implicancias para los casos de restitución de territorios.[132]

Sin embargo, la figura más adecuada en la protección de los derechos territoriales de los pueblos indígenas viene a ser la de propiedad, por ser ésta más sólida y definitiva y suponer mayores garantías frente a la agresión y amenaza permanente del Estado, las empresas transnacionales y el resto de la sociedad envolvente.

El derecho de propiedad tradicional de los pueblos indígenas escapa de la acepción privatista del derecho occidental de propiedad individual. Si bien, el término de derecho de propiedad, asumido por las normas en comentario, se acerca más al derecho colectivo de los pueblos indígenas sobre sus territorios ancestrales o tradicionales, este derecho no es exclusivamente un *'ius in re'*, es decir un derecho sobre la cosa, sino el derecho va más allá del dominio real o físico, pues llega hasta la dimensión inmaterial. Si bien el derecho de propiedad indígena o tradicional colectiva es considerado absoluto y perpetuo, él no es exclusivo en el sentido privado, sino que la propiedad se comparte en sociedad con todos los miembros indígenas y hasta con otros seres pertenecientes a la naturaleza y la cosmovisión indígena. La gran diferencia con la concepción clásica de propiedad privada, es que el derecho colectivo de propiedad de los pueblos indígenas es inalienable, intransferible, imprescriptible e inembargable. Es decir, ningún individuo o grupo de individuos podrá disponer libremente de

131 ÅHRÉN en CHARTERS y otro, 2010
132 ÅHRÉN en CHARTERS y otro, 2010

los territorios, no podrá venderlos, ni arrendarlos, ni gravarlos. Igualmente, el derecho de propiedad colectiva no se puede perder o dar por terminado por acto externo, tampoco podrá ser objeto de embargo ni de prescripción adquisitiva. Mientras que el derecho de propiedad individual significa el uso, goce y disposición de una cosa bajo las limitaciones y modalidades establecidas por la ley, el derecho colectivo de los pueblos indígenas no está sometido a ley estatal alguna, pues el disfrute, la posesión, el uso, el control y disposición son competencias exclusivas del pueblo que los ejerce. En consecuencia, la acepción del derecho de propiedad de los pueblos indígenas sobre sus territorios sobrepasa los límites de la acepción clásica del derecho de propiedad privada. El derecho de propiedad indígena no es un derecho privado, sino social o colectivo, regulado al interior del pueblo respectivo y bajo normas de costumbre y prácticas ancestrales.

A nivel interamericano, no existen normas regionales que protejan específicamente el derecho a la propiedad territorial indígena; sin embargo, la Corte Interamericana, para no dejar de atender las múltiples peticiones de los pueblos indígenas de la región, ha resuelto casos en base a la interpretación evolutiva de los Artículos XXIII de la Declaración Americana de los Derechos y Deberes del Hombre[133] (Declaración Americana) y 21 de la Convención Americana sobre Derechos Humanos (Convención Americana).

En tal sentido, según la Corte Interamericana, no sólo la propiedad privada de los particulares, sino también la propiedad colectiva de los miembros de las comunidades indígenas[134] estarán garantizadas por el Artículo 21 de la Convención Americana, la misma que a la letra dice:

> *1.- Toda persona tiene derecho al uso y goce de sus bienes. La ley puede subordinar tal uso y goce al interés social; 2.- ninguna persona puede ser privada de sus bienes, excepto mediante el pago de indemnización justa, por razones de utilidad pública o de interés social y en los casos y según las formas establecidas por la ley; 3.- tanto la usura como cualquier otra forma de explotación del hombre por el hombre, deben ser prohibidas por la ley.*

En cuanto a la titularidad del derecho a la propiedad indígena, la CIDH nos señala que no existe contradicción de protección de derechos al interior del sistema interamericano y sostiene que *"el derecho a la propiedad de los pueblos indígenas*

---

133 Artículo XXIII.- "Toda persona puede ocurrir a los tribunales para hacer valer sus derechos. Asimismo debe disponer de un procedimiento sencillo y breve por el cual la justicia lo ampare contra actos de la autoridad que violen, en perjuicio suyo, alguno de los derechos fundamentales consagrados constitucionalmente"

134 Sentencia del 17 de junio de 2005 de la Corte Interamericana de Derechos Humanos en el Caso de la Comunidad indígena Yakye Axa contra Paraguay, párrafo 143

y tribales también es un derecho colectivo, cuyo titular es el pueblo correspondiente. Esta dimensión colectiva coexiste con la dimensión individual del derecho".[135]

Como parte del derecho a la propiedad protegida por el sistema interamericano de derechos humanos, la CIDH sostiene que los pueblos indígenas tienen los derechos de posesión, uso, ocupación y habitación de sus territorios ancestrales; constituyendo tales derechos el *"objetivo último de la protección misma de la propiedad territorial indígena"*[136]. Es decir, que el reconocimiento del derecho a la propiedad sólo es el medio para permitir la posesión efectiva y disfrute del territorio ancestral. Este derecho incluye también el derecho a controlar el territorio, sin ninguna interferencia externa, a fin de preservar la cultura de los pueblos indígenas.

4.5.2. El derecho de propiedad sobre los recursos naturales

El territorio indígena es una unidad indivisible compuesta por elementos materiales e inmateriales. Los recursos naturales, denominados renovables y no renovables, son parte integrante e indisoluble del mismo; sin embargo, en la legislación internacional existe la tendencia de separar los recursos naturales de las tierras y territorios de los pueblos indígenas.

Una definición jurídica de recursos naturales renovables y no renovables la encontramos en la jurisprudencia interamericana. La CIDH sostiene que los recursos naturales renovables son *"aquellos que se reproducen o renuevan, e incluyen la vida animal, las plantas, los árboles, el agua y el viento"*, mientras que los recursos no renovables son *"irremplazables una vez han sido extraídos del agua o de la tierra, e incluyen el oro, la plata, los combustibles fósiles, los diamantes, el gas natural, el cobre y otros minerales".*[137]

Para el Convenio 169, los derechos sobre los recursos naturales, sean tradicionales o no, existentes en territorios indígenas merecen ser protegidos de modo especial. Veamos lo que dice su Artículo 15 (1):

> *Los derechos de los pueblos interesados a los recursos naturales existentes en sus tierras deberán protegerse especialmente. Estos derechos comprenden el derecho de esos pueblos a participar en la utilización, administración y conservación de dichos recursos.*

La primera parte de esta norma indica de modo general que los derechos de los pueblos interesados (indígenas y tribales) sobre los recursos naturales, deben

---

135 OEA, 2009: párrafo 62
136 OEA, 2009: párrafos 107, 110
137 OEA, 2009: párrafo 41

ser protegidos respetando las tradiciones, costumbres y usos de los pueblos indígenas titulares de los mismos. Sin embargo, la segunda parte precisa que tales derechos comprenden sólo el de participar en la utilización, administración y conservación de dichos recursos. Es decir, los derechos de los pueblos indígenas sobre los recursos naturales existentes en sus territorios se limitarían a la participación con el Estado y otros terceros en el manejo, uso y cuidado de los recursos que les pertenecen, dejando de lado lo fundamental: el derecho de propiedad sobre los mismos.

La OIT, al comentar la citada norma, explica que los pueblos indígenas sí tienen derecho de propiedad sobre los recursos naturales existentes en sus territorios ancestrales, *"e incluso a participar en la utilización, administración, protección y conservación de dichos recursos"*. Es que no es posible concebir el reconocimiento de los derechos sobre tierras y territorios, desligado de los derechos sobre los recursos naturales.[138]

Por su parte, Stavenhagen precisa que el derecho de propiedad y posesión sobre los territorios ancestrales *"no puede disociarse de la cuestión del acceso a los recursos naturales y su utilización por parte de las comunidades indígenas"*. El acceso libre a los recursos naturales existentes en sus territorios permitirá a los pueblos indígenas alcanzar el desarrollo social y económico anhelado.[139]

Esto significa que, los pueblos indígenas al tener derechos originarios sobre los territorios que ocupan desde sus ancestros, también tienen derechos (de propiedad) sobre todos los recursos naturales existentes en ellos, sin excepción. Es decir, no sólo sobre los recursos naturales utilizados tradicionalmente, sino también sobre los no tradicionales, tal como prevé el Artículo 1 (2) de ambos Pactos Internacionales, el mismo que al reconocer el derecho a la libre determinación de todos los pueblos, inclusive el de los pueblos indígenas, establece que para el logro de sus fines, ellos tienen el derecho de *"disponer libremente de sus riquezas y recursos naturales"*, que incluyen el territorio ancestral y demás elementos.

Aun cuando la primera parte del Artículo 26 de la Declaración haga mención al derecho de los pueblos indígenas a las *"tierras, territorios y recursos que tradicionalmente han poseído, ocupado o de otra forma utilizado o adquirido"*, tal derecho no puede ser limitado a los recursos destinados a usos tradicionales, pues el territorio ancestral es un todo en conjunto y sus elementos se interrelacionan entre sí. La remoción arbitraria de uno de ellos significa el desequilibrio del total. Por tanto, los pueblos indígenas tienen derecho sobre todos los recursos

---

138 OIT, 2009: 107

139 STAVENHAGEN, 2007: 29

naturales, renovables o no renovables, del suelo o subsuelo, aire o agua, pues los titulares del derecho de propiedad indígena sobre los territorios son los auténticos propietarios de los recursos. Admitir lo contrario sería negar la esencia y el sentido del derecho de propiedad colectiva de los pueblos indígenas, poniéndolos en una situación de mayor vulnerabilidad y exclusión, bajo las cuales ya sufren.[140]

Al respecto, la CIDH precisa que el derecho de propiedad indígena se extiende no sólo sobre los territorios y recursos naturales que los pueblos indígenas usan en la actualidad, sino también sobre aquellos que poseyeron en el pasado, los que les fueron despojados, pero con los que guardan una *"relación especial internacionalmente protegida- v.g. un vínculo cultural de memoria colectiva, con conciencia de su derecho de acceso o pertenencia"*.[141]

En cuanto al tipo de recursos naturales sobre los que recaería el derecho de propiedad de los pueblos indígenas, según la CIDH y la Corte Interamericana serían los recursos naturales tradicionalmente usados por los pueblos indígenas y los que estarían vinculados a sus culturas. Es decir, el derecho de propiedad indígena cubriría sólo aquellos recursos de caza, pesca, curación, ritos religiosos, entre otros conocidos desde sus ancestros. Pero, no se puede asumir que la interpretación evolutiva del derecho colectivo de los pueblos indígenas se limite a los recursos tradicionales, excluyendo la propiedad sobre los recursos no tradicionales, como los hidrocarburos y minerales. El derecho de propiedad sobre los recursos naturales, como se ha señalado líneas arriba, está íntimamente ligado al derecho de propiedad territorial de los pueblos indígenas. En consecuencia, el derecho de propiedad indígena sobre los territorios cubre también el derecho sobre todos los recursos naturales, renovables y ni renovables, tradicionales y no tradicionales presentes en sus dominios.

A pesar de que la protección internacional recae sobre todos los recursos renovables y no renovables, como la madera, los peces, el agua, la arena, minerales, hidrocarburos, etc.[142], hay casos en los que los Estados se han reservado derechos de propiedad sobre todos o determinados recursos naturales existentes en territorios indígenas. Frente a tal monopolio estatal y a fin de no dejar desprotegidos los derechos territoriales indígenas y sopesar los intereses contrapuestos, el Convenio 169 tiene una salida jurídica. Nos estamos refiriendo a la consulta previa, tanto como un derecho de los pueblos indígenas así como una obligación de los

---

140 Fundación para el Debido Proceso Legal, Instituto de Defensa Legal, Seattle University School of Law y Oxfam, *El derecho a la consulta de los pueblos indígenas en Perú,* Primera Edición, Estados Unidos de América, 2010, p. 18

141 OEA, 2009: párrafo 78

142 OIT, 2009: 107

Estados. Este derecho, de alguna forma, servirá para limitar el poder del Estado al momento de disponer de los recursos que pertenecen a los pueblos indígenas.

El deseo de terceros, privados o públicos, de apropiarse de los recursos naturales existentes en territorios indígenas es muy grande y termina en la remoción y destrucción de los recursos naturales y lleva al peligro de extinción a muchos pueblos o comunidades indígenas.

4.5.3. El carácter colectivo del derecho a territorio y recursos naturales

Pocos son los instrumentos internacionales de derechos humanos que se ocupan de la protección de los derechos colectivos de los pueblos indígenas. La Declaración y el Convenio 169 han reconocido derechos humanos colectivos de los pueblos indígenas tales como el derecho a los territorios, tierras y recursos naturales, a la consulta previa, entre otros, consideradas normas mínimas para garantizar la supervivencia y proteger a los pueblos indígenas contra la amenaza de extinción.

El GNUD afirma que sólo el reconocimiento del derecho colectivo a las tierras, territorios y recursos naturales podrá *"asegurar la existencia, el desarrollo y el bienestar de los pueblos indígenas"*[143], lo contrario significará acelerar su desaparición definitiva.

El derecho colectivo a los territorios y recursos naturales guarda relación intrínseca con la idea que tienen los pueblos indígenas de sí mismos y del territorio que ocupan, disfrutan, poseen, controlan y cuidan de forma colectiva; por tanto, el titular de este derecho es el mismo pueblo, llámese nación, comunidad, tribu, etc.. Stavenhagen precisa que puede darse el caso de que, por razones económicamente productivas, determinadas áreas del territorio sean parceladas y utilizadas en forma individual o familiar por los miembros indígenas; esto no significa la desaparición del derecho colectivo de propiedad[144]. Sin embargo, a nivel nacional existe toda una política estatal que, obedeciendo a grandes intereses económicos, está llevando a la transformación de la posesión tradicional colectiva de los territorios indígenas a un tipo de posesión privada individual, en grave perjuicio de los pueblos afectados.[145]

Dicha política individualista, en caso de Perú, es apoyada por algunos economistas pro economía de libre mercado, como es el caso de Hernando De Soto, quien, desde una perspectiva muy limitada y simplista, sostiene que los pueblos

143 GNUD, 2008: 14
144 STAVENHAGEN, 2007: 24
145 STAVENHAGEN, 2007: 24

indígenas de la Amazonía peruana *"sí tenían propiedad privada y no comunal, como se dice a veces"*, y que por vivir, los investigadores como él, al margen de la realidad indígena han podido recién descubrir que no sabían lo que ellos (los indígenas) querían: "*títulos de sus propiedades*" de tipo individual y susceptibles de ser capitalizados en un mercado libre.[146]

El peligro de la posesión privada individual o la entrega, por parte del Estado, en propiedad parte de los territorios indígenas a sus miembros, significa, tal como sostiene la OIT, la división de la propiedad colectiva de las tierras y territorio indígenas y el debilitamiento en el ejercicio de los derechos territoriales colectivos por parte de los pueblos indígenas, quienes corren el riesgo de perder gran parte de los territorios y los recursos naturales comunes.[147]

La CIDH, resumiendo la jurisprudencia de la Corte Interamericana nos recuerda que la garantía del derecho a la propiedad colectiva de los pueblos indígenas sobre sus territorios debe tener en cuenta que éstos están íntimamente ligados a las tradiciones y expresiones orales, así como a las lenguas, arte y ritos, así como a los conocimientos y usos, a la costumbre, filosofía y valores sociales de los pueblos indígenas[148]. De esta manera será posible frenar o menguar el avance de esa corriente privatista individual que pone en peligro la integridad de los territorios indígenas y sus recursos naturales y el derecho colectivo inherente.

4.5.4. El derecho de los pueblos indígenas en situación de aislamiento o contacto inicial

El derecho ancestral u originario a territorios y recursos naturales de los llamados pueblos en situación de aislamiento o contacto inicial está protegido por las normas internacionales que se analizan. De modo específico, estos pueblos indígenas son titulares del derecho de propiedad y posesión de los territorios que ocupan, tal como han reconocido el Convenio 169 y la Declaración.

El territorio sobre el cual este grupo de pueblos indígenas tienen derechos ancestrales, por ende derecho de propiedad colectiva, ha sido precisado por las Directrices de Protección. Veamos lo que su directriz 55 (a) nos señala:

> *Tierras y territorios de los pueblos indígenas en aislamiento y en contacto inicial: aquellas tierras donde viven y donde tienen asegurado el mantenimiento de sus formas de vida y*

---

146 Diario „La Nación" de Costa Rica, entrevista a Hernando de Soto del 17 de febrero del 2001: http://www.nacion.com/2011-02-17/AldeaGlobal/NotasSecundarias/AldeaGlobal2676789.aspx, (octubre 2011)

147 OIT, 2009: 95

148 OEA, 2009: párrafo 56

que han utilizado o transitado históricamente. En estas tierras, debe establecerse una prohibición de entrada así como realizar cualquier tipo de acto. El conjunto de estas tierras y territorios podrían denominarse territorios intangibles o reservas territoriales protegidas. Deben ser establecidas a partir de la identificación de las tierras y territorios por los que se mueven los pueblos en aislamiento.

Quiere decir que los territorios de los pueblos en aislamiento abarcan no sólo el área donde se encuentran temporalmente, sino toda el área de recorrido estacional. Esta directriz hace referencia a la calidad de protección que debe tener el territorio de dichos pueblos: ellos deben ser intangibles; es decir que sus fronteras deben estar protegidas frente al ingreso del mismo Estado y de terceros, sean empresas o individuos ajenos a los pueblos en aislamiento.

4.6. Derecho al territorio ancestral de pueblos indígenas frente a la legislación nacional

El reconocimiento de los pueblos indígenas peruanos como sociedades colectivas especiales premunidas de derechos humanos colectivos inherentes y fundamentales, como el derecho a sus territorios y recursos naturales, el derecho a la libre determinación, o a la cultura propia, entre otros, son temas pendientes en la legislación peruana.

No obstante al reclamo permanente de los pueblos indígenas y las observaciones y recomendaciones dadas por la OIT, el Estado peruano se resiste a la implementación adecuada del Convenio 169, el mismo que fue firmado y ratificado por sus autoridades e introducido oficialmente al acervo legal del país.

La ausencia de normas legales internas que garanticen la sobrevivencia de los pueblos indígenas en sus propios territorios ancestrales y con pleno disfrute de sus recursos naturales conforme a reglas tradicionales y normas consuetudinarias, se arrastra desde la época colonial hasta nuestros días. La proclamación de la independencia del país de la corona española, ocurrida en 1821, y el nacimiento de un Estado democrático y republicano no cambiaron en nada la situación de exclusión, despojo y expropiación de los pueblos indígenas comprendidos al interior de las fronteras estatales.

La respuesta legal frente a las múltiples demandas de los pueblos indígenas ha tenido el común denominador de disminuir y limitar el ejercicio de sus derechos colectivos.

Ya el Estudio Martínez-Cobo, en los años 80' del siglo pasado, ha advertido la falta de mecanismos estatales para hacer efectiva la protección de los derechos de los pueblos indígenas a sus territorios. Así precisa: "*[n]o proper or really effective guarantees exist regarding the right of indigenous populations to the land which they and their forefathers have worked from time immemorial, the forms of land tenure, the use of the resources traditionally generated*" y demás recursos existentes en sus territorios. Igualmente, afirma que en algunos países los pueblos indígenas son despojados de sus territorios mediante instrumentos legales que se dan sólo para favorecer a terratenientes, quienes ejercen mucha influencia sobre los gobernantes de turno.[149]

En el caso específico de la Amazonía peruana, la existencia de los pueblos indígenas, frente al sistema legal, se ha reducido a la ficción jurídica de comunidades nativas, las mismas que no vienen a ser sino personas jurídicas u organizaciones de naturaleza jurídica dudosa y con un derecho limitado a tierras de cultivo y ganadería.

Es que, como bien mencionan Chirif *et al.*, la limitada visión oficial de los gobernantes en cuanto a los pueblos indígenas y sus territorios ancestrales se basa en tres conceptos errados: "*La Amazonía como una región de gran potencial productivo.- El mito del gran vacío demográfico de la cuenca.- La consideración de la ociosidad de los recursos amazónicos en manos de los indígenas*"[150]. El creer que la Amazonía peruana es territorio de nadie y está para ser explorada y explotada económicamente, ha llevado a muchos gobernantes del país a propiciar y promocionar su colonización.

Después de la creación de las llamadas comunidades nativas (y campesinas) y para seguir limitando el derecho de propiedad indígena, el Estado se ha inventado otras figuras jurídicas como las áreas naturales de protección (como parques nacionales, reservas comunales, etc.), las mismas que se han establecido precisamente sobre territorios ancestrales, especialmente de los pueblos indígenas de la Amazonía, afectando así sus derechos ancestrales e inherentes.

En relación a las áreas naturales de protección, como los parques nacionales, Stavenhagen precisa que su establecimiento en territorios indígenas trae graves problemas como el desplazamiento forzado de los pueblos afectados, así como "*el colapso de sus formas tradicionales de tenencia de la tierra y su empobrecimiento*".[151]

A fin de proteger, de alguna forma, sus territorios ancestrales contra el proceso de colonización y debido a la falta de una respuesta legal adecuada a sus demandas, los pueblos indígenas de la región han decidido adecuarse a la legislación impuesta por el Estado. Ellos han ido organizándose en comunidades

149 E/CN.4/Sub.2/1983/21/Add.8, 1983: párrafo 199
150 CHIRIF *et al.*, 1990: 86
151 STAVENHAGEN, 2007: 141

nativas (algunas campesinas). Al ver que esta figura jurídica no les era suficiente, por las características que luego detallaremos, han aceptado el reconocimiento de sus territorios como áreas naturales o han solicitado el reconocimiento de reservas territoriales a favor de los pueblos indígenas en situación de aislamiento.

Para Margarita Benavides, los pueblos indígenas de la Amazonía peruana estarían ocupando hasta tres tipos de territorios: a) pueblos indígenas organizados en comunidades nativas que ocupan áreas deforestadas; b) pueblos indígenas agrupados en comunidades nativas en áreas con bosques vírgenes o degradados y c) pueblos indígenas en áreas remotas de bosques vírgenes o poco intervenidos.[152]

A manera de referencia, Benavides sostiene que de las 78'282,060 ha de superficie que tiene la Selva, el 27.1% estaría bajo la propiedad o posesión de pueblos indígenas; el 19.8% formarían las áreas naturales protegidas; el 22.7% estaría constituido por bosques de producción permanente; y el 30.4% estaría ocupado por colonos, empresas agrícolas y áreas de libre disposición del Estado.[153]

4.6.1. Comunidades nativas y tierras comunales

4.6.1.1. Tratamiento constitucional de las comunidades nativas

La antigua Constitución 1979 trató el tema de las comunidades campesinas y nativas en todo un capítulo (Capítulo VIII), reconociéndolas como personas jurídicas con autonomía tanto en la organización, trabajo comunal y uso de la tierra. En cuanto a la calidad de las tierras comunales, su Artículo 163 expresaba:

> *Las tierras de las Comunidades Campesinas y Nativas son inembargables e imprescriptibles. También son inalienables, salvo ley fundada en el interés de la Comunidad, y solicitada por una mayoría de los dos tercios de los miembros calificados de ésta, o en caso de expropiación por necesidad y utilidad públicas. En ambos casos con pago previo en dinero. Queda prohibido el acaparamiento de tierras dentro de la Comunidad.*

En esta norma podemos notar que las tierras asignadas a las comunidades nativas (y campesinas) todavía tenían garantías fundamentales para proteger lo poco que se les venía reconociendo: las tierras eran inembargables, imprescriptibles e inalienables.

---

152 BENAVIDES, Margarita, *Amazonía peruana: el choque de dos visiones de desarrollo. La protesta indígena del 2008 y 2009 frente a los decretos legislativos que afectaban sus territorios*, Perú, 2010, p. 3

153 BENAVIDES, 2010: 2

Sin embargo, al darse la nueva Constitución 1993, dos de esas garantías mínimas desaparecen; así tenemos el segundo párrafo de su Artículo 89 que expresa:

> *Son autónomas en su organización, en el trabajo comunal y en el uso y la libre disposición de sus tierras, así como en lo económico y administrativo, dentro del marco que la ley establece. La propiedad de sus tierras es imprescriptible, salvo el caso de abandono previsto en el Artículo anterior.*

Esta norma obedece a la política agraria prevista por el Artículo 88 de la Constitución 1993, el mismo que se dedica al fomento del desarrollo liberal de la agricultura en todo el país, dando inicio así a una nueva forma de despojo de territorios indígenas titulados como tierras comunales:

> *El Estado apoya preferentemente el desarrollo agrario. Garantiza el derecho de propiedad sobre la tierra, en forma privada o comunal o en cualquiera otra forma asociativa. La ley puede fijar los límites y la extensión de la tierra según las peculiaridades de cada zona.*
>
> *Las tierras abandonadas, según previsión legal, pasan al dominio del Estado para su adjudicación en venta.*

La Constitución 1993 se dictó en momentos en que el Estado peruano había suscrito el Convenio 169 y estaba en camino su ratificación. Pese a ello, dicha Constitución no recoge ninguno de los principios, ni derechos internacionales reconocidos por el Convenio 169 a favor de los pueblos indígenas, sino por el contrario, agrava incluso la seguridad jurídica de las tierras agropecuarias adjudicadas en propiedad a las comunidades nativas.

Las tierras a que hacen referencia ambas Constituciones se refieren única- y exclusivamente a las tierras superficiales aptas para la agricultura y ganadería, sobre las que tienen derecho de propiedad las comunidades nativas organizadas y reconocidas de acuerdo ley.

El silencio de la vigente Constitución 1993 sobre las garantías de inalienabilidad e imprescriptibilidad, reconocidas anteriormente, significa el debilitamiento total del derecho de propiedad de las comunidades nativas sobre las tierras tituladas, pues, si los comuneros así lo deciden, podrán venderlas a terceros, e incluso, en caso de asumir deudas impagables, un juez las podrá embargar y rematar.

Al respecto, la CIDH precisa que la seguridad efectiva y la estabilidad jurídica de las tierras estarían siendo afectadas "*cuando la ley no garantiza la inalienabilidad de las tierras comunales y permite a las comunidades su libre disposición, el establecimiento de prendas o hipotecas u otros gravámenes, o el arriendo de las mismas*".[154]

---

154 OEA, 2009: párrafo 89

El supuesto constitucional de abandono de tierras previsto por la norma en comentario, se refiere, tal como precisa el Artículo 5 de la Ley 26505 (Ley de Tierras)[155], a las tierras adjudicadas en concesión por el Estado, las mismas que se revertirían por no haberse cumplido con los términos y condiciones previstos en el contrato de uso. En el caso de los pueblos indígenas, dicha norma es tan peligrosa como el resto, toda vez de que una buena parte del territorio ancestral, al momento de la titulación de tierras comunales, se ha otorgado sólo en uso y bajo condiciones específicas.

Igualmente, la llamada autonomía de las comunidades en la libre disposición de sus tierras, en lo económico y administrativo, tiene efectos muy graves. Tal como precisan García y Surrallés, las decisiones en el manejo de tierras son y serían tomadas sólo por la comunidad o una parte de ella y no por el pueblo indígena, verdadero titular de las tierras y territorios. Ellos señalan, además, que las empresas dedicadas a las actividades de extracción de recursos naturales y el propio gobierno central se están valiendo de este atributo *"para emprender negocios con grupos locales sin permitir la injerencia del resto del pueblo indígena con lo que un pequeño grupo puede llegar a afectar seriamente los intereses territoriales de todo el conjunto"*.[156]

4.6.1.2. Tratamiento legal de comunidades nativas y tierras comunales

En 1974, durante el gobierno militar de Juan Velasco Alvarado[157], propulsor de la reforma agraria en Perú, se dictó por primera vez una norma legal, el Decreto Ley 20653 (D.L. 20653)[158], creando la figura jurídica de comunidades nativas. Dicha norma legal reconocía algunos derechos de los indígenas de la Amazonía, pero ante todo tenía la finalidad de promover el desarrollo agrario en la Selva mediante proyectos de asentamiento rural, entendido éste por el Artículo 3 del D.L. 20653 de la siguiente manera:

> *Se entiende por 'asentamiento rural' el establecimiento organizado de agricultores calificados, con fines de aprovechamiento integral de los recursos naturales renovables y la prestación a ellos de la asistencia técnica [...]*

---

155 Ley 26505, Ley de la inversión privada en el desarrollo de las actividades económicas en las tierras del territorio nacional y de las comunidades campesinas y nativas, promulgada el 14 de julio de 1995

156 GARCÍA y otro, 2009: 39

157 Juan Velasco Alvarado gobernó Perú entre 1968 y 1975

158 D. Ley 20653, Ley de Comunidades Nativas y de Promoción Agropecuaria de Regiones de Selva y Ceja de Selva, promulgada el 18 de junio de 1974

Esta norma favoreció la migración de campesinos y empresarios de las otras regiones del país, especialmente de la Sierra, quienes ocuparon territorios de pueblos amazónicos, convirtiéndolos en tierras agrícolas y ganaderas.

En cuanto a las comunidades nativas, el citado decreto ley reconocía su existencia legal y personería jurídica y establecía características tal como leemos del Artículo 7:

> *Las Comunidades Nativas tienen origen en los grupos tribales de la Selva y ceja de Selva y están constituidas por conjuntos de familias vinculadas por los siguientes elementos principales: idioma o dialecto, caracteres culturales y sociales, tenencia y usufructo común y permanente de un mismo territorio, con asentamiento nucleado o disperso.*

Según la misma norma, estas comunidades se debían regir por estatutos donde se establecerían los requisitos para ser miembro o dejar de serlo.

En cuanto a las tierras comunales, el Estado garantizaba la integridad de las mismas, debiendo levantarse el catastro y otorgarse los títulos de propiedad; además, la propiedad territorial de dichas comunidades sería inalienable, imprescriptible e inembargable (Artículo 11). No obstante a dichas garantías, la ley permitía servidumbres para el paso de oleoductos, gasoductos, instalaciones mineras y petroleras, sin lugar a pago de indemnización alguna a favor del propietario, sea comunidad nativa o no.

El D.L. 20653 distinguió hasta tres categorías de uso de las tierras en la Amazonía: a) tierras con aptitud para el cultivo, b) tierras con aptitud para la ganadería y c) tierras con aptitud forestal; siendo calificadas las dos primeras como tierras de uso agropecuario, susceptibles de ser otorgadas en propiedad a las comunidades nativas (Artículo 55).

En el fondo esta ley sólo buscaba la ocupación colona de la Amazonía por personas dedicadas a la agricultura y ganadería, reconociendo de paso a las llamadas comunidades nativas como personas jurídicas con derecho a obtener títulos de propiedad sobre tierras de esas características.

En opinión de García y Surrallés, al darse el D.L. 20653 el gobierno militar de entonces desconocía la realidad de la Amazonía y optó *"por un modelo de titulación en favor de una nueva institución denominada 'Comunidad Nativa', un invento legal que descomponía artificialmente la integridad territorial de cada pueblo en múltiples piezas"*.[159]

Un ejemplo de tal desconocimiento nos ilustran Alberto Chirif y Manuel Cornejo: al finalizar la era del caucho (1914 aproximadamente), que tanto daño había causado a muchos pueblos indígenas de la Amazonía *"se produjo el traslado*

---

159 GARCÍA y otro, 2009: 13

de población indígena, principalmente boras, huitotos y ocaínas, y algunos pocos resígaros y andokes, hacia diversas cuencas peruanas, en especial, al Ampiyacu y, en menor medida, al mismo Amazonas". El traslado estuvo a cargo de los mismos caucheros, quienes habían decidido cambiar de actividad económica, como el agro y extracción de otros productos de la Selva. Es así como se van formando asentamientos indígenas compuestos por miembros de diferentes pueblos provenientes del Putumayo, los mismos que tenían diferentes tipos de organización social, prácticas culturales e idiomas, pero que estaban obligados a vivir juntos para trabajar en las nuevas propiedades de los *'amos'*.[160]

Dichos asentamientos indígenas fueron convirtiéndose a partir de 1974 en comunidades nativas, las mismas que no tenían las características señaladas por el Artículo 7 arriba citado, pero que a sus miembros no les fue imposible reorganizarse y reinterpretar las nuevas reglas sociales para sobrevivir. Sólo así podían defender en común las tierras ocupadas desde su traslado obligatorio.[161]

Si bien el D.L. 20653 otorgaba algunas garantías de seguridad jurídica a la propiedad comunal, a su vez limitaba seriamente los derechos territoriales de los pueblos indígenas que, en su mayoría, no vivían en asentamientos; él no reconocía el derecho de propiedad sobre los bosques, tampoco el derecho al subsuelo, los cuerpos de agua, ni a los recursos naturales allí existentes. Esta norma legal significó, como afirman Chirif y otro, el punto de partida para el desmembramiento del territorio de la mayoría de los pueblos indígenas amazónicos.[162]

Al cabo de cuatro años se dictó una nueva norma de comunidades nativas y desarrollo agrario de la Amazonía, el Decreto Ley 22175[163] (Ley de Comunidades Nativas). Esta segunda norma legal, vigente hasta la fecha, no se diferencia de su antecesora en cuanto a la finalidad que tiene, pero su afán de colonizar la Amazonía es mucho más grande y peligroso. La colonización se hará mediante actividades económicas de tipo industrial que incluyen no sólo la explotación agrícola, sino también la extracción forestal, pesquera y de fauna silvestre.

Igual que su antecesora, este dispositivo reconoce la existencia legal y la personería jurídica de las comunidades nativas y repite las características de las mismas, como que están formadas por conjunto de familias vinculadas por el

160 CHIRIF, Alberto y CORNEJO CHAPARRO, Manuel (editores), *Imaginario e imágenes de la época del caucho: Los sucesos del Putumayo*, Perú, 2009, pp. 207ss

161 CHIRIF y otro, 2009: 211

162 CHIRIF y otro, 2009: 213

163 Decreto Ley 22175, Ley de Comunidades Nativas y de Desarrollo Agrario de las Regiones de Selva y Ceja de Selva, promulgado el 9 de mayo de 1978, vigente hasta la fecha

idioma o dialecto, caracteres culturales y sociales, tenencia y usufructo común y permanente de un territorio, etc.

Hay que aclarar que, según esta norma, la titulación de las tierras comunales tiene como requisito preliminar el reconocimiento, inscripción y registro de la comunidad nativa como persona jurídica y única titular del derecho de propiedad comunal. Al respecto, García y Surrallés nos recuerdan que la comunidad nativa es nada menos que una persona jurídica que representa una ficción legal de origen foráneo y que su creación obedece a una *"descomposición jurídica"* de los pueblos indígenas de la Amazonía peruana.[164]

En cuanto a las tierras forestales, es decir los bosques donde se encuentran los recursos necesarios de los pueblos indígenas, no forman parte de los títulos de tierras comunales tal como se desprende del Artículo 11 de la Ley de Comunidades Nativas:

> *La parte del territorio de las Comunidades Nativas que corresponda a tierras con aptitud forestal, les será cedida en uso y su utilización se regirá por la legislación de la materia.*

Esta norma no dispone sino el despojo de los territorios ancestrales de los pueblos indígenas de la Amazonía. El Artículo 5 (e) del Reglamento de la Ley de Comunidades Nativas[165] precisa que para el otorgamiento del título comunal se ha de realizar la demarcación del territorio *'comunal'*, cuya finalidad es clasificar la tierra comunal de acuerdo a la capacidad de uso mayor, para lo cual la autoridad administrativa del Estado elabora los planos y memoria descriptiva. Una vez aprobado el proceso de demarcación, la comunidad recibe el título de propiedad sobre las tierras agropecuarias. El resto, o sea los bosques (tierra con aptitud forestal), pasa a manos del Estado, quien podrá otorgarlo, mediante contrato de cesión, a las comunidades nativas, tal como se transcribe:

> *Consentida o ejecutoriada la Resolución, el Ministerio de Agricultura y Alimentación mediante Resolución Ministerial, aprobará el procedimiento de demarcación y dispondrá que la dirección General de Reforma Agraria y Asentamiento Rural otorgue el Título de Propiedad sobre las tierras con aptitud para el cultivo y la ganadería, asimismo, que la Dirección General Forestal y de Fauna otorgue el Contrato de Cesión en Uso de las tierras con aptitud forestal.*

Es decir que las formadas comunidades nativas pueden obtener el título de propiedad sólo sobre las tierras agrarias y pecuarias y no sobre las tierras forestales,

164 GARCÍA y otro, 2009: 34, 35

165 Decreto Supremo 003-79-AA que aprueba el Reglamento de la Ley de Comunidades Nativas y de Desarrollo Agrario de las Regiones de Selva y Ceja de Selva, del 25 de enero de 1979

parte de su territorio ancestral, donde precisamente están los recursos naturales necesarios de subsistencia. Dichas tierras son cedidas únicamente *en uso* hasta cuando el Estado revoque tal cesión. Al respecto, García y Surrallés precisan que con esta norma quedó demostrado el verdadero sentido de la Ley de Comunidades Nativas, ya que el Estado *"nunca desistió de su proyecto de ocupar la región a través de proyectos de asentamiento rural, de concesiones madereras y de otras intervenciones económicas de mayor o menor agresividad ambiental"*. Al Estado no le ha importado la real ocupación de los territorios por los pueblos indígenas, pues *"junto con el reconocimiento de derechos territoriales a las 'comunidades nativas', se organizaba la colonización del resto de los territorios tradicionales de los pueblos indígenas"*, los mismos que no habían sido comprendidos en los títulos de propiedad comunal.[166]

Como la formación de comunidades nativas ha sido la única alternativa legal para proteger, por lo menos en parte, los territorios indígenas, al 2009 se habría logrado el reconocimiento estatal de aproximadamente 1,500 comunidades nativas, de las cuales, de acuerdo al Organismo de Formalización de la Propiedad Informal (COFOPRI)[167], más de 1,300 comunidades contarían con títulos de propiedad comunal y quedando pendiente de titulación como 182 predios comunales[168]. AIDESEP sostiene que aún estarían pendientes de saneamiento físico legal la propiedad de 1,166 comunidades amazónicas.[169]

Para lograr el reconocimiento de la personería jurídica de la comunidad nativa, la titulación y el registro de tierras comunales, los interesados deben salvar procedimientos administrativos de larga duración, costosos y complicados ante las direcciones regionales agrarias y registros públicos (Registro de Personas Jurídicas y Registro de Predios, de la Superintendencia Nacional de Registros Públicos). Sin estos requisitos, la comunidad nativa no puede hacer valer sus derechos de propiedad comunal frente a terceros.

166 GARCÍA y otro, 2009: 33

167 La Comisión de Formalización de la Propiedad Informal (COFOPRI) ha asumido la función específica de planificar, normar, dirigir, ejecutar y controlar las acciones de formalización, saneamiento físico y legal y titulación de las comunidades nativas (Artículo 7, inciso c, del Decreto Supremo 025-2007-Vivienda del 28 de julio del 2007). En el marco de dicha función COFOPRI se ocupa de la demarcación y georreferenciación de las tierras comunales.

168 Agencia peruana de noticias Andina del 21 de setiembre del 2009: http://www.andina.com.pe/espanol/Noticia.aspx?id=H0ybPaHfbHI%3D (febrero 2014)

169 Carta abierta de AIDESEP del 9 abril del 2015: http://www.aidesep.org.pe/carta-abierta-de-aidesep-respecto-a-la-pl-3941/ (abril 2015)

Una de las grandes limitaciones que se presenta al momento de titular tierras comunales, según COFOPRI, es la carencia de recursos económicos de las comunidades nativas, que les impide pagar las elevadas tasas administrativas impuestas por ley, trayendo como consecuencia el abandono del procedimiento.[170]

A fin de adecuar la legislación ordinaria a los términos del Artículo 88 de la Constitución 1993, el parlamento de 1995 dictó la Ley de Tierras, la misma que fomenta la inversión privada nacional y extranjera en todo el territorio nacional, incluso en territorio de pueblos indígenas y en tierras comunales tituladas. Esta ley, como precisan Pedro Castillo y Laureano del Castillo, lejos de considerar el valor agrícola de las tierras de producción, se dedica a impulsar la inversión privada en todas las áreas económicas[171], tal como se desprende de su Artículo 1:

> *La presente Ley establece los principios generales necesarios para promover la inversión privada en el desarrollo de las actividades económicas en las tierras del territorio nacional y de las comunidades campesinas y nativas.*

Los territorios ancestrales de los pueblos indígenas que no han sido comprendidos en los títulos comunales son considerados tierras estatales, las mismas que están, de acuerdo a la norma en mención, bajo la libre disposición del Estado. El Artículo 4 de la Ley de Tierras garantiza a toda persona, nacional o extranjera, natural o jurídica, el acceso libre a las tierras del régimen agrario (tierras de uso agrícola, de pastoreo, tierras con recursos forestales y de fauna, tierras eriazas, riberas y márgenes de álveos y cauces de ríos.- descripción contenida en Artículo 2 de la Ley de Tierras) para fines de inversión en cualquier área económica, es por ello que:

> *El Estado garantiza a toda persona natural o jurídica, nacional o extranjera el libre acceso a la propiedad de tierras, cumpliendo con las normas del derecho sustantivo que las regula.*

Del mismo modo, las tierras comunales pueden ser vendidas, arrendadas o gravadas, siempre que la asamblea general de la comunidad lo decida. Así prevé el Artículo 11 de la citada Ley de Tierras:

---

170 COFOPRI: http://www.minem.gob.pe/minem/archivos/exposicioncofopridemarcaci%C3%83%C2%B3n%20de%20comunidades%20nativas.pdf (junio 2001)

171 CASTILLO CASTAÑEDA, Pedro y DEL CASTILLO, Laureano: *Marco jurídico e institucional del régimen de la propiedad de las comunidades campesinas*, Informe final, Perú, 2011, p. 23

Para disponer, gravar, arrendar o ejercer cualquier otro acto sobre las tierras comunales de la Sierra o Selva, se requerirá el Acuerdo de la Asamblea General con el voto conforme de no menos de los dos tercios de todos los miembros de la Comunidad.

De esta forma, miembros de comunidades estarían disponiendo sobre la venta, arriendo o gravamen de territorios ancestrales del pueblo indígena al que pertenecen.

Finalmente, el nacimiento y continuidad de las comunidades nativas en el sistema legal peruano obedecen a la no aceptación por parte del Estado y la sociedad no indígena de la existencia de los pueblos indígenas como sociedades vivas, titulares de derechos inherentes a territorios ancestrales en la Amazonía. Mientras los territorios ancestrales o tradicionales, como dicen Chirif *et al.*, están definidos por criterios distintos a los meramente productivos, las tierras comunales reguladas por ley obedecen a *"criterios de adjudicación de hombre por hectárea"*[172], significando al final el desconocimiento y negación del derecho de los pueblos indígenas al territorio ancestral y su relación intrínseca que los une.

4.6.2. Áreas naturales protegidas (ANP)

La tendencia proteccionista promovida por organizaciones ambientalistas del norte del planeta para hacer frente a la tendencia desarrollista, la misma que es impulsada por los Estados, con el apoyo de las financieras, para favorecer a empresas transnacionales en la explotación de los recursos naturales, también ha tenido eco en las políticas y legislación de medio ambiente del país.

Las políticas proteccionistas de los Estados, tal como sostiene Sergio Villena, parten ante todo de la tesis del manejo global de la biodiversidad del planeta. Esta teoría sostiene que los recursos naturales deben ser protegidos en zonas prístinas o áreas de protección como en los llamados parques nacionales.[173]

En el caso peruano, el Estado ha legitimado su derecho de propiedad sobre la riqueza biológica existente en todo el país, incluso en territorios de pueblos indígenas, desconociendo así el derecho originario de éstos tanto a sus territorios como a los recursos naturales.

Según la Ley 26834[174] (Ley de ANP) que crea el Sistema Nacional de Áreas Naturales Protegidas por el Estado (SINANPE), las ANP son espacios continentales y/o marinos del país que están protegidos por su importancia para la conserva-

---

172 CHIRIF *et al.*, 1990: 63

173 VILLENA, Sergio, *Globalización y Multiculturalidad. Pueblos Indígenas y Medio Ambiente en la Amazonía*, en Perfiles Latinoamericanos 17, México, 2000, pp. 107, 108

174 Ley 26834, Ley de Áreas Naturales Protegidas, promulgada el 30 de junio de 1997

ción de la diversidad biológica y otros valores de interés cultural, paisajístico y científico. Estas áreas no pueden ser transferidas a particulares, salvo para el uso regulado de ellas y el aprovechamiento de los recursos naturales.

La Ley de ANP, no obstante comprometer territorios indígenas, no ha previsto la participación de los pueblos titulares en ninguna de las instancias encargadas de la planificación y el manejo de las áreas del sistema; sino, los mantiene al margen, tal como se desprende de su Artículo 10:

> *En los casos de asuntos que versen sobre áreas con presencia de poblaciones campesinas y nativas, recursos arqueológicos o sobre la autorización o aprovechamiento de recursos hidrobiológicos o minero-energéticos, pueden participar en el Consejo un representante de las direcciones especializadas de los siguientes Ministerios: a) Ministerio de Promoción de la Mujer y el Desarrollo Humano; b) Ministerio de Educación; c) Ministerio de Pesquería; d) Ministerio de Energía y Minas.*

Con los términos imprecisos de *poblaciones campesinas y nativas* la ley ha querido referirse a las comunidades legales compuestas por miembros indígenas. La falta de participación de los representantes indígenas en los órganos de decisión del SINANPE, significa dejar el destino de los territorios indígenas únicamente en manos del Estado.

Las ANP han sido categorizadas de acuerdo al valor biológico que tienen. Así, el Artículo 21 de la Ley de ANP ha previsto las dos siguientes categorías:

> *a).- Áreas de uso indirecto.- Son aquellas que permiten la investigación científica no manipulativa, la recreación y el turismo, en zonas apropiadamente designadas y manejadas para ello. En estas áreas no se permite la extracción de recursos naturales, así como modificaciones y transformaciones del ambiente natural. Son áreas de uso indirecto los Parques Nacionales, Santuarios Nacionales y los Santuarios Históricos.*
> *b).- Áreas de uso directo.- Son aquellas que permiten el aprovechamiento o extracción de recursos, prioritariamente por las poblaciones locales, en aquellas zonas y lugares y para aquellos recursos, definidos por el plan de manejo del área. Otros usos y actividades que se desarrollen deberán ser compatibles con los objetivos del área. Son áreas de uso directo las Reservas Nacionales, Reservas Paisajísticas, Refugios de Vida Silvestre, Reservas Comunales, Bosques de Protección, Cotos de Caza y Áreas de Conservación Regionales.*

La primera categoría de ANP comprende los subtipos de áreas de protección como son los parques nacionales, santuarios nacionales y los santuarios históricos, lugares donde no estaría permitida, según la ley en comentario, la extracción de los recursos naturales pero sí actividades de turismo o investigación científica. Mientras que en el segundo grupo sí se permitiría todo tipo de actividades tanto de aprovechamiento como de extracción directa de los recursos naturales, de modo prioritario por las poblaciones locales (indígenas o no).

Contrario a lo previsto por la Ley de ANP, el Reglamento de la Ley de ANP[175] establece que el aprovechamiento de los recursos naturales no renovables sí está permitido en ambas categorías de ANP; así podemos leer en su Artículo 115 (115.1 y 115.2):

> *115.1 El aprovechamiento de recursos naturales no renovables al interior de las Áreas Naturales Protegidas se permite sólo cuando lo contemple su Plan Maestro aprobado, estando sujeto a las normas de protección ambiental y a las limitaciones y restricciones previstas en los objetivos de creación del Área Natural Protegida, su zonificación y categorización, así como aquellas que se establezcan mediante Resolución Jefatural del INRENA.*
> *115.2 El aprovechamiento de recursos naturales no renovables es incompatible con las Áreas Naturales Protegidas de uso indirecto; salvo cuando existan derechos adquiridos establecidos por la legislación de la materia, previos a la creación del Área.*

En cuanto al acceso y uso de los recursos naturales existentes en las ANP, que previamente han comprometido territorios ancestrales de los pueblos indígenas, las comunidades nativas (y campesinas) tendrían la *'posibilidad'* de aprovechar los recursos de subsistencia, siempre y cuando las instituciones del Estado lo permitan. Observemos el texto del Artículo 89 (2) del Reglamento de la Ley de ANP:

> *El acceso y uso de las comunidades campesinas o nativas de los recursos naturales ubicados en un Área Natural Protegida, implica la posibilidad de aprovechar las especies de flora y fauna silvestre permitidas, así como sus productos o sub-productos, con fines de subsistencia. Para tal efecto se determina en cada caso los alcances del concepto de subsistencia en coordinación con los beneficiarios. En ningún caso pueden ser comprendidas especies de flora y fauna en vías de extinción.*

Primero se limita el acceso de los indígenas a sus propios territoritos, luego, con esta norma, se les priva el disfrute libre de sus propios recursos naturales. Pero como la retórica nunca falta en una norma nacional, el Reglamento de la Ley de ANP, sostiene que el Estado respeta los usos ancestrales no sólo de las comunidades, sino también de los grupos en aislamiento voluntario. Veamos el contenido de su Artículo 90:

> *En todas las Áreas Naturales Protegidas el Estado respeta los usos ancestrales vinculados a la subsistencia de las comunidades campesinas o nativas y de los grupos humanos en aislamiento voluntario o de contacto inicial o esporádico. Asimismo promueve los mecanismos a fin de compatibilizar los objetivos y fines de creación de las Áreas Naturales Protegidas con dichos usos ancestrales. En todo caso el Estado debe velar por cautelar el interés general.*

---

175 Decreto Supremo 038-2001-AG del 22 de junio del 2001 que aprueba el Reglamento de la Ley de Áreas Naturales Protegidas

Observemos la última parte de esta norma donde dice que *"en todo caso el Estado debe velar por cautelar el interés general"*. Significa que en el aprovechamiento de los recursos naturales en las ANP no se tomará en cuenta el interés de las *'minorías'* indígenas, sino primará los intereses de la mayoría; es decir de la sociedad envolvente que está en busca del *'desarrollo económico'*, proveniente ante todo de la extracción de los recursos naturales amazónicos.

A raíz de este sistema de protección de áreas naturales, en la Amazonía peruana se han establecido aproximadamente 34 ANP, diez de las cuales están clasificadas como parques nacionales, dos santuarios nacionales, cinco reservas nacionales, diez reservas comunales, tres bosques de protección y cuatro zonas reservadas[176]. El área total de dichas ANP haría un aproximado de 15'524,383 ha que constituyen el 19.8% del total de la Selva peruana. La suma de las ANP y los territorios indígenas reconocidos como comunidades nativas y reservas territoriales harían un total de 27'356,400 ha, equivalente al 34.9% de la región selvática.[177]

Hemos mencionado que los pueblos indígenas de la Amazonía peruana se han visto obligados a adaptarse a las opciones que la legislación estatal les ofrece, aun cuando ella no garantiza la seguridad jurídica de sus territorios. Es así como los pueblos indígenas han ido solicitando al Estado o aceptando la creación de reservas comunales y parques nacionales. A continuación analizaremos sólo estos tipos de figuras jurídicas por comprometer territorios ancestrales de pueblos indígenas.

4.6.2.1. Reservas comunales

Las reservas comunales fueron creadas por el Artículo 22 (g) de la Ley de ANP con la siguiente definición:

> *Reservas Comunales: áreas destinadas a la conservación de la flora y fauna silvestre, en beneficio de las poblaciones rurales vecinas. El uso y comercialización de recursos se hará bajo planes de manejo, aprobados y supervisados por la autoridad y conducidos por los mismos beneficiarios. Pueden ser establecidas sobre suelos de capacidad de uso mayor agrícola, pecuario, forestal o de protección y sobre humedades.*

El Artículo 56 (1) del Reglamento de la Ley de ANP precisa que dichas áreas están en beneficio de las poblaciones locales y comunidades campesinas o nativas.

---

176 Servicio Nacional de Áreas Naturales Protegidas (SERNANP): http://www.sernanp.gob.pe/sernanp/contenido.jsp?ID=9# (noviembre 2012)

177 Red Amazónica de Información Socioambiental Georreferenciada: www.raisg.socioambiental.org/system/files/Amazonia_Peruana.pdf (junio 2011)

Es decir, que los beneficiarios no sólo son comunidades compuestas por miembros indígenas establecidas por ley, sino también pobladores colonos que vivan alrededor del área protegida.

Según dicha norma, tanto el uso como la comercialización de los recursos naturales estarán regulados por la autoridad estatal; limitándose así el derecho inherente de los comuneros indígenas al acceso a los recursos naturales existentes en sus propios territorios ancestrales.

Las reservas comunales forman parte de las ANP. En ellas el Estado permite el aprovechamiento o extracción de recursos naturales por personas privadas como ocurre con la Reserva Comunal de Amarakaeri[178] o la Reserva Comunal El Sira. En el área de influencia de esta última viven más de 14,750 personas pertenecientes a los pueblos indígenas Asháninka, Ashéninka, Shipibo, entre otros, además de poblaciones no indígenas. Ella está siendo asediada por madereros, extractores de oro y empresas de hidrocarburos.[179]

Las diez reservas comunales creadas bajo el SINANPE en la Amazonía peruana fueron a petición de comunidades nativas de áreas de influencia, quienes, no obstante considerarlas insuficientes para la protección de sus territorios ancestrales y al no lograr la ampliación de sus tierras comunales, se han visto obligadas a someterse a la Ley de ANP. Entre las reservas comunales tenemos las siguientes: Yanesha (Pasco), el Sira (Huánuco, Pasco y Ucayali), Amarakaeri (Madre de Dios), Asháninka (Junín y Cusco), Machiguenga (Cusco), Purús (Ucayali, Madre de Dios), Tuntanain (Amazonas), Chayu Nain (Amazonas), Airo Pai (Loreto) y Huimeki (Loreto).[180]

Estas reservas comunales han sido establecidas sobre los mismos territorios ancestrales de los pueblos indígenas. Ellas limitan el ejercicio del derecho de propiedad ancestral u originaria de los pueblos indígenas a sus territorios y recursos naturales. Éstos se ven impedidos en sus facultades de organizar un sistema propio de manejo territorial de acuerdo a sus costumbres y necesidades. En consecuencia, la declaración de una reserva comunal no es la solución a la

---

178 Decreto Supremo 031-2002-AG, del 11 de mayo de 2002, que crea la Reserva Comunal de Amarakaeri, con el objeto de contribuir a la protección de las cuencas de los ríos Eori/Madre de Dios y Karene/Colorado

179 BENAVIDES, *Margarita, Conservación, derechos indígenas y poder en la gestión de los bienes comunes. El caso de la reserva comuna El Sira en la Amazonía peruana*, Perú, 2005, p. 6

180 SERNANP: http://www.sernanp.gob.pe/sernanp/contenido.jsp?ID=9# (noviembre 2012)

problemática de reconocimiento y protección de los territorios ancestrales o tradicionales de los pueblos amazónicos.[181]

Sin embargo, los pueblos indígenas han asumido el establecimiento de las reservas comunales como parte de una nueva estrategia para continuar accediendo a los recursos naturales más allá de los límites comunales.

4.6.2.2. Parques nacionales

Los parques nacionales son las figuras jurídicas representativas del sistema de protección de áreas naturales, no sólo a nivel nacional, sino también internacional. El establecimiento de parques nacionales, de acuerdo con René Kuppe, tienen su origen en los Estados Unidos de Norteamérica, donde en 1872 y bajo la teoría de la *'ética de la vida silvestre'* o de contemplación de la naturaleza se creó el Parque Nacional de Yellowstone, en territorio ocupado por pueblos indígenas Crow y Shoshone, los mismos que fueron expulsados por autoridades estatales.[182]

Si bien los parques nacionales tienen la finalidad de proteger grandes regiones biodiversas contra la expansión de la industria agresiva y expansiva, ellos se han establecido en territorios ocupados por sociedades indígenas, quienes, como precisa Kuppe, se han relacionado desde siempre con su medio ambiente natural, contribuyendo *"al desarrollo de las composiciones ecobiológicas allí existentes"*.[183]

La Convención para la Protección de la Flora, de la Fauna y de las Bellezas Escénicas Naturales de los Países de América, firmada en 1940, fue la primera a nivel interamericano en recoger la teoría proteccionista de los recursos biológicos. Su Artículo I (1) ha definido el término de parques nacionales de la siguiente manera:

> *Se entenderá por PARQUES NACIONALES: Las regiones establecidas para la protección y conservación de las bellezas escénicas naturales y de la flora y fauna de importancia nacional, de las que el público pueda disfrutar mejor al ser puestas bajo la vigilancia oficial.*

Mediante esta convención, los Estados que la ratificaron, como Perú, se convertían en los *'guardianes oficiales'* de los parques nacionales y por ende de los

181 Derecho, Ambiente y Recursos Naturales (DAR), *Purús*, Perú, 2010, p. 4

182 KUPPE, René, *Derechos Indígenas y Protección del Ambiente ¿Dos Estrategias en Contradicción?*, en Pueblos Indígenas y Derechos Étnicos. VII Jornadas Lascasianas, Universidad Nacional Autónoma de México, Doctrina Jurídica Nro. 5, pp. 173-194, México 1999, pp. 173ss

183 KUPPE, 1999: 173ss

recursos naturales biológicos como la flora y fauna, así como de las bellezas escénicas naturales.

No obstante a que la economía de subsistencia de los pueblos indígenas de la Amazonía peruana (y del resto del país) se ha desarrollado, a través de la historia, respetando el equilibrio del ecosistema de sus territorios ancestrales y cuidando de la renovación de los recursos naturales, el Estado peruano ha seguido la línea conservacionista, creando para ello parques nacionales a los que ha clasificado como ANP de uso indirecto y definido en el Artículo 22 (a) de la Ley de ANP de la siguiente manera:

> *Parques Nacionales: áreas que constituyen muestras representativas de la diversidad natural del país y de sus grandes unidades ecológicas. En ellos se protege con carácter intangible la integridad ecológica de uno o más ecosistemas, las asociaciones de la flora y fauna silvestre y los procesos sucesionales y evolutivos, así como otras características, paisajísticas y culturales que resulten asociadas.*

El establecimiento de muchos parques nacionales en Perú ha llegado a comprometer territorios de pueblos indígenas autónomos (en aislamiento o contacto inicial), como es el caso del Parque Nacional Alto Purús[184]. En este parque nacional viven los pueblos indígenas Mashco-Piro, a cuyo favor se había declarado mucho antes la Reserva Territorial Mashco-Piro[185]. Del mismo modo, otros parques nacionales, como el Parque Nacional del Manú, Parque Nacional Cordillera Azul y la Zona Reservada Sierra del Divisor, han sido establecidos sobre territorios ancestrales de pueblos indígenas autónomos, quienes, por ser pueblos nómadas, recorren grandes áreas naturales al interior de sus territorios en busca de recursos de primera necesidad.

Además de superponer un ANP de este tipo a territorios indígenas, el Estado no toma en serio los criterios establecidos por la misma ley que dio. A fin de responder a intereses de agentes empresariales, la Ley de ANP se hace muy elástica.

El caso del Parque Nacional Ichigkat Muja-Cordillera del Cóndor nos puede ilustrar mejor la elasticidad de la ley y de cómo el Estado afecta la integridad de territorios indígenas ancestrales. La Cordillera del Cóndor, ubicada en la frontera Perú-Ecuador, es una cadena de montañas muy rica en recursos biológicos y es el lugar donde nacen los ríos Cenepa, Santiago y otros que llegan hasta el Marañón. Dicha cordillera, desde tiempos inmemorables, forma parte del territorio ancestral de los pueblos indígenas Awajún y Wampis, del lado peruano, y Ashuar

---

184 DAR, 2010: 7

185 Resolución Directoral 190-97-CTARU/DRA del 1 de abril de 1997, que declara la Reserva Territorial Mashco-Piro

y Shuar, del lado ecuatoriano, todos pertenecientes a la familia etno-lingüística jíbaro[186]. Allí se encuentran los recursos naturales (animales de caza, plantas medicinales, frutos, semillas y otros del bosque) vitales para la sobrevivencia de dichos pueblos. Además, allí se guardan los símbolos de su expresión cultural, religiosa y de identidad. Los pueblos del lado peruano, en las cuencas de los ríos Cenepa, Comainas, Numpatkaim, se han organizado en aproximadamente 32 comunidades nativas y han recibido, parcialmente, del Estado títulos de propiedad comunal. En este proceso de titulación de tierras comunales el Estado no ha comprendido la verdadera dimensión del territorio indígena, sino que ha dejado libre grandes extensiones de territorio indígena, que incluyen la misma Cordillera del Cóndor.

A fin de salvar la integridad de la cordillera, dichos pueblos aceptaron en el 2004 la propuesta del Instituto de Recursos Naturales (INRENA), hoy Servicio Nacional de Áreas Naturales Protegidas por el Estado (SERNANP), la creación del Parque Nacional Ichigkat Muja con una extensión de 152,873.76 ha. No obstante a los acuerdos llegados con los pueblos indígenas, y obedeciendo a intereses económicos de grupos mineros, quienes ya contaban con centenares de concesiones precisamente en lugares vulnerables de la Cordillera, el Estado terminó creando dicho parque nacional con una extensión de sólo 88,477.00 ha[187]. Es decir, que la riqueza biológica existente en dicha Cordillera tampoco ha sido un obstáculo para favorecer intereses económicos de terceros, habiendo el Estado reducido la verdadera dimensión del área hasta en un 50%. Las normas de protección de los ecosistemas frágiles, terminan siendo así sólo enunciados teóricos.

4.6.3. Reservas territoriales para pueblos en aislamiento

Las reservas territoriales no forman parte de las ANP, sino son determinadas áreas, calificadas *'estatales'*, que sirven para proteger provisionalmente el derecho de uso y disfrute de los recursos naturales por los pueblos en situación de aislamiento.

---

186 ODECOFROC Perú, equipo de investigación, *Crónica de un engaño, los intentos de enajenación del territorio fronterizo Awajún en la Cordillera del Cóndor a favor de la minería*, IWGIA 2009, pp. 12ss

187 Decreto Supremo 023-2007-AG del 10 de agosto del 2007, que establece la categorización parcial de la Zona Reservada Santiago-Comaini como "Parque Nacional Ichigkat-Cordillera del Cóndor" y "Reserva Comunal Tuntanain"

Se ha calculado que aproximadamente 29 pueblos o grupos indígenas, pertenecientes a diferentes familias lingüísticas (ver cuadro 2), viven en la Amazonía peruana en situación de aislamiento o alejados de las sociedades envolventes o de los otros pueblos indígenas organizados en comunidades nativas.

Beatriz Huertas sostiene que las prácticas de subsistencia de dichos pueblos indígenas se han adecuado a la dinámica de los bosques amazónicos, donde la variedad de los recursos naturales de subsistencia *"se encuentran dispersos en diferentes ecosistemas y son de muy lenta reproducción, lo cual genera la necesidad de disponer de amplios territorios"*; en consecuencia, la presión de agentes externos en sus territorios significa alteraciones graves en las zonas de desplazamiento, generando incluso disputas al interior de sus grupos y con otros vecinos.[188]

En el año 1984, la ambición de empresas madereras legales e ilegales, y petroleras provocó, mediante contacto forzado, la muerte masiva de miembros del pueblo indígena en aislamiento Nahua que vivían en las cabeceras de los ríos Purús, Manú y Mishagua, en el sureste de la región Amazónica peruana. A raíz de este hecho dramático, las organizaciones indígenas presionaron al Estado a fin de que, por intermedio de sus representantes, dicte medidas de protección a favor de dichos grupos en aislamiento.[189]

Años más tarde, a partir de 1990, surgen las llamadas reservas territoriales estatales bajo el esquema de áreas geográficas establecidas provisionalmente por el Ministerio de Agricultura a favor de los pueblos en aislamiento, a fin de que éstos sigan aprovechando los recursos naturales y hasta cuando opten por el sedentarismo.

La base legal para la declaración administrativa de las reservas territoriales fue la norma contenida en la Segunda Disposición Transitoria de la Ley de Comunidades Nativas, la misma que a la letra dice:

> *Para la demarcación del territorio de las Comunidades Nativas cuando se encuentren en situación de contacto inicial y esporádico con los demás integrantes de la comunidad nacional, se determinará un área territorial provisional de acuerdo a sus modos tradicionales de aprovechamiento de los recursos naturales, hasta que se defina una de las situaciones a que se refieren los incisos a) y b) del Artículo 10° de la presente Ley.*

188 HUERTAS CASTILLO, Beatriz, *Autodeterminación y Protección*, en Grupo Internacional de Trabajo sobre Asuntos Indígenas (IWGIA): *Pueblos indígenas en aislamiento voluntario y contacto inicial en la Amazonía y el Gran Chaco*, Dinamarca, 2007, pp. 34ss

189 CASAFRANCA y otro, 2009: p. 27

Aun cuando la finalidad de esta norma no sea la preservación de una zona intangible a favor de los pueblos indígenas en situación de aislamiento, ésta ha servido a los representantes indígenas (como AIDESEP) para alcanzar el reconocimiento, a nivel administrativo, de algunos pueblos aislados y garantías mínimas en el goce de los recursos naturales existentes en sus territorios.

En base a la norma legal antes citada, se han establecido hasta la fecha sólo cinco reservas territoriales en la Amazonía, tal como apreciamos del siguiente cuadro:

Cuadro 3: Reservas territoriales estatales			
Reserva Territorial	**Pueblos en aislamiento (Región)**	**Norma de establecimiento**	**Modificación de norma**
Kugapakori, Nahua, Nanti y otros	Kugapakori, Nahua, Nanti, Kirineri, Caquinte (Cusco, Ucayali)	Resolución Ministerial 00046-90-AG/ DGRAAR del 14.2.1990	Decreto Supremo 028-2003-AG del 25.7.2003
Murunahua	Murunahua (Ucayali)	Resolución Directoral Regional 189-97-CTARU-DRA del 1.4.1997*	Resolución Directoral Sectorial 453-99-CTAR-UCAYALI-DRSA del 24.9.1999
Mashco-Piro	Mashco Piro, Mashco (Ucayali)	Resolución Directoral Regional 000190-97-CTARU/DRA del 1.4.1997*	
Isconahua	Isconahua (Ucayali)	Resolución Directoral Regional 201-98 CTARU/DRA del 11.6.1998*	
Madre de Dios	Yaminahua, Amahuaca, Mashco-Piro y otros (Madre de Dios)	Resolución Ministerial 0427-2002-AG del 22.4.2002	

*Resoluciones publicadas en el diario oficial El Peruano el 23 de marzo del 2007

Una antigua y primera reserva territorial fue declarada en 1973 a favor de los Matsés (Mayoruna) en la región de Loreto[190]. Entre tanto, dicha reserva terri-

190 Resolución Directoral Regional 441-DZA-VIII-73, del 20 de octubre de 1973, de la Dirección Zonal Agraria de Loreto, estableciendo la Reserva Territorial del Estado a favor del grupo etnolingüístico Matsés o Mayoruna con 344,687.50 ha

torial se ha convertido en comunidad nativa, debido a que sus habitantes han adoptado una vida sedentaria. Es por ello que dicha reserva no es considerada en la relación anterior.

El área total de las reservas territoriales establecidas por el Estado llega a cubrir aproximadamente 2'800,000 ha de la Amazonía peruana.

El establecimiento de las reservas territoriales no significa el reconocimiento de los derechos originarios de los pueblos indígenas al territorio ancestrale que ocupan, sino se trata sólo de reservas transitorias que el Estado establece a favor de dichos pueblos, pues sus territorios son considerados por la legislación nacional como de dominio público y de soberanía estatal. Ésta es la perspectiva desde la cual el Estado establece las reservas territoriales, tal como se aprecia del Artículo 1 de la norma que establece la Reserva Territorial a favor de los pueblos Kugapakori, Nahua, Nanti y otros[191]:

> *Declárese 'Reserva Territorial del Estado a favor de los grupos étnicos en aislamiento voluntario y contacto inicial Kugapakori, Nahua, Nanti y otros', la superficie de cuatrocientos cincuenta y seis mil seiscientas setenta y dos y 73/100 hectáreas [...]*

Aun cuando el establecimiento de dicha reserva territorial fuera vista por las organizaciones indígenas como un avance en la protección de los pueblos indígenas en aislamiento[192], la protección sólo es parcial, temporal y débil; toda vez de que, desde mucho antes de su establecimiento, al interior del territorio indígena ya existían derechos adquiridos por empresas dedicadas a la exploración y explotación de hidrocarburos del Proyecto de Gas de Camisea.

Según el Artículo 3 de la citada norma estaría garantizada "*la integridad territorial, ecológica y económica de las tierras comprendidas al interior de la Reserva Territorial*"; sin embargo, la misma norma permite la continuación de actividades extractivas al interior de la reserva tal como prescribe el segundo párrafo del mismo Artículo 3:

> *En tal sentido queda prohibido el establecimiento de asentamientos humanos diferentes a los de los grupos étnicos mencionados en el Artículo 2, al interior de la reserva territorial*

---

191 Decreto Supremo 028-2003-AG del 25 de julio del 2003 que declara la Reserva Territorial del Estado a favor de los grupos étnicos en aislamiento voluntario y contacto inicial Kugapakori, Nahua, Nanti y otros

192 Asociación Interétnica de Desarrollo de la Selva Peruana (AIDESEP), *Informe Especializado de las Obligaciones del Estado Peruano sobre la Protección de los Pueblos Indígenas en Aislamiento y en Contacto Inicial de la "Reserva Territorial Kugapakori, Nahua, Nanti y otros"*, primera parte, Perú, 2008, p. 27

así como el desarrollo de actividades económicas. Asimismo queda prohibido el otorgamiento de nuevos derechos que impliquen el aprovechamiento de recursos naturales.

No obstante a que las organizaciones indígenas reclamaban el establecimiento de la intangibilidad de los territorios indígenas en aislamiento y el retiro de las empresas dedicadas a la extracción de recursos naturales, la norma legitimó el derecho de las empresas dedicadas a la extracción del gas natural en dicha reserva.

Al fin y al cabo las reservas territoriales se establecieron sólo para '*asegurar*' provisionalmente a los pueblos en aislamiento el uso de los recursos naturales en una determinada área prevista por el Estado. Veamos el Artículo tercero de la norma dada por la Dirección Regional Agraria de Ucayali que declara la Reserva Territorial a favor del pueblo indígena Murunahua ubicada en los distritos de Yurua y Antonio Raymondi, provincia de Atalaya, departamento de Ucayali[193]:

La reserva territorial se establece con el propósito de preservar el derecho del grupo nativo Mashco [sic] sobre las tierras que ocupan de modo tradicional para el aprovechamiento de los recursos de dicha área [...]

Para no afectar intereses de una empresa maderera (Complejo Industrial Maderero Pezo Villacorta S.A. Cerrada), que venía explotando al interior del territorio indígena, la misma autoridad dictó una nueva resolución[194] reduciendo la extensión de la reserva para favorecerla. Esto nos muestra incluso la fragilidad de las normas que han creado las reservas territoriales estatales, las mismas que son de tipo administrativo.

Frente a intereses económicos del Estado y de terceros, dichas reservas, como anota César Gamboa, no ofrecen seguridad jurídica que garantice efectivamente la sobrevivencia de los pueblos en aislamiento, quienes se encuentran en peligro de extinción precisamente porque las fronteras de sus territorios están abiertas a la explotación de todo tipo de recursos naturales.[195]

Aparentemente, con la promulgación de la Ley de Pueblos en Aislamiento, el Estado habría dado un paso positivo en la protección y seguridad jurídica de los derechos territoriales de los pueblos en situación de aislamiento. Pero esta ley agrava aún más la situación vulnerable de dichos pueblos y sus derechos originarios; así apreciamos del contenido del Artículo 5 (c):

193 Resolución Directoral Regional 189-98-CTARU/DRA del 1 de abril de 1997

194 Resolución Directoral Regional 453-99-CTR-Ucayali-DRSAU del 24 de septiembre de 1999

195 GAMBOA BALBÍN, César, *Reservas territoriales del Estado a favor de pueblos indígenas en aislamiento voluntario o contacto inicial*, DAR, Perú (sin fecha), p. 29

Las reservas indígenas para los pueblos indígenas en situación de aislamiento o de contacto inicial son intangibles en tanto mantengan la calidad de tales. En ellas:(...) c) No se otorgarán derechos que impliquen el aprovechamiento de recursos naturales, salvo el que con fines de subsistencia realicen los pueblos que las habiten y aquellos que permitan su aprovechamiento mediante métodos que no afecten los derechos de los pueblos indígenas en situación de aislamiento o en situación de contacto inicial, y siempre que lo permita el correspondiente estudio ambiental. En caso de ubicarse un recurso natural susceptible de aprovechamiento cuya explotación resulte de necesidad pública para el Estado, se procederá de acuerdo a ley.

Esta ley, en lugar de reconocer y reforzar las débiles reservas territoriales ya existentes, crea una nueva figura jurídica llamada '*reservas indígenas*', las mismas que serán establecidas mediante decretos supremos. La supuesta intangibilidad de la reserva, y no del territorio de los pueblos en aislamiento entendido como tal, es muy débil, superficial y de carácter transitorio. El Estado sólo está, como ocurría también con las reservas territoriales antes citadas, a la espera de que los pueblos indígenas en aislamiento se sedentaricen y se organicen en comunidades nativas para recibir títulos de tierras agropecuarias. Lo más grave de esta norma está en su última parte. Ésta no significa sino una excepción enorme a las prohibiciones establecidas por la norma; pues, en caso de presencia de recursos naturales como oro, petróleo, gas, etc., y si la '*necesidad pública*' así lo exige, toda la reserva deja de tener el carácter intangible para ser otorgada en concesión a particulares interesados en la explotación de dichos recursos.

Aunque para algunos dicha norma signifique una muestra de reconocimiento de la existencia de los pueblos en aislamiento[196], para las organizaciones indígenas, como AIDESEP, la Ley de Pueblos en Aislamiento significa el entrampamiento de trámites en las instituciones regionales del Estado, como es el caso de Loreto[197], donde se encuentra paralizado el trámite de otras cinco reservas territoriales pendientes de reconocimiento: a) Napo-Tigre que, según la propuesta, protegería a los pueblos Abijiría, Taromenane y Pananujuri, entre otros, de las familias lingüísticas Záparo y Huaorani (ubicados entre los ríos Yavarí, Tapiche, Napo, Curaray, Arabela y Tigre)[198], b)Yavarí Tapiche (Tapiche, Blanco

196 PAYABA CACHIQUE, Jorge, MATOS TUESTA, James, *El Trabajo de AIDESEP*, en Grupo Internacional de Trabajo sobre Asuntos Indígenas (IWGIA): *Pueblos indígenas en aislamiento voluntario y contacto inicial en la Amazonía y el Gran Chaco*, Dinamarca, 2007, pp. 64ss

197 PAYABA y otro, 2007: 64ss

198 CASAFRANCA y otro, 2009: pp. 38, 46

y Yaquerama), c) Capanahua (Maquia Callería), d) Yavarí-Mirim, y e) Cashibo Cacataibo, ubicadas en la misma región Amazónica.

Desde la promulgación de la citada Ley de Pueblos en Aislamiento, el Estado no ha establecido ninguna *'reserva indígena'*, menos ha reconocido la existencia de los pueblos a que hacen referencia las propuestas de AIDESEP, tampoco ha adecuado las reservas territoriales antiguas a la nueva legislación.

Ni el sistema débil de reservas territoriales, ni el de las nuevas reservas indígenas, sirven para proteger la intangibilidad de los territorios ancestrales de los pueblos indígenas en situación de aislamiento, quienes se encuentran en permanente amenaza de extinción definitiva.

4.7. Recursos naturales de pueblos indígenas frente a la legislación peruana

En el derecho internacional, el derecho colectivo de propiedad y posesión de los pueblos indígenas sobre territorios ancestrales o tradicionales incluye también los recursos naturales, renovables y no renovables, de uso tradicional o no, del suelo o subsuelo. Este derecho es inherente y obedece a la concepción de unidad que tienen los pueblos indígenas de sus territorios. Para ellos, tanto los elementos materiales como los elementos inmateriales están unidos y se complementan entre sí. La remoción arbitraria de uno de ellos significa el rompimiento de dicha unidad.

La legislación peruana, al momento de regular el sistema de los recursos naturales del país, ha omitido por completo la existencia del derecho inherente de los pueblos indígenas a los territorios ancestrales y sus respectivos recursos naturales.

Las Constituciones Políticas de los años 1979 y 1993 son casi idénticas en cuanto se refiere a la propiedad y manejo de todos los recursos naturales, considerados *'patrimonio de la nación'*. La diferencia entre ambas constituciones es mínima y de aspecto secundario. El Artículo 118 de la Constitución 1979 decía textualmente:

> *Los recursos naturales, renovables y no renovables, son patrimonio de la Nación. Los minerales, tierras, bosques, aguas y, en general, todos los recursos naturales y fuentes de energía, pertenecen al Estado. La ley fija las condiciones de su utilización por este y de su otorgamiento de los particulares.*

Al margen del aspecto retórico de esta norma (los recursos naturales serían patrimonio de la nación), el Estado se autoproclamaba propietario único de todos los recursos naturales (aguas, bosques, tierras, minerales, fuentes de energía, etc.), sin considerar derechos originarios de los pueblos indígenas que viven desde hace siglos en la Amazonía (también en la Sierra y Costa) y usan los recursos naturales existentes en sus territorios.

Al dictarse la Constitución 1993, el sentido de la norma constitucional anterior no cambia, salvo en la enumeración y aspectos irrelevantes; así tenemos el texto completo de su Artículo 66:

> *Los recursos naturales, renovables y no renovables, son patrimonio de la Nación. El Estado es soberano en su aprovechamiento.*
>
> *Por ley orgánica se fijan las condiciones de su utilización y de su otorgamiento a particulares. La concesión otorga a su titular un derecho real, sujeto a dicha norma legal.*

Esta norma reemplaza el término de *'pertenecen'* al Estado por el de *'soberanía'* del Estado, para decir lo mismo: el Estado es el único propietario con facultades de disposición en el aprovechamiento de todos los recursos naturales existentes incluso en territorios de pueblos indígenas. Sólo él regulará, mediante ley, la forma, plazos y demás condiciones de su aprovechamiento; igualmente, sólo él decidirá el otorgamiento de licencias y adjudicaciones a particulares para su explotación comercial.

Algunos constitucionalistas peruanos, como Bernales, señalan que el aprovechamiento de los recursos naturales debería estar al beneficio de las personas individuales y de los colectivos y que la *'soberanía'* a que hace mención la norma sería *"una manera de expresar que nadie sino el gobierno que ejercite el poder, podrá establecer las condiciones en que ello se lleve a cabo. Ningún otro poder o institución tendrá legitimidad para hacerlo"*[199]. Es decir, incluso los pueblos indígenas, quienes son los propietarios legítimos de los recursos naturales existentes en sus territorios ancestrales, estarían impedidos de disponer libremente de sus recursos naturales y vedados de su aprovechamiento y manejo.

El Estado, premunido de derechos *'soberanos'* sobre los recursos naturales, renovables y no renovables, no ha renunciado al afán de colonizar la Amazonía con fines de aprovechamiento comercial. La norma contenida en el Artículo 69 de la Constitución 1993 revela lo siguiente:

> *El Estado promueve el desarrollo sostenible de la Amazonía con una legislación adecuada.*

Bajo la justificación del *'desarrollo sostenible'*, el Estado peruano viene ejecutando proyectos de explotación de recursos naturales de la Amazonía, sin mirar ni respetar la existencia de pueblos originarios o indígenas, dueños de los territorios ancestrales de donde se extraen los recursos comerciables.

---

199 BERNALES, 1996: p. 326

Para adecuar la legislación ordinaria a las normas constitucionales arriba mencionadas, durante el gobierno del ex-dictador de Perú, Alberto Fujimori, se dio la Ley 26821(Ley de Recursos Naturales)[200] con el objeto de promocionar y regular el aprovechamiento sostenible de los recursos naturales, renovables y no renovables. Veamos lo que nos dice su Artículo 3:

> *Se consideran recursos naturales a todo componente de la naturaleza, susceptible de ser aprovechado por el ser humano para la satisfacción de sus necesidades y que tengan un valor actual o potencial en el mercado, tales como: a) aguas: superficiales y subterráneas; b) el suelo y las tierras por su capacidad de uso mayor: agrícolas, pecuarias, forestales y de protección; c) la diversidad biológica: como las especies de flora, de la fauna y de los microorganismos o protistos; los recursos genéticos, y los ecosistemas que dan soporte a la vida; d) los recursos hidrocarburíferos, hidroenergéticos, eólicos, solares, geotérmicos y similares; e) la atmósfera y el espectro radioeléctrico; f) los minerales; g) los demás considerados como tales.*
>
> *El paisaje natural, en tanto sea objeto de aprovechamiento económico, es considerado recurso natural para efectos de la presente Ley.*

El verdadero objetivo de esta ley ha sido el fomento de las inversiones privadas en la explotación de los recursos naturales de todo el país. Para ello esta norma ha hecho una lista larga de los recursos considerados comerciables, es decir objetos de valor monetario y de comercio en el mercado libre.

Como el Estado se considera también propietario de los recursos naturales existentes en territorios indígenas, él ha dispuesto que las comunidades nativas (y campesinas), las mismas que no vienen a ser sino organizaciones creadas por ley con derecho a una parcela de tierra agropecuaria, '*pueden*' seguir utilizando los recursos naturales existentes en las áreas aledañas a sus tierras comunales, es decir en sus propios territorios ancestrales. El Artículo 17 de la Ley de Recursos Naturales precisa:

> *Los habitantes de una zona geográfica, especialmente los miembros de las comunidades campesinas y nativas, pueden beneficiarse, gratuitamente y sin exclusividad, de los recursos naturales de libre acceso del entorno adyacente a sus tierras, para satisfacer sus necesidades de subsistencia y usos rituales, siempre que no existan derechos exclusivos o excluyentes de terceros o reserva del Estado. Las modalidades ancestrales de uso de los recursos naturales son reconocidas, siempre que no contravengan las normas sobre protección del ambiente.*
>
> *El beneficio sin exclusividad no puede ser opuesto a terceros, inscrito, ni reivindicado. Termina cuando el Estado otorga los recursos naturales materia del beneficio. El entorno*

200 Ley 26821, Ley Orgánica para el aprovechamiento sostenible de los recursos naturales, promulgada el 25 de junio de 1997

a que se refiere el párrafo precedente abarca los recursos naturales que puedan encontrarse en el suelo y subsuelo y los demás necesarios para la subsistencia o usos rituales.

Es decir, excepcionalmente, siempre y cuando no se haya otorgado el derecho de explotación a terceras personas, el Estado permite a los miembros de las comunidades nativas y campesinas a beneficiarse de los recursos naturales de libre acceso ubicados en suelo y subsuelo adyacentes a sus tierras, pero sólo con fines de subsistencia y usos rituales.

Hay que recordar que a partir del establecimiento de comunidades nativas, los territorios ancestrales se han ido desintegrando legalmente en parcelas de tierras llamadas tierras comunales, quedando a disposición del Estado, en la mayoría de los casos, los bosques, lagos, lagunas, ríos, montañas y otros lugares importantes y valiosos de posesión ancestral de los pueblos indígenas.

Un panorama más grave nos ofrece el Artículo 18 de La Ley de Recursos Naturales, el mismo que delata la verdadera intención del Estado de extinguir el derecho de los pueblos indígenas, organizados en comunidades, sobre los recursos naturales existentes en sus territorios:

Las comunidades campesinas y nativas tienen preferencia en el aprovechamiento sostenible de los recursos naturales de sus tierras, debidamente tituladas, salvo expresa reserva del Estado o derechos exclusivos o excluyentes de terceros.

Es decir, las comunidades nativas (o campesinas) tendrían un supuesto *'derecho preferente'* en el disfrute de los recursos naturales existentes en sus tierras comunales. Pero, mayor preferencia tendrá tanto el Estado como los terceros dedicados a la extracción de recursos naturales cuyos derechos son reconocidos como exclusivos o excluyentes. De esta manera, incluso las comunidades nativas, reconocidas legalmente, habrán perdido todo derecho de propiedad sobre sus recursos naturales. Ni hablar del destino de los recursos naturales existentes en territorios no comprendidos en los títulos comunales ni en los de los pueblos indígenas que no han podido agruparse en comunidades. Esta es una muestra de cómo el Estado despoja a los pueblos indígenas de los recursos naturales existentes en sus territorios ancestrales o tradicionales.

Finalmente, la nueva Ley Forestal y de Fauna Silvestre[201] (Ley Forestal), la misma que tiene la finalidad de promover la conservación, protección, incremento y uso sostenible del patrimonio forestal y de fauna silvestre del territorio estatal, siguiendo el concepto de soberanía nacional, ha declarado el dominio eminente del Estado sobre los recursos forestales y animales silvestres existentes

201 Ley 29763, Ley Forestal y de Fauna Silvestre, promulgada el 22 de julio del 2011

en todo el país, inclusive en territorio de pueblos indígenas, tal como se aprecia del Artículo II (8):

> *El Estado ejerce el dominio eminencial sobre los recursos del patrimonio forestal y de fauna silvestre de la Nación, así como sobre los frutos y productos en tanto no hayan sido legalmente obtenidos.*

Esta ley, que no ha sido consultada debidamente a los pueblos indígenas del país, reconoce un derecho totalmente reducido a las comunidades nativas (y campesinas). Se trata de la supuesta exclusividad sobre el uso y aprovechamiento, sólo al interior de las tierras comunales y tierras cedidas en uso, de los bienes y servicios de los ecosistemas forestales y otros ecosistemas de vegetación silvestre[202]. Las comunidades están obligadas a solicitar un permiso especial ante autoridades estatales (Artículo 66) para tener acceso a los recursos forestales[203] y de fauna silvestre[204] existentes en dichas áreas (tierras comunales y tierras cedidas en uso), las mismas que no vienen a ser sino parte de sus territorios ancestrales. En caso de encontrarse tierras forestales al interior de las tierras comunales, el Estado les cederá en uso, es decir reconocerá el derecho real exclusivo, indefinido y no transferible sobre ellas a fin de, según su Artículo 76, asegurar los usos tradicionales y sistemas de vida. Esta norma demuestra una vez más que el sistema de propiedad comunal no ofrece ninguna garantía en la protección del derecho de propiedad de los pueblos indígenas sobre sus territorios ancestrales o tradicionales y recursos naturales.

---

202 Según el Artículo 7 de la Ley Forestal, los servicios de los ecosistemas forestales, de otros ecosistemas de vegetación silvestre y de fauna silvestre son aquellos derivados de las funciones ecológicas y evolutivas de tales ecosistemas y de los flujos de materia, energía e información del patrimonio forestal y de fauna silvestre de la Nación

203 Los recursos forestales, de acuerdo al Artículo 5 de la Ley Forestal, están compuestos por los bosques naturales, plantaciones forestales, tierras cuya capacidad de uso mayor sea forestal y para protección, con o sin cobertura de árboles y otros componentes silvestres de flora.

204 El Artículo 6 de la Ley Forestal califica como recursos de fauna silvestre a las especies animales no domesticadas, nativas o exóticas que viven libremente en el territorio nacional

5. Actividades de hidrocarburos en territorios de pueblos amazónicos

5.1. Apertura de la economía peruana al mercado libre

Durante el gobierno dictatorial de Alberto Fujimori (1990-2000) se produjeron cambios considerables en el sistema económico del país. El Congreso Constituyente Democrático, instalado luego del golpe de Estado (1992) y compuesto, ante todo, por miembros fujimoristas, aprobó la Constitución 1993[205]. Esta constitución es calificada como una norma confusa, dispar, ambivalente y plagada de errores técnico-jurídicos[206], además de estar guiada por una corriente neoliberal y de libre mercado.

A fin de maquillar la verdadera filosofía política neoliberal, donde prima el interés individual, la libertad económica y el papel restringido del Estado, dicha constitución, al igual que su antecesora de 1979, declara que la economía de Perú está regida por la llamada *'economía social de mercado'*, tal como prevé su Artículo 58:

> *La iniciativa privada es libre. Se ejerce en una economía social de mercado. Bajo este régimen, el Estado orienta el desarrollo del país, y actúa principalmente en las áreas de promoción del empleo, salud, educación, seguridad, servicios públicos e infraestructura.*

Se sabe que el concepto de economía social de mercado fue concebido y desarrollado por el economista alemán Alfred Müller-Armack en los años 50' del siglo pasado. Este modelo económico fue conocido, en su momento, como *'el milagro de la economía alemana'*.

Müller sostiene que el concepto de economía social de mercado no es una mezcla de los sistemas económicos denominados dirigismo económico y liberalismo, sino que es un sistema propio caracterizado por una suma de medidas que entre sí se enlazan, se complementan y se apoyan en busca de un sólo objetivo: alcanzar una economía de mercado con formación natural de precios, relaciones sanas de competencia, libertad en el desarrollo de las fuerzas creadoras tanto del trabajador como de la empresa y el aseguramiento de la justicia social.[207]

---

205 El 5 de abril de 1992 Alberto Fujimori Fujimori, luego de haber sido elegido Presidente de Perú, dio un golpe de Estado, disolviendo el Congreso y disponiendo la reorganización del Poder Judicial, del Ministerio Público y del Consejo Nacional de la Magistratura, igualmente clausuró el Tribunal de Garantías Constitucionales e intervino la Contraloría General de la República y dejó sin efecto la Constitución Política de 1979

206 BERNALES, 1996: 68

207 MÜLLER-ARMACK, Alfred, *Genealogie der Sozialen Marktwirtschaft*, Deutschland, 1981, p. 90

La idea central de este concepto, según Müller, consiste en proteger la libertad que tienen todos los que participan en el mercado de la oferta y la demanda, y a la vez cuidar del equilibrio social, basados en ideales morales. Es decir que la economía no se puede limitar al aseguramiento de la libertad individual, sino va de la mano con la justicia social.[208]

Dicha teoría habría surgido, según Müller, como la única alternativa de un mundo libre frente al socialismo marxista. En consecuencia, la economía social de mercado sería la síntesis de la economía de mercado libre y el aseguramiento o protección social, de tal forma que las fuerzas del mercado garanticen la consolidación de la protección social, y ésta por su parte garantice la capacidad de función y mantenimiento del mercado.[209]

Según Andreas Exenberg, Alfred Müller-Armack habría desarrollado el concepto del *tercer camino,* como un estilo propio de economía, situado entre el liberalismo y el dirigismo económico, y asegura que la economía social de mercado buscaría el equilibrio en el triángulo de la libertad personal, seguridad económica y social y crecimiento.[210]

Alemania, lugar donde dicha teoría se forjó y desarrolló en base a una realidad propia de sus tiempos, ni la menciona en su Constitución (Grundgesetz); sin embargo, en Perú vemos que dicho sistema de economía social de mercado se convierte en un modelo a seguir necesaria- y obligatoriamente.

El copiar o imitar sistemas económicos desarrollados en otras realidades, no siempre trae buenos resultados. Desde su introducción, como un postulado constitucional, y como dice Walter Gutiérrez, han transcurrido más de 30 años y pasado varios Gobiernos sin que ninguno de ellos haya introducido una *"auténtica economía social de mercado, ni un pleno respeto de las libertades económicas"*.[211]

---

208 MÜLLER-ARMACK, 1985: 90; textualmente dice: *"Was wir verlangen, ist eine neue Wirtschaftsordnung. Eine solche kann nie aus dem Zweckdenken und überalterten politischen Ideen allein hervorgehen, sondern bedarf der tieferen Begründung durch sittliche Ideale, welche ihr erst die innere Berechtigung verleihen. Zwei großen sittlichen Zielen fühlen wir uns verpflichtet, der Freiheit und der sozialen Gerechtigkeit"*

209 MÜLLER-ARMACK, 1985: 12, 185

210 EXENBERGER, Andreas, *Die Soziale Marktwirtschaft nach Alfred Müller-Armack,* Institut für Wirtschaftstheorie, Wirtschaftspolitik und Wirtschaftsgeschichte der Universität Innsbruck WP 97/01, Österreich, p. 4: *"Die Soziale Marktwirtschaft fungiert hingegen als irenischer (d.h. friedensstiftender) Ordnungsgedanke, der den Ausgleich in Dreieck aus persönlicher Freiheit, wirtschaftlicher und gesellschaftlicher Sicherung und Wachstum sucht"*

211 GUTIERREZ CAMACHO, Walter (director), *La Constitución Comentada,* Gaceta Jurídica, primera edición, Tomo I, Perú, 2005; p. 779

El verdadero modelo económico neoliberal adoptado por el gobierno golpista sale a la luz mediante el Artículo 59 de la Constitución 1993, donde se aprecia el rol limitado del Estado, quien hace de estimulador o promotor de iniciativas privadas en una economía de mercado:

El Estado estimula la creación de riqueza y garantiza la libertad de trabajo y la libertad de empresa, comercio e industria [...]

Es decir que toda persona privada, natural o jurídica, peruana o extranjera, tiene garantizada la libertad de fundar una empresa sea cual fuese la finalidad que tenga, salvo la ilícita, o el capital que posea; igualmente, está garantizada la libertad plena de contratación laboral, la libertad de compra y venta de bienes y servicios y de las actividades industriales en la producción de bienes. Todo regido por la oferta y la demanda.

Incluso, antes de darse la Constitución 1993, el Estado ya venía asegurando el camino del modelo económico que regiría desde entonces el país. Así tenemos por ejemplo el Artículo 2 de la Ley Marco para el Crecimiento de la Inversión Privada (Ley Marco)[212], el mismo que a la letra dice:

El Estado garantiza la libre iniciativa privada. La Economía Social de Mercado se desarrolla sobre la base de la libre competencia y el libre acceso a la actividad económica.

De esta forma, el rol del Estado ha quedado limitado a uno secundario o subsidiario: el de garantizar la libertad de empresa de los privados en todas sus facetas, sea en el campo laboral, empresarial, comercial e industrial.

El Ministerio de Energía y Minas resume, en pocas palabras, la política desarrollada desde los años 90' del siglo pasado como un *"modelo de desarrollo del Perú"*, el mismo que tendría *"como objetivo convertir al Perú en un país de propietarios"* privados, especialmente extranjeros.[213]

En consecuencia, lejos de poner en práctica el llamado modelo de economía social de mercado alemán proclamado en la constitución, los últimos gobernantes de Perú, supuestamente para salir del *'subdesarrollo'*, se han dedicado intensamente a propulsar la inversión privada extranjera, que está llevando a la economía nacional a una situación de dependencia del capital importado.

212 Decreto Legislativo 757, Ley Marco para el Crecimiento de la Inversión Privada dictada el 8 de noviembre de 1991

213 Ministerio de Energía y Minas de Perú: http://www.minem.gob.pe/descripcion.php?idSector=5&idTitular=95&idMenu=sub88&idCateg=95 (diciembre 2011)

5.2. Promoción de la inversión privada extranjera

Desde hace más de 20 años, el Estado peruano se ha volcado a la promoción intensa de las inversiones privadas, especialmente extranjeras. Para ello ha sido necesario introducir a nivel constitucional postulados que limitan su rol frente al interés privado.

La primera parte del Artículo 63 de la Constitución 1993 nos ilustra la importancia que tiene para la economía peruana la equiparación de los derechos y obligaciones de los inversionistas extranjeros con los de los peruanos, dejando así claro que las inversiones extranjeras y el comercio son libres:

> *La inversión nacional y la extranjera se sujetan a las mismas condiciones. La producción de bienes y servicios y el comercio exterior son libres [...]*

Antes de la dación de la Constitución 1993, el gobierno de Fujimori había dictado ya leyes favorables a la apertura de capitales extranjeros tales como la Ley de Fomento a la Inversión Extranjera (Ley de Inversión)[214] y la Ley Marco, vigentes hasta hoy. Del Artículo 1 de la Ley de Inversión se desprende el rol del Estado a jugar en cuanto a la promoción de inversiones extranjeras:

> *El Estado promueve y garantiza las inversiones extranjeras efectuadas y por efectuarse en el país, en todos los sectores de la actividad económica y en cualesquiera de las formas empresariales o contractuales permitidas por la legislación nacional.*

De este modo, el Estado peruano decidió abrir las puertas grandes de la economía nacional débil a la inversión extranjera, no sólo promocionándola, sino ante todo garantizándola y creando un clima legal favorable y atractivo para las empresas inversoras.

Al respecto, la Sociedad Peruana de Derecho Ambiental, ha afirmado que las políticas de gobierno de Perú *"se orientaron fuertemente a promover la atracción de un mayor flujo de capitales, a partir de la modernización de la gestión pública, la desregulación y la simplificación administrativa"*.[215]

En el primer decenio de apertura a los grandes capitales extranjeros, el Estado peruano creó todo un régimen de incentivos fiscales, estabilidad jurídica y privilegios de residencia ofrecidos a los empleados y propietarios de las empresas inversoras del extranjero. Según la Conferencia de la ONU sobre Comercio y Desarrollo, el decenio 1990-2000 habría significado para el país un gran éxito en

---

214 Decreto Legislativo 662, Ley de Fomento a la inversión Extranjera aprobada el 29 de agosto de 1991

215 Sociedad Peruana de Derecho Ambiental, *Perspectivas sobre las negociaciones del ALCA, Propiedad intelectual e inversiones*, en Derecho Ambiental N° 12, p. 10

la atracción de inversión extranjera directa, convirtiéndose "*en uno de los principales receptores a nivel mundial*"; y, siendo las principales razones de dicho éxito la privatización de las empresas estatales y el clima favorable de inversión creado por el gobierno de turno.[216]

Una muestra de medidas favorables que ofrecen un clima atractivo a los inversionistas extranjeros es el Artículo 20 de la Ley Marco, el que precisa la obligación de todo el aparato estatal de eliminar trabas administrativas que entorpezcan el desarrollo de las actividades económicas:

> *Los ministerios, instituciones y organismos públicos, y otras entidades de la Administración Pública de cualquier naturaleza, ya sean dependientes del Gobierno Central, Gobiernos Regionales o Locales, están obligados a aprobar normas legales destinadas a unificar, reducir y simplificar drásticamente todos los procedimientos y trámites administrativos que se siguen ante la respectiva entidad, conforme a lo prescrito en el presente Título.*

Simplificación administrativa no vista en otros sectores, menos en lo que respecta a los pueblos indígenas, quienes para lograr la titulación de tierras comunales tienen que salvar trabas administrativas enormes e invertir ingentes cantidades de dinero y tiempo.

La misma Ley Marco establece la simplificación de los trámites administrativos a favor de los inversionistas, así tenemos el Artículo 24:

> *Las solicitudes presentadas ante las distintas entidades de la Administración Pública, a que se refiere el Artículo 20° del presente Decreto Legislativo, se considerarán automáticamente aprobadas el mismo día de la presentación del recurso o formato correspondiente [...]*

De esta manera, el inversionista tiene el camino administrativo rápido para alcanzar sus objetivos de inversión en el país; incluso sus peticiones pueden aprobarse automáticamente el mismo día de su presentación ante autoridad estatal.

5.2.1. Acuerdos bilaterales de inversión extranjera

La promulgación de leyes favorables a la inversión extranjera y la dación de una nueva constitución política prepararon el camino para la celebración de acuerdos bilaterales de inversión extranjera.

Los diferentes gobiernos peruanos, a partir del dictador Fujimori, se han dedicado intensamente a suscribir, especialmente con países industrializados y semi-industrializados, un gran número de convenios bilaterales de protección a la inversión privada y tratados de libre comercio con cláusulas de inversión. Los

216 Conferencia de las Naciones Unidas sobre Comercio y Desarrollo, *Análisis de las Políticas de Inversiones.- Perú*, Suiza, 2000, p. 1

primeros convenios fueron firmados en 1991, cuando los peruanos vivían bajo un clima de violencia política desatada por grupos terroristas y arremetida por las fuerzas armadas y policiales del Estado, y el país estaba sumido en una crisis social, política y económica interna.

De fuente oficial (Ministerios de Economía y Finanzas y de Comercio Exterior y Turismo)[217] y de la Conferencia de las Naciones Unidas para el Comercio y Desarrollo[218], se sabe que Perú ha firmado 29 convenios de promoción y protección recíproca de inversiones y 13 tratados de libre comercio (TLC) con cláusulas de inversión. En algunos casos, como se aprecia del siguiente cuadro, el Estado ha firmado ambos documentos con un mismo país. Liechtenstein, Suiza, Islandia y Noruega han firmado un sólo tratado de libre de comercio (AELC) con cláusulas de inversión. En algunos casos (Chile, Corea y Singapur) los convenios han sido sustituidos por los TLC con cláusulas de inversión:

Cuadro 4. Acuerdos bilaterales de promoción y protección recíproca de inversiones suscritos por Perú			
N°	**País**	**Fecha de suscripción**	**Fecha de entrada en vigor**
1	Alemania	30.01.1995	01.05.1997
2	Argentina	10.11.1994	24.10.1996
3	Australia	07.12.1995	02.02.1997
4	Bolivia	30.07.1993	19.03.1995
5	Canadá**	14.11.2006 (TLC: 29.05.2008)	20.06.2007 (TLC: 01.08.2009)
6	Chile*	22.08.2006	01.03.2009
7	Colombia	11.12.2007	30.12.2010
8	Costa Rica*	21.05.2011	01.06.2013
9	Cuba	10.10.2000	25.11.2001
10	Dinamarca	23.11.1994	17.02.1995
11	Ecuador	07.04.1999	09.12.1999
12	El Salvador	13.06.1996	15.12.1996
13	España	17.11.1994	16.02.1996
14	Estados Unidos*	12.04.2006	01.02.2009

217 Ministerio de Economía y Finanzas y Ministerio de Comercio Exterior y Turismo: http://mef.gob.pe/index.php?option=com_content&view=article&id=343&Itemid=100911&lang=es y http://www.acuerdoscomerciales.gob.pe/ (febrero 2014)

218 Conferencia de las Naciones Unidas para el Comercio y Desarrollo (UNCTAD, siglas en inglés): http://investmentpolicyhub.unctad.org/IIA/CountryBits/165#iiaInnerMenu (mayo 2015)

15	Finlandia	02.05.1995	14.06.1996
16	Francia	06.10.1993	30.05.1996
17	Islandia*	14.07.2010	01.07.2011
18	Italia	05.05.1994	18.10.1995
19	Japón	22.11.2008	10.12.2009
20	Liechtenstein*	14.07.2010	01.07.2011
21	Malasia	13.10.1995	25.12.1995
22	México*	06.04.2011	01.01.2012
23	Noruega**	10.03.1995 (TLC: 14.07.2010)	05.05.1995 (TLC: 01.07.2011)
24	Países Bajos	27.12.1994	01.02.1996
25	Panamá*	25.05.2011	01.05.2012
26	Paraguay	01.02.1994	18.12.1994
27	Portugal	22.11.1994	18.10.1995
28	Reino Unido	04.10.1993	21.04.1994
29	República Checa	16.03.1994	06.03.1995
30	República de Corea*	14.11.2010	01.08.2011
31	República P. China**	09.06.1994 (TLC: 28.04.2009)	01.02.1995 (TLC: 01.03.2010)
32	Rumanía	16.05.1994	01.01.1995
33	Singapur*	29.05.2008	01.08.2009
34	Suecia	03.05.1994	01.08.1994
35	Suiza**	22.11.1991(TLC: 14.07.2010)	23.11.1993 (TLC: 01.07.2011)
36	Tailandia	15.11.1991	15.11.1993
37	Unión Económica Bélgica - Luxemburgo	12.10.2005	11.09.2008
38	Venezuela	12.01.1996	18.09.1997

*Tratados de Libre Comercio con cláusulas de inversión; **Tratados de Libre Comercio con cláusulas de inversión y Convenios Bilaterales de Inversión.

Algunos acuerdos (Marruecos, India o Rusia) están en proceso de negociación y otros esperan su ratificación (Guatemala).

5.2.2. Tendencia internacional para la promoción y protección de inversiones extranjeras

A nivel internacional, la protección de las inversiones extranjeras tiene su origen en actuaciones abusivas de Estados, traducidas en expropiación de empresas, detención ilegal de sus propietarios, malos tratos, abuso policial, muerte, etc. Hoy en día, como señala Lucke Peterson, la *"inversión extranjera está controlada por un mosaico rígido y altamente descentralizado de tratados bilaterales de inversión"*.[219]

Los tratados bilaterales de inversión extranjera nacieron en la década de los años 1950 para brindar protección a los inversores extranjeros frente al abuso de gobiernos de los Estados anfitriones, siendo Alemania uno de los primeros países en firmar un tratado de este tipo en 1959 con el gobierno de Pakistán.[220]

Hasta mediados del 2008 se han registrado mundialmente 2,619 tratados bilaterales de inversión suscritos por aproximadamente 179 países, así como 2,759 tratados de doble tributación, 259 tratados de libre comercio y otros acuerdos que contenían cláusulas de protección a la inversión. Entre los países con mayor número de acuerdos están Alemania, China, Suiza, Reino Unido, Egipto, Italia, Francia, Países Bajos, entre otros.[221]

Tal como precisan Rudolf Dolzer y Christoph Schreuer, el objetivo y el propósito por los que se firman acuerdos o tratados de inversión extranjera están ligados ante todo a los beneficios económicos que significan para el Estado y el inversor[222]. Para ello debe desarrollarse todo un programa de promoción a la inversión extranjera en el país que recibe el capital; debiendo el Estado remover obstáculos de todo tipo para facilitar y permitir la inversión al interior de sus fronteras.

Los mismos autores sostienen que en la suscripción de los acuerdos bilaterales de inversión los Estados que importan el capital, a través de sus inversores, *"have formulated a model treaty for their own purpose, and they have presented this informal document to the capital-importing states at the beginning of the negotiations"*[223], dejando muy poco espacio de negociación a los países receptores de capital extranjero.

La inversión extranjera a nivel internacional se ha cuadruplicado entre los años 1990 y 2000, elevándose incluso el número de acuerdos bilaterales de

---

219 PETERSON, Luke Eric, *Derechos humanos y tratados bilaterales de inversión.- Panorama del papel de la legislación de derechos humanos en el arbitraje entre inversores y Estados*, Canadá, 2009, p. 11

220 PETERSON, 2009: 12

221 TD/B/C.II/MEM.3/2-2 de diciembre de 2008, de la Conferencia de las Naciones Unidas sobre Comercio y Desarrollo (UNCTAD), Junta de Comercio y Desarrollo, Comisión de la Inversión, la Empresa y el Desarrollo, *La dimensión de desarrollo de los acuerdos internacionales de inversión*, Suiza, 2009, p. 3: http://unctad.org/es/Docs/ciimem3d2_sp.pd (abril 2015)

222 DOLZER, Rudolf and SCHREUER, Christoph, *Principles of international investment law*, United States of America, 2008, p. 22

223 DOLZER, 2008: 8,9

inversión de 500 (en 1990) a 2,000 (en el año 2000)[224]. Esta tendencia no fue ajena en territorio peruano (cuadro 4).

5.2.3. Definición y áreas de inversión privada extranjera

Para la doctrina internacional, el término de inversión está definido por los acuerdos bilaterales suscritos por los Estados. Según Dolzer y Schreuer, la palabra inversión engloba la frase tradicional compuesta por *"propiedad, derechos e intereses"* contenida en los tratados tradicionales (como los tratados de "Friendship, Commerce, and Navigation" negociados por Estados Unidos y Europa) y en documentos de derechos humanos.[225]

La palabra inversión como término tiene su origen en el campo económico internacional, pero que se ha introducido y definido sin ninguna dificultad en los acuerdos bilaterales de inversión modernos.[226]

Dentro de los tipos de inversión existentes, según Dolzer y Schreuer, la inversión directa es la más importante y se caracteriza por los siguientes elementos: a) la transferencia de fondos; b) la existencia de un proyecto a largo plazo; c) el propósito de contar con ganancias regulares; d) la participación de la persona que transfiere los fondos en la administración del proyecto; y e) los riesgos de negocios. Estos elementos diferencian a la inversión directa de la inversión de portafolio o de transacciones financieras de corto plazo o de transacciones ordinarias de venta de bienes y servicios.[227]

Para la legislación peruana la inversión extranjera es definida por el Artículo 1, segundo párrafo, de la Ley de Inversión, bajo los siguientes términos:

> *Para estos efectos, serán consideradas como inversiones extranjeras las inversiones provenientes del exterior que se realicen en actividades económicas generadoras de renta bajo cualquiera de las siguientes modalidades [...]*

En cuanto a las modalidades previstas por la citada Ley de Inversión sólo haremos mención a las que tienen relevancia para fines de esta investigación: a) aportes de propiedad de personas naturales o jurídicas extranjeras al capital de una empresa nueva o existente en el país, en moneda libremente convertible o en bienes físicos o tangibles, tales como plantas industriales, máquinas nuevas y reacondicionadas, equipos nuevos y reacondicionados, repuestos, piezas y partes, materias primas y productos intermedios; b) inversiones en moneda nacional provenientes

224 DOLZER, 2008: 1
225 DOLZER, 2008: 60
226 DOLZER, 2008: 60
227 DOLZER, 2008: 60

de recursos con derecho a ser remitidos al exterior; c) las inversiones en bienes ubicados físicamente en el territorio de la República; d) cualquier otra modalidad de inversión extranjera que contribuya al desarrollo del país.

Los acuerdos bilaterales suscritos por Perú han definido al detalle el término de inversión. La definición de inversión contenida en dichos acuerdos es similar y veremos sólo algunos ejemplos en los cuadros que a continuación presentamos.

El siguiente cuadro nos muestra la definición de inversión asumida por los convenios de promoción y protección de inversiones recíprocas (convenios de inversión), firmadas con Suiza y China:

Cuadro 5. Definición de inversiones en convenios de inversión	
Convenio de Promoción y Protección de Inversiones firmado con Suiza[228]	**Convenio de Promoción y Protección de Inversiones firmado con China**
*Artículo 1.- Definiciones: Para los efectos del presente Convenio: (2) El término "**inversiones**" incluye toda clase de activos, y en particular:* *a) la propiedad de bienes muebles e inmuebles y demás derechos reales, tales como servidumbres, hipotecas, prendas inmobiliarias y mobiliarias;* *b) acciones, cuotas sociales o cualquier otra forma de participación en sociedades;* *c) acreencias monetarias o derechos a toda prestación con valor económico;* *d) derechos de autor, derechos de propiedad industrial (tales como patentes, modelos de utilidad, modelos o diseños industriales, marcas de fábrica o de comercio, marcas de servicio, nombres comerciales o denominaciones de origen), transferencias de conocimientos (know how) y de valor llave (goodwill);* *e) concesiones de derecho público, incluyendo las concesiones de prospección, extracción o explotación de recursos naturales, así como todo otro derecho conferido por ley, contrato o decisión de la autoridad, de acuerdo a ley."*	*Artículo 1.- Para los fines del presente Convenio:* *1.- El término "**inversión**" significa todo tipo de activo invertido por los inversionistas de una Parte Contratante de conformidad con las leyes y reglamentos de la otra Parte Contratante en el territorio de esta última, y en particular, aunque no exclusivamente, incluye:* *a) Bienes muebles, inmuebles y otros derechos reales tales como hipotecas y prendas;* *b) Acciones, capital y cualquier otra clase de participación en compañías;* *c). Derechos sobre dinero o cualquier otra obligación que tenga valor económico;* *e). Concesiones conferidas mediante ley o bajo contrato, incluyendo concesiones para la prospección o explotación de recursos naturales.*

228 A pocos meses de promulgada la Ley de Inversión, Perú y Suiza firmaban uno de los primeros convenios de inversión (22 de noviembre de 1991)

La definición legal de inversión contenida en la Ley de Inversión no se diferencia de la de los convenios firmados posteriormente.

El Artículo 1 del convenio de inversión firmado con la República Popular China[229] ha obviado un inciso d). Esta omisión fue salvada con el tratado de libre comerciofirmado en 2009[230]. Este TLC, como otros, contiene un capítulo relacionado a las inversiones privadas. Su Artículo 126 define las inversiones de la siguiente manera:

> *Para efectos de este Capítulo:* ***inversión*** *significa todo tipo de activo invertido por inversionistas de una Parte de conformidad con las leyes y regulaciones de la otra Parte en el territorio de esta última, y en particular, aunque no exclusivamente, incluye:(...) d). derechos de propiedad intelectual, en particular derechos de autor, patentes, marcas registradas, nombres comerciales, know-how y procesos tecnológicos, así como good-will; e). concesiones conferidas mediante ley o bajo contrato, incluyendo concesiones para la búsqueda, el cultivo, la extracción o la explotación de recursos naturales.*

Aquí se resalta el contenido del punto e) tanto de los convenios de inversión del cuadro 5, como del Artículo 126 del TLC con China. Ellos nos indican que la definición de inversión también incluye las concesiones otorgadas para la extracción de recursos naturales en territorio de los Estados contratantes. Para ser más precisos, la inversión extranjera cubre ante todo concesiones o licencias para la exploración o búsqueda, explotación, cultivo, extracción, etc., de recursos naturales (renovables y no renovables) existentes en territorio peruano.

Los tratados de libre comercio firmados con algunos países como Canadá, Chile, Estados Unidos de Norte América, Corea del Sur, Suiza, entre otros, contienen capítulos especiales dedicados al tema de la promoción y protección de inversiones e inversionistas. A continuación reproducimos la definición de inversión contenida en los acuerdos de libre comercio firmados con Estados Unidos[231] y Canadá[232] en los años 2006 y 2009, respectivamente:

---

229 Convenio entre el Gobierno de la República del Perú y el Gobierno de la República Popular China sobre Promoción y Protección Recíproca de Inversiones, suscrito el 9 de junio de 1994

230 Tratado de Libre Comercio suscrito entre el Gobierno de la República del Perú y el Gobierno de la República Popular China el día 28 de abril del 2009

231 Tratado de Libre Comercio suscrito entre el Gobierno de la República del Perú y Estados Unidos con fecha 12 de abril del 2006

232 Tratado de Libre Comercio suscrito entre Canadá y la República del Perú con fecha 29 de mayo del 2008 y ratificado mediante Decreto Supremo 044-2009-RE del 30 de julio del 2009

Cuadro 6. Definición de inversiones en tratados de libre comercio suscritos por Perú	
TLC con Estados Unidos de Norte América.- Capítulo Diez sobre Inversiones, Sección C	**TLC con Canadá.- Capítulo Ocho sobre Inversiones, Sección C**
Artículo 10.28: Definiciones. Para los efectos de este Capítulo: *(…)* ***inversión*** *significa todo activo de propiedad de un inversionista o controlado por el mismo, directa o indirectamente, que tenga las características de una inversión, incluyendo características tales como el compromiso de capitales u otros recursos, la expectativa de obtener ganancias o utilidades, o la asunción de riesgo. Las formas que puede adoptar una inversión incluyen:* *(a) una empresa;* *(b) acciones, capital y otras formas de participación en el patrimonio de una empresa;* *(c) bonos, obligaciones, otros instrumentos de deuda y préstamos;* *(d) futuros, opciones y otros derivados;* *(e) contratos de llave en mano, de construcción, de gestión, de producción, de concesión, de participación en los ingresos y otros contratos similares;* *(f) derechos de propiedad intelectual;* *(g) licencias, autorizaciones, permisos y derechos similares otorgados de conformidad con la legislación interna; y* *(h) otros derechos de propiedad tangibles o intangibles, muebles o inmuebles y los derechos relacionados con la propiedad, tales como arrendamientos, hipotecas, gravámenes y garantías en prenda;*	*Artículo 847.- Definiciones: Para fines del presente Capítulo* ***inversión*** *significa:* *a) una empresa;* *b) acciones de capital de una empresa;* *c) instrumentos de deuda de una empresa: (i) cuando la empresa es una filial del inversionista, o (ii) cuando la fecha de vencimiento original del instrumento de deuda sea por lo menos de tres años, pero no incluye un instrumento de deuda de una empresa estatal, independientemente de la fecha original de vencimiento;* *(d) un préstamo a una empresa: (i) cuando la empresa es una filial del inversionista, o (ii) cuando la fecha de vencimiento original del préstamo sea por lo menos de tres años, pero no incluye un préstamo a una empresa estatal, independientemente de la fecha original de vencimiento;* *(e) una participación en una empresa, que le permita al propietario participar en los ingresos o en las utilidades de la empresa;* *(f) una participación en una empresa que otorgue derecho al propietario para participar en los activos de esa empresa en liquidación, siempre que éste no sea un instrumento de deuda o un préstamo excluido de los subpárrafos (c) o (d);* *(g) bienes raíces u otra propiedad, tangibles o intangibles, adquiridos o utilizados con el propósito de obtener un beneficio económico o para otros fines empresariales; y* *(h) la participación que resulte del compromiso de capital u otros recursos en el territorio de una Parte para el desarrollo de una actividad económica en el territorio de dicha Parte, tales como los siguientes: (i) contratos que involucran la presencia de la propiedad de un inversionista en territorio de la Parte, incluidos, los contratos de llave en mano o de construcción, o las concesiones, o (ii) contratos donde la remuneración depende sustancialmente de la producción, ingresos o ganancias de una empresa;*

Ambos TLC introducen a la *'empresa'* como una forma de inversión, definiéndola en sus Artículos 1.3 y 105, respectivamente:

> *[...] **empresa** significa cualquier entidad constituida u organizada conforme a la legislación aplicable, tenga o no fines de lucro y sea de propiedad privada o gubernamental, incluidas cualesquier sociedad, fideicomiso, participación, empresa de propietario único, empresa conjunta u otra asociación.*

De acuerdo a dichos TLC, el término de inversión no se limita a las inversiones privadas, sino se amplía de modo explícito a la inversión pública; es decir, la inversión de los mismos Estados contratantes.

A diferencia de los convenios de inversión, los capítulos especiales de los TLC, sobre promoción y protección de inversiones, comprenden de modo genérico a las concesiones como una forma de inversión. Véase puntos e) y h), respectivamente, del cuadro 6.

Sin embargo, donde se especifica el tema de inversiones en materia prima (recursos naturales) e infraestructura (construcción de oleoductos, presas, etc.) es cuando se define, en el caso de Estados Unidos, el tema del acuerdo de inversión. Veamos la primera parte del mismo Artículo 10.28:

> *[...] **acuerdo de inversión** significa un acuerdo escrito entre una autoridad nacional de una Parte y una inversión cubierta o un inversionista de otra Parte, en virtud del cual la inversión cubierta o el inversionista se basa para establecer o adquirir una inversión cubierta diferente al acuerdo escrito en sí mismo, que otorga derechos a la inversión cubierta o al inversionista:*
>
> *a) respecto a los recursos naturales que una autoridad nacional controla, como para su explotación, extracción, refinamiento, transporte, distribución o venta;*
>
> *b) para proveer servicios al público en representación de la Parte, como generación o distribución de energía, tratamiento o distribución de agua o telecomunicaciones; o*
>
> *c) para realizar proyectos de infraestructura, tales como construcción de vías, puentes, canales, presas u oleoductos o gasoductos que no sean de uso y beneficio exclusivo o predominante del gobierno;*

En consecuencia, la definición de inversión será la que los Estados acuerden en los tratados o convenios que firmen para la inversión en sus respectivos países. La lista de formas de inversión incluida en ellos no es definitiva ni excluyente, sino que, como dice Javier Tovar, *"pueden existir inversiones que no se realicen a través de una de las formas expresamente enunciadas"* en los acuerdos bilaterales.[233]

---

233 TOVAR GIL, Javier, *Régimen aplicable a las inversiones*; en CANTUARIAS SALAVERRY, Fernando y LÓPEZ RAYGADA, Pierino S. (editores), *TLC*

5.2.3.1. El inversionista extranjero

En principio, como dicen Dolzer y Schreuer, el derecho internacional de inversiones está diseñado para promocionar y proteger a los inversores o inversionistas privados extranjeros[234] y conforme a los tratados bilaterales firmados entre los Estados; pero, no está excluida la protección de las inversiones comerciales hechas por una empresa estatal o una organización no comercial.

En la mayoría de los casos, los inversores son compañías, es decir personas jurídicas, cuyo plan es invertir primero una parte sustancial de su capital en proyectos lucrativos con la esperanza de recuperar, posteriormente, lo invertido más las ganancias previstas. Para determinar si una inversión es extranjera o no dependerá de la nacionalidad del inversor.[235]

La tendencia de los convenios de inversión suscritos por Perú es ante todo la protección de los inversores extranjeros del sector privado, sean personas naturales o jurídicas. Así tenemos la definición de inversionista contenida en el Artículo 1 (3) del convenio de inversiones firmado con Finlandia[236]:

> *El término "**inversionista**" significa: A) Cualquier persona natural que sea nacional de una parte contratante de conformidad con sus leyes; y B) Cualquier persona jurídica, sociedad u otra organización constituida de conformidad con las leyes y reglamentaciones de una Parte Contratante y que tenga su sede en el territorio de esa Parte Contratante.*

Esta definición caracteriza, con algunas variaciones secundarias, a todos los convenios de inversión suscritos por Perú.

En cambio, los TLC con cláusulas de inversión, suscritos por ejemplo con Canadá y Estados Unidos, definen a los inversores de modo más amplio, comprendiendo no sólo a personas privadas, sino también a los mismos Estados, quienes invierten en territorio de la otra parte. Veamos el contenido del Artículo 847 del TLC suscrito con Canadá:

> *[...] **inversionista de una Parte** significa: a) en el caso de Canadá: i) Canadá o una empresa estatal de Canadá, o ii) un nacional o una empresa del Canadá, que intenta realizar, está realizando o ha realizado una inversión; una persona natural con doble nacionalidad será considerada nacional exclusivamente del Estado de su nacionalidad dominante y efectiva [...]*

Peru- Estados Unidos: contenido y aplicación, Universidad Peruana de Ciencias Aplicadas, Perú, 2008, pp. 237ss

234 DOLZER, 2008: 46

235 DOLZER, 2008: 3, 4, 46

236 Convenio entre el Gobierno de la República del Perú y el Gobierno de la República de Finlandia sobre Promoción y Protección de Inversiones, vigente a partir del 14 de junio de 1996

De esta manera se amplía la definición de inversionista comprendiendo no sólo a personas privadas, naturales o jurídicas, sino también a los Estados y sus empresas.

5.2.3.2. Garantías estándares de protección contenidas en los acuerdos bilaterales

En todos los acuerdos bilaterales de inversión firmados por Perú se han incluido principios estándares internacionales como el de la no discriminación, prohibición de expropiación, libertad de transferencias, entre otros, para proteger las inversiones extranjeras. Destacaremos los más importantes por tener vínculo con esta parte del estudio:

a. **Trato nacional**.- consiste en la obligación de cada Estado contratante de dar a las inversiones e inversionistas de la otra parte un trato no menos favorable que el que se concede a los propios.

En cuanto a este principio, Dolzer y Schreuer sostienen que el tema pertenece al repertorio estándar de los tratados bilaterales de inversión y que significa que el Estado anfitrión está en la obligación de no hacer diferencias negativas entre los inversionistas nacionales y extranjeros[237] que perjudiquen a estos últimos.

La misma Ley de Inversiones de Perú ha recogido este principio en su Artículo 2 con el siguiente texto:

> *Los inversionistas extranjeros y las empresas en las que éstos participan tienen los mismos derechos y obligaciones que los inversionistas y empresas nacionales, sin más excepciones que las que establecen la Constitución Política del Perú y las disposiciones del presente Decreto Legislativo.*

Los convenios de inversión recogen este principio, tal como apreciamos del Artículo 3 (2) del convenio suscrito con Suiza:

> *Cada Parte Contratante garantizará un tratamiento justo y equitativo para las inversiones efectuadas en su territorio por inversionistas de la otra Parte Contratante. Este tratamiento no será menos favorable que el otorgado por cada Parte Contratante a las inversiones efectuadas en su territorio por sus propios inversionistas [...]*

b. **Limitación del derecho de expropiar.**- según este principio no se puede expropiar o nacionalizar una inversión, salvo por causas de necesidad pública y con la debida indemnización.

En principio, según Dolzer y Schreuer, de acuerdo a la noción de soberanía territorial en el ámbito del derecho internacional, los Estados tienen

237 DOLZER, 2008: 178

el derecho de expropiar propiedades extranjeras[238], y que los acuerdos bilaterales de inversión se refieren sólo a las condiciones y consecuencias de la expropiación.

El Artículo 812 (1) del TLC firmado con Canadá recoge el principio en comentario:

> *Ninguna de las partes podrá nacionalizar o expropiar una inversión cubierta, sea directa o indirectamente, mediante medidas que tengan un efecto equivalente a la nacionalización o expropiación [...], salvo por propósito público, de conformidad con el debido proceso, de una manera no discriminatoria y mediante una indemnización pronta, adecuada y efectiva.*

Es decir que uno de los Estados parte puede expropiar las inversiones extranjeras en determinadas condiciones: 1) por razones de interés público; 2) que la expropiación no sea discriminatoria; y 3) que el Estado pague la indemnización correspondiente.

La Organización de Cooperación y Desarrollo Económicos (OCDE), de la cual Perú no forma parte, pero sí la gran mayoría de los países[239] con quienes ha firmado los acuerdos bilaterales de inversión, sostiene que la compensación en caso de expropiación es una necesidad incontestable y que la decisión de los gobiernos que expropian terrenos u otro bien invertido, debe estar debidamente *"motivada por fines públicos"*; es decir, se debe basar en *"los objetivos legítimos del bienestar público, como la salud, la seguridad y el entorno público"*.[240]

c. **Libertad de transferencia de fondos.**- de acuerdo a este principio, el Estado parte está en la obligación de permitir la transferencia libre del capital, ganancias, dividendos, intereses, pagos por regalías, etc., desde su territorio y hacia su territorio, salvo casos de quiebra, insolvencia, infracciones penales, etc.

Dicha transferencia no requiere autorización alguna del gobierno nacional. Lo típico es que los inversores importan sus capitales al país receptor para iniciar con la producción o expandir sus negocios y que la repatriación de los mismos y las ganancias a su país de origen, o a otro tercero, es el propósito principal de la inversión extranjera. Frente a ello, afirman Dolzer y Schreuer,

---

238 DOLZER, 2008: 89

239 La OCDE tiene como miembros a 34 países entre los que se destacan Alemania, Austria, Bélgica, Canadá, Dinamarca, España, Estados Unidos, Francia, Noruega, Países Bajos, Portugal, Reino Unido, Suecia, Suiza, Japón, Finlandia, Australia, Nueva Zelanda, México, República de Corea, Chile, Israel, entre otros

240 Organización de Cooperación y Desarrollo Económicos (OCDE), *Marco de Acción para la Inversión*, Francia, 2006, p. 30

el Estado receptor de capitales debería controlar y monitorear dichas transferencias y evitar que éstas lleven a la inestabilidad financiera doméstica.[241]

La libertad de transferencia de fondos está prevista tanto en los convenios de inversión, como en los TLC con cláusulas de inversión, tal como apreciamos del Artículo 10.8 (1) del Capítulo 10 del TLC firmado con Estados Unidos:

> *Cada Parte permitirá que todas las transferencias relacionadas con una inversión cubierta se hagan libremente y sin demora desde y hacia su territorio. Dichas transferencias incluyen: a) aportes de capital; b) ganancias, dividendos, ganancias de capital y productos derivados de la venta o liquidación, total o parcial, de la inversión cubierta; c) intereses [...]*

La apertura de Perú al mercado internacional de comercio y la apertura de la economía nacional a las inversiones extranjeras han permitido que la OCDE acepte al país (2008) su adhesión a la Declaración de la OCDE sobre la Inversión Internacional y Empresas Multinacionales.[242]

La aceptación de dicha adhesión fue en reconocimiento a las grandes reformas dadas por el Estado peruano en *"políticas de inversión, las mismas que permitirán mejorar el clima de los negocios y reducir la pobreza. Esta iniciativa ha ayudado a conseguir un importante crecimiento económico y flujos de inversión extranjera directa"*[243]. A partir de entonces Perú participa del Comité de Inversión de la OCDE.

Para ello ha sido necesario, como se ha visto, adecuar normas internas que respondan a las exigencias internacionales de inversión y movimiento de capital. Así, en marzo de ese mismo año, el entonces presidente del Consejo de Ministros sostenía expresamente ante la OCDE que el país estaba comprometido a llevar adelante una política moderna de promoción de la inversión privada basada en la *"apertura, la transparencia y la igualdad de condiciones para inversiones extranjeras y nacionales"*, pues el marco legal de inversiones extranjeras *"es de los más modernos a nivel mundial y refleja principios que internacionalmente orientan las políticas en materia de inversión"*[244]. Parte de esa legislación está referida precisamente a la inversión extranjera en actividades de exploración y explotación de hidrocarburos.

241 DOLZER, 2008: 191

242 OCDE: http://www.oecd.org/document/58/0,3746,en_33873108_39418658_41107386_1_1_1_1,00.html (noviembre 2011)

243 OCDE: www.oecd.org (noviembre 2011)

244 Jorge del Castillo sobre "Las políticas a favor de la inversión privada que han hecho de Perú un caso exitoso", presentado en el VII Global Forum on International Investment, organizado por la OCDE entre el 27-28 de marzo del 2008 en París: http://www.oecd.org/dataoecd/12/4/40356340.pdf (noviembre 2011)

5.3. Inversión extranjera en hidrocarburos

De la lectura de los diferentes acuerdos bilaterales de inversión (convenios y tratados de libre comercio) suscritos por el Estado peruano, podemos afirmar que el motivo principal que ha llevado a los diferentes gobiernos para comprometerse internacionalmente en la protección y promoción de inversiones, ante todo privadas, ha sido y es la explotación de los recursos naturales comerciables de exportación.

Los hidrocarburos, al lado de los minerales, son los recursos naturales más atractivos para la inversión extranjera. La legislación interna ha calificado precisamente a los hidrocarburos como un recurso natural o componente de la naturaleza, que sería susceptible de ser aprovechado por el ser humano para la satisfacción de sus necesidades y que, ante todo, tendría un valor actual o potencial en el mercado (Artículo 3 de Ley de Recursos Naturales).

A continuación recogemos la definición legal del término de hidrocarburo y otros relacionados con éste. Según el glosario oficial[245] aprobado por el Ministerio de Energía y Minas de Perú se entiende por:

a. **Hidrocarburo.**- compuesto orgánico, gaseoso, líquido o sólido, que consiste principalmente de carbono e hidrógeno
b. **Hidrocarburo líquido.**- petróleo y los condensados
c. **Petróleo.**- mezcla de hidrocarburos que se encuentran en estado líquido a las condiciones iniciales de presión y temperatura del reservorio y que mayormente se mantiene en estado líquido a condiciones atmosféricas. No incluye condensados, líquidos del gas natural o gas natural licuado.
d. **Petróleo crudo.**- mezcla de hidrocarburos que tienen un punto de inflamación menor a 65,6°C y que no ha sido procesado en refinerías.
e. **Gas natural.**- mezcla de hidrocarburos en estado gaseoso, puede presentarse en su estado natural como gas natural asociado y gas natural no asociado. Puede ser húmedo si tiene condensado, o ser seco si no lo contiene.
f. **Condensados.**- son los hidrocarburos líquidos formados por la condensación de los hidrocarburos separados del gas natural, debido a cambios en la presión y temperatura, permaneciendo líquidos a la temperatura del ambiente y presión atmosférica.

La norma específica sobre inversiones en hidrocarburos en Perú es la Ley Orgánica de Hidrocarburos (Ley de Hidrocarburos)[246], emitida durante el gobierno del

245 Decreto Supremo 032-2002-EM del 16 de octubre del 2002; aprobando el "Glosario, Siglas y Abreviaturas del Subsector Hidrocarburos"

246 Ley 26221, Ley Orgánica de Hidrocarburos, promulgada el 20 de agosto de 1993

dictador Alberto Fujimori. Esta ley concuerda no sólo con las normas económicas de la Constitución 1993, sino también con las normas generales de promoción a la inversión extranjera. Su Artículo 2 precisa el modelo económico neoliberal en el que ha de desarrollarse la actividad de hidrocarburos; así tenemos:

> *El Estado promueve el desarrollo de las actividades de Hidrocarburos sobre la base de la libre competencia y el libre acceso a la actividad económica con la finalidad de lograr el bienestar de la persona humana y el desarrollo nacional.*

Bajo la justificación del *'desarrollo nacional'* y el *'bienestar'* de las personas individuales, el Estado ha priorizado la búsqueda y extracción de los hidrocarburos en todo el país, especialmente en áreas vulnerables de la Amazonía.

El Ministerio de Energía y Minas, por intermedio de la Dirección General de Hidrocarburos, es el encargado de establecer las políticas nacionales para promover el desarrollo de las actividades de hidrocarburos en el país. Además, elabora los planes de inversión privada e identifica los lugares destinados a las actividades de exploración y explotación.[247]

5.3.1. Propiedad y soberanía sobre los hidrocarburos

La Constitución 1993, al igual que su antecesora, ha declarado que los recursos naturales son patrimonio de la *'nación'*, pero que el manejo y disposición sólo corresponden al Estado. La Constitución 1979 era mucho más precisa al señalar que todos los recursos naturales (minerales, tierras, bosques, aguas, etc.) y toda fuente de energía (Artículo 118) pertenecían al Estado; mientras que la Constitución 1993 declara la *'soberanía'* del Estado en el aprovechamiento de los recursos naturales. En el fondo estas normas constitucionales nos señalan que el único propietario de los recursos naturales existentes en territorio peruano es el Estado, quien tiene las atribuciones ilimitadas de disponer de ellos, incluso de los existentes en territorios indígenas.

La Ley de Hidrocarburos ha sido republicada mediante el Texto Único Ordenado de la Ley 26221 (Texto Único de Hidrocarburos)[248] por sufrir muchas modificaciones desde su entrada en vigor. El Artículo 8 precisa que el Estado es el único propietario de los hidrocarburos en estado natural, es decir en el lugar donde están, en el subsuelo. Veamos la primera parte de dicha norma:

---

247 Ministerio de Energía y Minas de Perú: http://www.minem.gob.pe/_detalle.php?idSector=5&idTitular=4454&idMenu=sub88&idCateg=847 (febrero 2014)

248 Decreto Supremo 042-2005-EM de fecha 7 de octubre del 2005 que aprueba el Texto Único Ordenado de la Ley Nro. 26221, Ley Orgánica de Hidrocarburos promulgada el 20 de agosto de 1993

Los Hidrocarburos "in situ" son de propiedad del Estado.

La frase retórica de que todos los recursos naturales constituyen *'patrimonio de la nación'* desaparece en el contexto legal específico, pues los hidrocarburos son considerados de propiedad del Estado.

El derecho de propiedad absoluto que nace de la Constitución y de la Ley de Hidrocarburos faculta al Estado transferírselo a la empresa estatal de derecho privado del sector Energía y Minas denominada PERUPETRO S.A (PERUPETRO), quien está encargada de promover, negociar, suscribir y supervisar los contratos de exploración y explotación de hidrocarburos. Veamos lo que el segundo párrafo del mismo Artículo 8 nos dice:

El Estado otorga a PERUPETRO S.A. el derecho de propiedad sobre los Hidrocarburos extraídos para el efecto de que pueda celebrar Contratos de exploración y explotación o explotación de éstos, en los términos que establece la presente ley.

El derecho de propiedad de PERUPETRO S.A. sobre los Hidrocarburos extraídos, conforme se señala en el párrafo anterior, será transferido a los Licenciatarios al celebrarse los Contratos de Licencia.

La empresa estatal PERUPETRO otorga en propiedad los hidrocarburos a los licenciatarios, llamados también contratistas, con quienes firma contratos de licencia. En el fondo, es el mismo Estado quien otorga, mediante contratos de licencia la exploración y explotación, el aprovechamiento de los hidrocarburos ubicados en todo el país.

5.3.2. Tipos de actividades hidrocarburíferas

De acuerdo al Texto Único de Hidrocarburos, las actividades hidrocarburíferas en general se clasifican de la siguiente manera: a) exploración, b) explotación, c) transporte, d) almacenamiento, e) refinamiento y procesamiento, f) distribución, y g) comercialización.

Por la importancia que revisten las dos primeras actividades de hidrocarburos frente a los derechos territoriales de los pueblos indígenas, el presente estudio se ocupará principalmente de ellas. De modo complementario, en algún momento, podrán mencionarse las demás.

Las actividades de exploración y explotación de hidrocarburos están definidas por el Artículo 3 del Reglamento de Actividades de Exploración y Explotación de Hidrocarburos (Reglamento de Hidrocarburos)[249]:

249 Decreto Supremo 032-2004-EM del 18 de agosto del 2004 que aprueba el Reglamento de las Actividades de Exploración y Explotación de Hidrocarburos

Las actividades de Exploración y Explotación de Hidrocarburos comprenden las actividades propias de búsqueda y descubrimiento de Hidrocarburos, incluyendo trabajos de geología de campo, perforación de Pozos Exploratorios y de Desarrollo, así como las Actividades de Producción de Hidrocarburos.

La exploración comprende actividades de búsqueda y descubrimiento de hidrocarburos. Para ello, el contratista podrá realizar las actividades propuestas en el Artículo 83 del Reglamento de Hidrocarburos, y mucho más:

Los Contratistas podrán llevar a cabo las siguientes actividades de Exploración, cuya mención tiene carácter referencial más no limitativo: a) Estudios Geofísicos (Magnetometría, Gravimetría, Sísmica); b) Estudios de Sensores Remotos (fotos aéreas, imágenes satelitales, radar aéreo, etc.); c) Estudios Geoquímicos; d) Estudios Geológicos; e) Perforación y Completación de Pozos; f) Pruebas de producción.

Las actividades más saltantes en esta primera etapa son aquellas que implican el uso de explosivos y de vehículos vibradores, así como la perforación de pozos de prueba.

Una vez culminada la etapa de exploración y los resultados son positivos a la existencia de hidrocarburos, la fase que continúa es la de explotación, llamada también etapa de desarrollo y producción.

5.3.3. Contratos para la exploración y explotación de hidrocarburos

Los contratos que PERUPETRO celebra con los contratistas (ante todo privados) para las actividades de exploración y explotación se rigen, por mandato legal (Artículos 11 y 12 del Texto Único de Hidrocarburos), por el derecho privado. Dichos contratos, para su vigencia, deben ser aprobados mediante decreto supremo y refrendados por los ministros de economía y finanzas y de energía y minas, respectivamente.

El Artículo 10 del Texto Único de Hidrocarburos ha previsto dos tipos principales de contrato para la exploración y explotación de hidrocarburos:

a. **Contrato de licencia.**- mediante éste, PERUPETRO y el contratista acuerdan la exploración y explotación o sólo explotación de hidrocarburos en un área determinada y la transferencia del derecho de propiedad sobre el recurso extraído por el contratista a cambio de una regalía.[250]

250 Regalía, de acuerdo al Artículo 45 del Texto Único Ordenado de la Ley Orgánica de Hidrocarburos, es el pago en efectivo acordado en cada contrato de licencia y que se hace de acuerdo a la producción fiscalizada de los hidrocarburos que provienen del área contratado.

b. **Contrato de servicios**.- mediante éste, el contratista se compromete a realizar actividades de exploración y explotación o explotación de hidrocarburos para PERUPETRO a cambio de una retribución pecuniaria conforme a la producción fiscalizada de hidrocarburos. Este tipo de contrato es muy poco atractivo por no significar la transferencia del derecho de propiedad sobre los hidrocarburos.

A todas luces, el contrato de licencia, como señalan Jimpson Dávila y César Gamboa, es el tipo preferido por los contratistas, quienes se convierten en propietarios exclusivos de todo el hidrocarburo desarrollado o extraído, estando libres, incluso, de vender el recurso en el extranjero.[251]

Sólo a manera de referencia, mencionamos que la legislación peruana ha previsto la modalidad de contratos de '*concesión*' para el transporte de hidrocarburos, el mismo que implica actividades como la construcción, operación y mantenimiento de ductos.

5.3.4. Área geográfica de exploración y explotación

El objeto de los contratos de licencia o servicio es la exploración y explotación o sólo explotación de hidrocarburos, sean convencionales o no, existentes en todo el territorio nacional, inclusive en áreas de frontera y de mar. Así precisa el Artículo 13 del Texto Único de Hidrocarburos:

> *Las personas naturales o jurídicas, nacionales o extranjeras, podrán celebrar Contratos en todo el territorio nacional incluyendo el área comprendida dentro de los cincuenta (50) kilómetros de fronteras. Para efecto de realizar actividades de exploración y explotación de Hidrocarburos en la zona de frontera antes indicada, la presente Ley Orgánica reconoce que éstas constituyen casos de necesidad nacional y pública.*

Al respecto, precisamos que el Artículo 71 de la Constitución 1993 prevé una prohibición teórica a los extranjeros, quienes no pueden poseer o adquirir derechos sobre determinados recursos naturales dentro de los 50 kilómetros de las fronteras:

> *En cuanto a la propiedad, los extranjeros, sean personas naturales o jurídicas, están en la misma condición que los peruanos, sin que, en caso alguno, puedan invocar excepción ni protección diplomática.*
>
> *Sin embargo, dentro de cincuenta kilómetros de las fronteras, los extranjeros no pueden adquirir ni poseer, por título alguno, minas, tierras, bosques, aguas, combustibles ni*

251 DÁVILA ORDOÑEZ, Jimpson y GAMBOA BALBÍN, César, *Análisis Legal de los Contratos de Transporte del Proyecto Camisea*, Perú, 2010, p. 12

fuentes de energía, directa ni indirectamente, individualmente ni en sociedad, bajo pena de perder, en beneficio del Estado, el derecho así adquirido. Se exceptúa el caso de necesidad pública expresamente declarada por decreto supremo aprobado por el Consejo de Ministros conforme a ley.

Como vemos, la prohibición constitucional queda sin efecto si por la supuesta razón de *'necesidad nacional'* o *'pública'* se dicta una norma permitiendo a empresas transnacionales la realización de cualquier tipo de actividad, aun en áreas de frontera. En cuanto a la exploración y explotación de hidrocarburos, la parte final del Artículo 13 del Texto Único de Hidrocarburos ha declarado tal necesidad en el aprovechamiento de los recursos que nos ocupa.

5.3.5. Plazos de contratos

De acuerdo al Texto Único de Hidrocarburos (Artículo 22), si el contrato es de exploración y explotación, el plazo total se divide en dos fases: la fase de exploración de hidrocarburos, en general, tiene como plazo máximo siete años contados a partir de la fecha prevista en el mismo contrato. Dicho plazo podrá, por razones excepcionales, ampliarse hasta por tres años. Es decir, el plazo para la exploración podría extenderse hasta los 10 años.

En cuanto a la segunda fase, la explotación de petróleo crudo tiene como plazo máximo 30 años, contados desde la fecha efectiva prevista en el contrato. En caso de explotación de gas natural el plazo máximo es de 40 años computados a partir de la fecha prevista por las partes.

5.3.6. Derechos legales de los contratistas

Los derechos legales de los contratistas, sean nacionales o extranjeros, están contenidos tanto en el Texto Único de Hidrocarburos como en el Reglamento de Hidrocarburos. Estos derechos se pueden clasificar de la siguiente manera:

a. **Derecho de uso de bienes públicos y privados.**- El contratista tiene derecho a usar a título gratuito el suelo, subsuelo, caminos públicos, calles, plazas y demás bienes públicos; igualmente, tiene derecho a utilizar el agua, madera y demás materiales necesarios para las actividades de exploración y explotación de hidrocarburos. En caso de bienes de propiedad privada, el contratista tiene derecho a gestionar el permiso correspondiente. Veamos la primera parte del Artículo 82 del Texto Único de Hidrocarburos:

   Las personas naturales o jurídicas, nacionales o extranjeras, que desarrollen actividades de Hidrocarburos comprendidas en los títulos II, III y VIII, tienen derecho a utilizar el agua, grava, madera y otros materiales de construcción que sean necesarios para sus operaciones, respetándose los derechos de terceros y en concordancia con la legislación pertinente. [...]

Los títulos II, III y VIII se refieren a las actividades de exploración y explotación de hidrocarburos, transporte de hidrocarburos y distribución de gas natural.

b. Derecho de servidumbre.- Los tipos de servidumbre de acuerdo al Reglamento de Hidrocarburos (Artículo 295) son la servidumbre de ocupación de bienes públicos o privados, la servidumbre de paso y la servidumbre de tránsito. Estos derechos reales, nacidos de la ley, facultan al contratista ocupar la superficie del suelo y subsuelo para el ejercicio de sus actividades contractuales. Estos derechos de servidumbre se constituyen mediante una resolución suprema, dictada por el Poder Ejecutivo.

En la legislación nacional, los territorios de los pueblos indígenas en situación de aislamiento y/o contacto inicial, así como los de los pueblos que no pudieron obtener un título comunal o una ampliación de sus tierras comunales, son considerados *'bienes públicos'* o del Estado, por ende libres de ser adjudicados a los contratistas, sin mediar pago alguno por indemnización.

Para seguir impulsando las inversiones privadas, en el parlamento nacional se cuece un proyecto legal que, de ser aprobado, afectará los territorios de pueblos indígenas. Se trata del proyecto de ley 3941/2014-P[252], el mismo que, a iniciativa del Consejo de Ministros del país, tendrá el objeto de *"promocionar las inversiones para el crecimiento económico y desarrollo sostenible en las zonas de mayor exclusión social, estableciendo la simplificación e integración de permisos"* (Artículo 1). Con este objetivo, el proyecto en mención propone la simplificación de los procedimientos para la imposición de servidumbres sobre predios considerados del Estado, tal como sugiere su Artículo 18.1: el titular del proyecto de inversión, en nuestro caso el empresario en hidrocarburos, podrá solicitar *"a la autoridad sectorial competente la servidumbre sobre los terrenos eriazos o desocupados de propiedad estatal que sean necesarios para el desarrollo del proyecto de inversión"*. Tierras eriazas son aquellas no aptas para el cultivo ya sea por escasez o exceso de agua. Una buena parte de los territorios indígenas es considerada como tierras eriazas y han pasado al dominio estatal. En un plazo veloz de 45 días la Superintendencia Nacional de Bienes Estatales podrá otorgar al inversor la servidumbre provisional del área, considerada eriaza o desocupada como los bosques y montañas, donde se encuentre el proyecto de inversión. Para asegurar el ingreso y la permanencia libre de cualquier disturbio exterior, el proyecto de ley propone declarar *"de interés nacional la protección de los derechos de vía y localización de*

252 Proyecto del ley 3941/2014-P del 5 de noviembre del 2014: http://muqui.org/adjuntos/Proyecto_de_Ley_3941_2014.pdf (abril 2015)

área otorgados para proyectos de inversión, siendo obligación del Estado asistir al concesionario en mantener las condiciones adecuadas" (Artículo 27.1). Sobre los predios o terrenos *"destinados a derechos de vía no puede otorgarse ningún título de propiedad ni emitir autorizaciones de ocupación, construcción, ni de reconocimiento de nuevos derechos"* (Artículo 27.3), es decir, si las comunidades nativas (o campesinas) pretendiesen solicitar la ampliación de tierras comunales, luego de haberse impuesto la servidumbre, les será rechazado debido a la prevalencia del derecho del inversor. De esta forma, los pueblos indígenas estarán impedidos de recuperar el control de una buena parte de sus territorios.[253]

En caso de tierras comunales, consideradas por la legislación nacional como tierras de propiedad particular o privada, el Artículo 302 del Reglamento de Hidrocarburos ha previsto un procedimiento que impone, aun sin el consentimiento de los propietarios, la servidumbre para facilitar las actividades de hidrocarburos. Citamos los cuatro primeros párrafos de la norma en mención:

> *Servidumbre sobre predios de propiedad de particulares.- La servidumbre sobre predios de propiedad de particulares se constituye por acuerdo entre el Contratista y el propietario del predio y, a falta de acuerdo, mediante el procedimiento establecido en este Reglamento.*
>
> *El Contratista deberá solicitar por escrito al propietario, la adopción del acuerdo para la constitución del derecho de servidumbre.*
>
> *El acuerdo entre las partes deberá constar en documento extendido ante Notario Público o Juez de Paz, y deberá ser puesto en conocimiento de la DGH (Dirección General de Hidrocarburos) en un plazo máximo de treinta (30) días calendario desde su suscripción.*
>
> *Transcurrido treinta (30) días calendario desde la comunicación cursada por el Contratista al propietario, sin que las partes hayan llegado a un acuerdo, quedará expedito el derecho del Contratista a presentar ante la DGH la solicitud para la constitución del derecho de servidumbre a que se refiere el Artículo siguiente, a la cual deberá acompañar la constancia de recepción de la referida comunicación por el propietario del predio.*

A falta de acuerdo entre el propietario del predio sirviente y el contratista, la constitución de servidumbre sería aprobada mediante resolución suprema, refrendada por el ministro de energía y minas y el ministro de agricultura. Al final, es el gobierno central quien dispone incluso de las tierras comunales. En otras palabras, de acuerdo con Dávila y Gamboa, *"la autoridad impondrá la*

253 Al cierre de redacción del presente, el gobierno peruano ha promulgado la Ley 30327 (21 de mayo del 2015), la misma que, debido a las continuas protestas de pueblos indígenas de la región, ha excluido expresamente (Artículo 27) la aplicación del Capítulo I (Título IV), donde se encuentra el Artículo 18, relativo a la servidumbre sobre terrenos eriazos de propiedad estatal para proyectos de inversión ubicados en la Amazonía, salvo aquellos destinados a la generación, transmisión o distribución de energía eléctrica

servidumbre forzosamente mediante el uso de la fuerza pública" en caso de resistencia de los propietarios de los predios ubicados en las áreas de exploración, explotación o transporte.[254]

En la práctica, como veremos más adelante, esta norma es letra muerta, pues los pueblos indígenas organizados en comunidades nativas ni siquiera son informados de la presencia de los contratistas en sus tierras comunales, menos se les ha preguntado sobre la posibilidad de acordar el establecimiento de una servidumbre, sea para el uso de sus tierras comunales en la exploración y explotación de los hidrocarburos o para el paso del personal de las empresas.

5.3.7. Expropiación de territorios para actividades de hidrocarburos

Para la mejor ejecución de los proyectos de inversión en el sector de hidrocarburos, el Estado ha previsto una figura legal mucho más drástica que la imposición de servidumbres. Nos referimos a la expropiación de tierras privadas, entre los que se encuentran las tierras comunales de muchos pueblos indígenas. El Artículo 84 del Texto Único de Hidrocarburos dice textualmente:

> *Los interesados, debidamente calificados para llevar a cabo actividades de Hidrocarburos comprendidas en los títulos II, III y VIII, podrán solicitar al Ministerio de Energía y Minas la expropiación de terrenos de propiedad privada. El Ministerio de Energía y Minas evaluará la solicitud y, en caso de declarar su procedencia con el sustento debido, tales expropiaciones quedan consideradas como de necesidad nacional y pública; iniciándose el trámite de expropiación del área necesaria conforme a ley.*

Otra vez nos encontramos ante la justificación de la '*necesidad nacional o pública*' para afectar unilateralmente territorios de pueblos indígenas organizados en comunidades nativas. Los territorios expropiados por el Estado no volverán más al dominio de los pueblos afectados.

La falta de protección jurídico-legal de los territorios ancestrales de los pueblos indígenas es aprovechada por el Estado para constituir sobre ellos derechos reales de los contratistas, quienes por contar con garantías constitucionales y legales son inamovibles hasta la culminación de los contratos de larga duración.

A fin de acelerar las inversiones y dar mayor seguridad a los inversionistas privados, el parlamento peruano ha dado la Ley 30230[255], la misma que, entre

---

254 DÁVILA y otro, 2010: 18

255 Ley 30230, Ley que establece medidas tributarias, simplificación de procedimientos y permisos para la promoción y dinamización de la inversión en el país, promulgada el 12 de julio de 2014

otras cosas, regula los procedimientos especiales de saneamiento físico-legal de los predios comprendidos en las áreas de influencia directa o indirecta de los proyectos de inversión, cuya ejecución es considerada legalmente como de *"necesidad pública, interés nacional, seguridad nacional y/o de gran envergadura"* (Artículos 37 y 38), como los proyectos de exploración y explotación de hidrocarburos.

El saneamiento físico y legal consiste en la identificación física del predio o espacio geográfico que ocupa el proyecto de inversión, con precisión de su forma, extensión, colindancia y ubicación, así como la precisión de la condición jurídica del titular del proyecto, con la finalidad de formalizar su derecho, ya sea de posesión o de propiedad. El saneamiento culmina con la inscripción del título en los registros públicos.

Dicha Ley 30230 ha previsto en el Título III el saneamiento de predios privados y públicos con fines de inversión de capitales. Como las tierras comunales son consideradas privadas, cualquier persona particular, como las empresas dedicadas a la extracción de hidrocarburos, puede solicitar ante COFOPRI el inicio de un procedimiento especial para el saneamiento de las tierras que ocupa, incluyendo la rectificación de áreas, y lograr la inscripción de su título en los registros públicos (Artículo 40). En el caso de tierras con aptitud forestal, que no fueron comprendidas en los títulos de propiedad comunal y que fueron cedidos en uso a las comunidades nativas, así como las tierras consideradas eriazas y los territorios de pueblos indígenas en aislamiento, que son consideradas como patrimonio estatal, el saneamiento correrá a cargo de la Superintendencia Nacional de Bienes Estatales, quien, conforme al Artículo 41.1 tiene la facultad de ejecutar los *"procedimientos especiales para el saneamiento físico legal [a] los predios de propiedad estatal comprendidos en el presente subcapítulo, sobre los cuales celebrará los actos de adquisición, administración o disposición que corresponda"*; para ello la ley legitima el derecho de propiedad del Estado, tal como establece el Artículo 41.2: *"otórgase la titularidad de dominio respecto de dichos predios o edificaciones de las entidades del Sistema Nacional de Bienes Estatales a favor del Estado"*.

La citada Ley 30230 precisa también que el registrador anotará preventivamente el inicio del procedimiento especial y que para el registro del predio y la titularidad del solicitante se tomará en cuenta la información de los antecedentes registrales y búsquedas catastrales de los predios emitida por la Superintendencia Nacional de los Registros Públicos (SUNARP). Para que la información catastral de SUNARP sea vinculante y se proceda al registro del predio para proyectos de inversión, tal como precisa el Artículo 44.2, se *"debe incorporar los datos de los planos de títulos archivados que sustentaron su incorporación a la base gráfica registral, especificando si dichos planos cuentan con georreferenciación y con coordenadas UTM*"; la información deja de ser vinculante, pasando a la calidad referencial en caso de que SUNARP precise que "*la información del catastro registral corresponda a planos sin georreferenciación o coordenadas arbitrarias, o adolece de las especificaciones técnicas del área y/o perímetro y /o linderos u otro dato técnico*" (Artículo 45). Esto quiere decir que los territorios de pueblos indígenas, organizados en comunidades, cuyos planos no estén georreferenciados o no cuenten con coordenadas UTM[256] precisas o carezcan de información técnica, se encuentran en peligro de pasar a manos de las empresas solicitantes del saneamiento especial.

De las aproximadamente 7,500 comunidades campesinas y nativas reconocidas oficialmente por el Estado, la mayoría (más del 90%, según cálculos empíricos) no cuenta con títulos de propiedad debidamente saneados ni están inscritos en los registros públicos.

El Estado, lejos de atender las demandas de los pueblos indígenas sobre el reconocimiento de sus derechos territoriales, ordenamiento territorial para uso sostenible, la titulación de sus propiedades y la seguridad jurídica de sus débiles títulos comunales, continúa con actos legales que no tienen sino la finalidad de despojarles de sus territorios y derechos ancestrales.

5.4. Fraccionamiento del territorio peruano para la inversión en hidrocarburos

Para hacer efectiva la inversión extranjera en hidrocarburos y facilitar la exploración y producción de los mismos, a partir de los años 90' del siglo pasado, el Estado ha llevado adelante todo un proceso de parcelación o lotización del territorio peruano, comprometiendo así las tres regiones grandes y el área marina frente a la Costa.

Según datos oficiales, a octubre del 2012, la parcelación del territorio peruano (incluido el área marina) comprometía aproximadamente 50'786,724.68 ha. Éstas han sido otorgadas a empresas, ante todo transnacionales, mediante contratos de licencia y servicios para la exploración y explotación de hidrocarburos, y mediante convenios para estudios de hidrocarburos no convencionales[257]. Debi-

---

256 UTM = Universal Transverse Mercator, es un sistema de proyección cartográfico que sirve para referenciar puntos específicos sobre la superficie de la Tierra

257 Hidrocarburos no convencionales son los "*hidrocarburos que se extraen utilizando tecnologías distintas a las empleadas en la producción de petróleo y gas natural convencionales. Comprenden a la brea y a los hidrocarburos almacenados en reservorios no convencionales como lutitas y yacimientos de carbón.*" Texto extraído del

do a la firma de nuevos contratos o vencimiento de otros, o a la renuncia del contratista por protestas de pueblos indígenas afectados, el área comprometida varía constantemente. Un año antes (octubre 2011) el área afectada sobrepasaba los 53 millones de hectáreas. A febrero del 2014 el área destinada a hidrocarburos llegaba a más de 46 millones de hectáreas y a marzo del 2015 pasaba los 43 millones, sin contar, en este último caso, el área de los siete lotes ubicados en la Amazonía (199, 164, 169, 189, 175, 187 y 195) que se encuentran en proceso de licitación pública internacional *'onshore'*.

No se sabe la cantidad exacta de lotes programados por el Estado para ser ofrecidos a la inversión en hidrocarburos, ni del área que representan. Sólo se conoce el área de los lotes que han sido otorgados mediante contratos y convenios.

Según el informe mensual de PERUPETRO correspondiente al mes de octubre del 2012, 81 contratos de exploración y explotación de hidrocarburos estaban vigentes en todo el territorio peruano. A inicios del 2015 son 68 contratos[258]. De ser licitados los siete lotes arriba mencionados el número de contratos llegará a 75.

De la enumeración oficial, podemos deducir que hubo más de 260 lotes de hidrocarburos puestos a la inversión privada. Algunos de esos lotes han quedado libres, ya sea por vencimiento de plazos, desistimiento del contratista, etc., y otros están pendientes de ser otorgados para la exploración y explotación. Como se aprecia del siguiente mapa publicado en marzo del 2011, casi todo el suelo marino, frente a la Costa y cerca del 84% de la Amazonía peruana han sido calificados por el Estado como áreas disponibles para actividades hidrocarburíferas. Igualmente, se pueden apreciar las grandes extensiones destinadas a estudios de hidrocarburos no convencionales (Áreas I, II, III y IV):

Convenio de Estudios Regionales en las Áreas I,II, III y IV PERUPETRO S.A. y Petron Resources, L.P.: http://www.perupetro.com.pe/wps/wcm/connect/perupetro/site/informacion+relevante/convenios (abril 2015)

258 Informes mensuales de actividades de PERUPETRO: http://www.perupetro.com.pe/wps/wcm/connect/perupetro/site/Inversionista%20y%20Contratacion/Promocion/Informes%20Mensuales (abril 2015)

Mapa 1: Mapa de operaciones petroleras publicado en www.perupetro.com.pe, correspondiente al mes de marzo 2011. Aquí se aprecian también las áreas I, II, III y IV

5.4.1. Lotes de hidrocarburos en la Amazonía peruana

De las 78'282,060 ha de Selva, el Estado otorgó, a octubre del 2012, mediante contratos de licencia para la explotación y exploración de hidrocarburos, aproximadamente 21'455,255 ha (un año antes eran 27'790,225) a empresas privadas, ante todo transnacionales. A noviembre del 2013, la cantidad del área ocupada mediante contratos de licencia bajó a 18'503,452 ha (23.63%) aproximadamente. A marzo del 2015, dicha cantidad siguió bajando hasta llegar a los 16'697,581.037 ha (21.33%), sin contar la cantidad del área que hacen los siete lotes en proceso de licitación internacional *'onshore'* (mapa 2, marcados en amarillo).

La extensión del área comprometida para fines de extracción de hidrocarburos varía. Según algunos autores, como Alberto Barandiarán, al 2008, el área lotizada en la Amazonía habría llegado a comprometer más del 70%[259]; para otros, como Margarita Benavides, al 2009, la parcelación de la región habría llegado hasta un 62%[260]. Según Gamboa, al 2010, la lotización en la región Amazónica habría alcanzado hasta el 57%[261]. A enero del 2015 el área comprometida mediante contratos de licencia llegó a cubrir más del 21%, sin contar las áreas comprendidas en los estudios de hidrocarburos no convencionales ni él área de los siete lotes en licitación internacional.

La disminución del área afectada se debe a la culminación de contratos, o porque éstos han quedado sin efecto.

Sin embargo, en estos últimos 40 años, el Estado ha llegado a comprometer la Amazonía para actividades de hidrocarburos hasta en un 84%[262]. Convirtiéndose así en el país amazónico con la mayor superficie destinada a actividades de este tipo en la región, antes de Colombia (40%) y Ecuador (21%)[263]

A las 16'697,581.037 ha otorgadas mediante contratos de licencia, debemos agregar un aproximado de 10'000,000 ha (de las casi 16 millones) otorgadas mediante el convenio para estudios de hidrocarburos no convencionales (mapa 1) que comprometen especialmente la parte amazónica.

---

259 BARANDIARÁN GÓMEZ, Alberto, *Camisea y el fantasma de una Política de Hidrocarburos en el Perú*, Perú, 2008, p. 25

260 BENAVIDES, 2010: 17ss

261 GAMBOA BALBÍN, César, *Incoherencias entre políticas ambientales y de desarrollo en la Amazonía peruana*, en GAMBOA BALBÍN, César (editor), *Hidrocarburos y Amazonía peruana: ¿Superposición de derechos u oportunidades para el desarrollo sostenible?*, Derecho, Ambiente y Recursos Naturales, Perú, 2010, pp. 29ss

262 FINER, Matt and ORTA-MARTÍNEZ, Martí, *A second hidrocarbon boom threatens the Peruvian Amazon: trends, projections, and policy implications*, United Kingdom, 2010, p. 1

263 Red Amazónica de Información Socioambiental Georreferenciada (RAISG), *Amazonía Bajo Presión*, 2012, p. 26

Mapa 2: Mapa de lotes de hidrocarburos correspondiente a marzo 2015. Fuente: http://www.perupetro.com.pe/wps/wcm/connect/perupetro/site/Informacion%20Relevante/Mapa%20de%20Lotes/Mapa%20de%20Lotes (abril 2015)

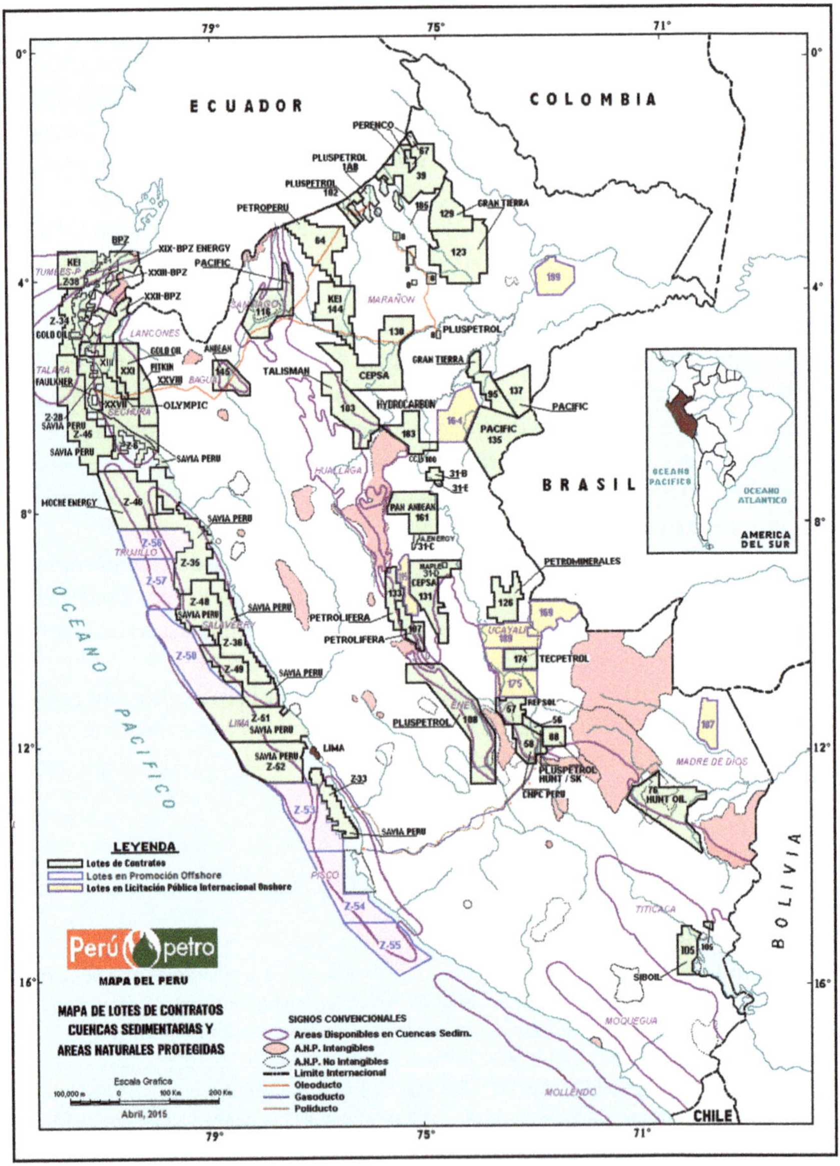

De este modo, a marzo del 2015, la lotización para actividades de hidrocarburos ha cubierto más del 34% de la Amazonía peruana, sin incluir el área de los lotes en licitación internación internacional *'onshore'* (mapa 2). De concretarse los planes del Estado de licitar más lotes de hidrocarburos, el total del área afectada en la Amazonía superará de lejos dicho porcentaje.[264]

Para entender mejor la lotización de la Amazonía peruana dividiremos los lotes de acuerdo al tipo de actividad. Todos los contratos vigentes para la Amazonía son contratos de licencia; es decir, el derecho de propiedad sobre los hidrocarburos explotados y por explotarse ha sido transferido al 100% al productor o contratista.

Debido a las demandas, marchas y medidas de protesta adoptadas por los pueblos indígenas, y desde la dación de la Ley de Consulta y su reglamento, PERUPETRO, la empresa estatal de derecho privado, dedicada a promover, negociar, suscribir y supervisar los contratos de exploración y explotación de hidrocarburos, viene organizando los procesos de consulta previa para el otorgamiento de los lotes 164, 169, 195, 175, 189, 165, 197, 198, 181, 157, 190 y 191 (los lotes 164, 169, 189, 175 y 195 se encuentran en proceso de licitación internacional)[265]. Sin embargo, aspectos fundamentales del proceso (participación de PERUPETRO como el responsable de los procesos de consulta, objeto de consulta, pueblos a consultarse, etc.) no se adecúan al espíritu del Convenio 169.

5.4.1.1. Lotes destinados a la explotación de hidrocarburos

Una vez concluida la etapa de exploración con resultados favorables a la existencia de hidrocarburos, se da inicio a la siguiente etapa llamada de explotación. Esta etapa comprende el desarrollo y la producción de hidrocarburos, ya sea por la misma empresa que exploró o por otra distinta. Los contratos que se suscriben comprenden actividades que van desde la perforación de los pozos hasta el flujo y manipuleo de los hidrocarburos; pasa por la construcción, profundización o reacondicionamiento de pozos, así como por la construcción e instalación de equipos, tuberías, tanques de almacenamiento, entre otros.[266]

---

264 Diario El Comercio:http://elcomercio.pe/economia/1360144/noticia-peru-petro-lanzara-licitacion-30-lotes-hidrocarburos-este-ano (12 de enero 2012); América Economía: http://www.americaeconomia.com/negocios-industrias/peru-lanzara-postergada-subasta-de-30-lotes-de-petroleo-y-gas-natural (15 de marzo 2013); diario Gestión: http://gestion.pe/economia/gobierno-esta-ad-portas-sacar-norma-muy-promotora-exploracion-petrolera-2085443 (febrero 2014)

265 PERUPETRO: http://www.perupetro.com.pe/wps/wcm/connect/perupetro/site/consulta%20previa/Ley%20de%20Consulta%20Previa (marzo 2015)

266 Decreto Supremo 032-2002-EM que aprueba el Glosario, Siglas y Abreviaturas del Subsector Hidrocarburos

Los lotes de explotación se otorgan mediante contratos de licencia, los mismos que por disposición legal se rigen por el derecho privado peruano. Debido a que son aprobados mediante una norma legal (decreto supremo) y que su modificación o extinción sólo obedece al acuerdo de las partes y no a la decisión unilateral del Estado, dichos contratos son conocidos como contratos-ley. Según Dávila y Gamboa, este modelo de contrato habría sido introducido en la legislación nacional a fin de garantizar las inversiones de capital extranjero.[267]

Al mes octubre del 2012, según información de la empresa estatal PERUPETRO, los lotes para la explotación de hidrocarburos en la Amazonía peruana cubrían aproximadamente 861,010.802 ha de superficie. A noviembre del 2013 esta cifra se ha elevado a 1'920,033.537 ha, correspondiente a 20 lotes (inclusive sub-lotes). A inicios del 2015 este monto se mantiene invariable, así tenemos:

Cuadro 7. Lotes para la explotación de hidrocarburos en la Amazonía				
Contratistas	**Lote**	**Cuenca**	**Fecha sus./ aprob.**	**Área/Has.**
Pluspetrol Norte S.A.	1-AB (5 sub-lotes)	Marañón	22.3.1986	287,050.906
Pluspetrol Norte S.A/Korea National Oil Corporation/ Daewo International Corporation/ SK Energy	8 (5 sub-lotes)	Marañón	20.5.1994	182,348.210
Maple Gas Corporation del Perú S.R.L.	31B, 31D	Ucayali	30.3.1994	71,050.000
Aguaytia Energy del Perú SRLtd.	31-C	Ucayali	30.3.1994	16,630.000
Maple Gas Corporation del Perú S.R.L.	31-E	Ucayali	06.03.2001	10,418.934
Pluspetrol Perú Corporation S.A./Hunt Oil Company of Perú/SK Energy/Tecpetrol Bloque 56 S.A.C/Sonatrach Peru Corporation S.A.C/ Repsol Exploración Perú	56	Ucayali	25.6.2004	58,500.000
Repsol Exploración Perú/ Burlington Resources Peru Limited/Petrobras Energia Peru S.A.	57	Ucayali	27.01.2004	287,102.800

267 DÁVILA y otro, 2010: 13

Contratistas	Lote	Cuenca	Fecha sus./ aprob.	Área/Has.
PetroPerú S.A.	64	Marañón	27.04.2013	761,501.001
Pluspetrol Perú Corporation S.A./Hunt Oil Company of Perú/SK Energy/Tecpetrol del Perú S.A.C./Sonatrach Perú Corportarion S.A.C./ Repsol Exploracion Perú	88	Ucayali	9.12.2000	143,500.000
Total contratos: 10	**20**			**1'920,033.537**

Elaboración propia con información contenida en: http://www.perupetro.com.pe/wps/wcm/connect/perupetro/site/Informacion%20Relevante/Contratos%20y%20convenios (abril 2015)

Según la Ley de Hidrocarburos, la vigencia de los contratos para la explotación de gas natural es de 40 años y la de petróleo 30. Este plazo se cuenta a partir de la fecha prevista en el contrato. Hay casos en los que las partes acuerdan un plazo menor, pero con posibilidad de ampliar hasta el máximo previsto por ley. Veamos como ejemplo el primer numeral de la cláusula tercera del contrato de explotación de hidrocarburos suscrito con la Compañía Maple Gas Corporation[268]:

> *El plazo del presente Contrato es de veinte (20) Años, contados a partir de la Fecha de Suscripción, el mismo que a solicitud justificada del Contratista, se prorrogará por el término adicional máximo permitido por ley, a menos que de conformidad con lo establecido en otras estipulaciones del Contrato varíe este plazo [...]*

Algunos contratos se han firmado luego de un concurso público como es el caso de Maple Gas o del consorcio Pluspetrol Perú Corporation S.A. (lote 88); otros lotes se han adjudicado directamente, sin mediar concurso público, como ha ocurrido con el lote 56 explotado por el mismo consorcio Pluspetrol.

Del contenido de los contratos podemos observar que el objeto de contrato es la explotación de hidrocarburos en general, sin diferenciar si es para gas o petróleo, quedando así el contratista en la libertad de explotar cualquiera de los hidrocarburos.

Es de notar que la mayoría de los contratistas son empresas extranjeras que se han domiciliado en territorio peruano con la finalidad de explotar los yacimientos de hidrocarburos. Excepcionalmente, a partir del 2013, la empresa estatal Petróleos

268 Contrato de Licencia para la Explotación de Hidrocarburos suscrito entre PERUPETRO S.A. y la empresa Maple Gas Corporation del Peru, Sucursal peruana para los lotes 31-B y 31-D de fecha 30 de marzo de 1994

Perú S.A. (PetroPerú S.A.) ha asumido la explotación del lote 64[269]. Por el momento las actividades en este lote están suspendidas por situación de fuerza mayor.

Por ejemplo, la empresa Pluspetrol, de nacionalidad argentina, está dedicada a la producción de petróleo y gas a nivel internacional y se considera como la mayor productora de hidrocarburos en Perú. Ella opera no sólo en Latinoamérica sino también en África.

Del mismo modo, la empresa Maple Gas Corporación del Perú S.R.L. es de propiedad de la internacional Maple Energy plc., con fundación en Estados Unidos de Norte América y con registros en Londres (Gran Brataña) y Lima.

La Compañía Hunt Oil, de origen norteamericano, se dedica a la explotación y transporte del gas y otros hidrocarburos del Proyecto de Gas de Camisea (lotes 88, 56), al igual que los demás miembros de su consorcio (Pluspetrol, SK Energy, Tecptrol, etc.).

Otra empresa de renombre internacional es Repsol Exploración, una empresa española con operaciones no sólo en Latinoamérica, sino también en América del Norte, África y Rusia. Por su parte, la anglo-francesa Perenco es una empresa muy cuestionada, especialmente, por operar en territorios de pueblos indígenas en aislamiento y por manipular estudios de impacto ambiental y social.

Los contratos de explotación no se limitan al área de los lotes adjudicados, sino facultan a las empresas contratistas actuar fuera de ellos, tal como se detalla en el contrato suscrito con el consorcio Pluspetrol y otros para la explotación del lote 56, veamos la cláusula segunda, punto 2.3 del contrato respectivo[270]:

> *[E]l Contratista ejecutará las Operaciones de acuerdo a los términos que se estipulen en el Contrato y las llevará a cabo directamente o a través de Subcontratistas. En el caso de realizar operaciones de campo fuera del Área de Contrato necesarias para la ejecución del Contrato, se requerirá aprobación previa de PERUPETRO.*

5.4.1.2. Lotes destinados a la exploración y explotación de hidrocarburos

Los contratos de licencia para la exploración de los lotes de hidrocarburos contienen también la actividad de explotación. Como ejemplo citamos la cláusula

269 D.S. 011-2013-EM del 27 de abril del 2013 que aprueba la cesión de posición contractual de licencia para la exploración y explotación de hidrocarburos en el lote 64

270 Contrato de Licencia para la Explotación de Hidrocarburos en el Lote 56, suscrito el 20 de junio del 2004 entre PERUPETRO S.A. y el Consorcio integrado por Pluspetrol Perú Corporation S.A., Hunt Oil Company of Peru L.L.C., sucursal del Perú, SK Corporation, sucursal peruana, Tecpetrol del Perú S.A.C. y Sonatrach Perú Corporation S.A.C.

2.1 del contrato suscrito con la empresa Hidrocarbon Exploration PLC, sucursal del Perú para la exploración y explotación del lote 183, de fecha 28 de setiembre del 2011:

> *PERUPETRO autoriza al contratista para la realización de las operaciones, de acuerdo con lo establecido en la Ley No. 26221, la legislación pertinente y las estipulaciones del contrato, con el objeto común de descubrir y producir hidrocarburos en el área de contrato.*

El término de 'producir' se refiere a una de las actividades de explotación, como ya referimos en la parte superior del presente.

El plazo de vigencia de las actividades de exploración (de siete a diez años) es mucho más corto que el de explotación. Sin embargo, dicho plazo está sujeto a ampliaciones cuando las partes lo decidan.

Del total de 43 contratos de exploración y explotación de hidrocarburos vigentes en todo el país hasta marzo del 2015[271], 23 se refieren al área de la Amazonía y comprometen más de 14 millones y medio de hectáreas, tal como se detalla en el siguiente cuadro:

Cuadro 8. Lotes para la exploración y explotación de hidrocarburos en la Amazonía[272]

Contratista	Lote	Cuenca	Fecha suscripción	Área del lote/ Has.
Perenco Peru Petroleum, Petroil, Block 39 Ltd./PVEP Perú/Reliance Exploration & Production DMCC	39	Marañón	9.9.1999	745,141.204
Petrobras Energía Perú S.A.	58	Ucayali	12.7.2005	340,133.717
Hunt oil Exploration and Production Company of Peru LLC/ Repsol Exploración Perú	76	Madre de Dios	2.5.2006	1'071,290.083
Gran Tierra Energy Perú S.R.L	95	Marañón	7.4.2005	515,731.131

271 A octubre del 2012 eran 36 (de un total de 61) contratos de licencia para la exploración y explotación que afectaban más de 20 millones y medio de hectáreas de la Amazonía peruana.

272 Por razones socio-ambientales, a enero 2015, las actividades de exploración en 13 lotes (58, 100, 102, 103, 123, 129, 130, 133, 137, 144, 161, 174 y 183) se encontraban paralizadas temporalmente (obligaciones suspendidas por causa de fuerza mayor). Este hecho no afecta la vigencia de los contratos de licencia. Informe mensual de PERUPETRO: http://www.perupetro.com.pe/wps/wcm/connect/f963fe62-6db9-49f1-a691-1be0b0be6ccf/2015-01+Informa+Mensual+de+Actividades.pdf?MOD=AJPERES&CACHEID=f963fe62-6db9-49f1-a691-1be0b0be6ccf (abril 2015)

Contratista	Lote	Cuenca	Fecha suscripción	Área del lote/ Has.
Compañía Consultora de Petróleo S.A.	100	Ucayali	26.3.2004	7,700.000
Pluspetrol E&PSA/Ramshorn International Limited/Shona Energy International Limited/ Andean Oil and Gas S.A.C.	102	Marañón	13.12.2005	126,676.114
Talisman Perú B.V./Repsol Exploración Perú/Petrobras Energía Perú S.A.	103	Marañón, Huallaga	9.8.2004	870,896.168
Petrolífera Petroleum del Perú S.A.C	107	Ucayali	1.9.2005	252,232.329
Pluspetrol E&P S.A./Reliance Exploration & Production DMCC/ Woodside Energy (Peru) PTY Ltd.	108	Selva sur/ Ene	13.12.2005	1'241,675.952
Maurel Et Prom. Peru SAC/Pacific Stratus Energy S.A.	116	Santiago	12.12.2006	658,879.677
Gran Tierra Energy Perú S.R.L.	123	Marañón	29.9.2006	940,421.092
Petrominerales Perú S.A./Veraz Petroleum Peru S.A.C.	126	Ucayali	23.10.2007	1'066,955.807
Gran Tierra Energy Perú S.R.L.	129	Marañón	24.5.2007	472,433.684
Cepsa Peru S.A.	130	Marañón	16.4.2009	1'275,349.404
Cepsa Perú S.A./Pan Andean Resources PLC/	131	Ucayali	21.11.2007	990,472.317
Petrolífera Petroleum del Perú S.A.C	133	Huallaga/ Ucayali	16.4.2009	396,050.736
Pacific Stratus Energy S.A.	135	Marañón	21.11.2007	1'020,390.628
Pacific Stratus Energy S.A.	137	Marañón	21.11.2007	448,947.445
Kei (Peru 112) PTY Ltd. 144	144	Marañón	16.4.2009	683,616.472
Andean Exploration Perú S.A.C.	145	Bagua	16.4.2009	500,000.004
Pan Andean Resources PLC/Veraz Petroleum Peru S.A.C.	161	Ucayali	16.4.2009	491,784.035
Tecpetrol S.A.C.	174	Ucayali	23.9.2011	263,943.844
Hydrocarbon Exploration PLC, Sucursal del Perú	183	Marañón	28.9.2011	396,825.657
Total de contratos: 23	**23**			**14'777,547.500**

Elaboración propia teniendo como fuente: http://www.perupetro.com.pe/relaciondecontratos/relacion.jsp?token=44 (abril 2015)

Tal como sucede con los contratos de explotación, los contratos de exploración y explotación permiten también la posibilidad a los contratistas de explorar en áreas que van más allá de los lotes adjudicados. Veamos como ejemplo la segunda parte del punto 5.9, de la cláusula quinta, del contrato celebrado con la empresa Hidrocarbon Exploration PLC, sucursal del Perú para la exploración y explotación del lote 183:

> *Asimismo, cuando un yacimiento o yacimientos comercialmente explotables, se extiendan en forma continua del área de contrato hacia áreas adyacentes no asignadas a un contratista o que no estén en proceso de negociación, concurso, licitación o en proceso de selección de contratista y no exista limitación en cuanto a protección ambiental, previa aprobación de PERUPETRO a la solicitud del contratista, dichas áreas adyacentes serán incorporadas al área de contrato.*

La mayoría de los contratistas que aparecen citados en el cuadro 8 también son empresas transnacionales dedicadas a la exploración y explotación de hidrocarburos domiciliadas en el país sólo para las actividades contractuales.

5.4.1.3. Convenios para estudios de hidrocarburos no convencionales

Mediante un convenio de este tipo las partes se ponen de acuerdo para que la empresa privada realice un estudio inicial y determine el potencial de recursos de hidrocarburos no convencionales (como la brea), a fin de ser explotados comercialmente en el área que en futuro se identifique. En este caso, los lotes, materia de convenio, comprenden extensas áreas de las tres regiones del país (Costa, Sierra y Selva; mapa 1). La mayor parte de ellas se ubica en la Amazonía o Selva.

Cuadro 9. Lotes otorgados en convenio para estudios de hidrocarburos no convencionales

Empresa operadora	**Lote**	**Ubicación**	**Fecha de suscripción**	**Área del lote/ Has.**
Petron Resources, L.P.	Área I	Loreto, Amazonas, Cajamarca, Lambayeque y Piura	15.11.2010	2'725,516.721
Petron Resources, L.P.	Área II	Lambayeque, Cajamarca, Amazonas, La libertad y San Martín	20.2.2008	4'269,033.749
Petron Resources, L.P.	Área III	Libertad, Ancash, San Martín, Huánuco y Pasco	20.2.2008	4'505,705.209
Petron Resources, L.P.	Área IV	Ancash, Huánuco, Pasco, Lima, Junín y Huancavelica	15.11.2010	4'229,841.712
Total	**4**			**15'730,097.391**

Elaboración propia con información contenida en: www.perupetro.net.pe/wps/wcm/connect/perupetro/site/InformacionRelevante/Cont_ContratosyConvenios (abril 2015)

A manera de resumen, se ha elaborado el siguiente cuadro para resaltar el espacio geográfico de la Amazonía comprometido por el gobierno central con fines de inversión en hidrocarburos:

Cuadro 10. Resumen de contratos y lotes otorgados para la exploración y explotación de hidrocarburos en la Amazonía peruana

Contratos y convenios	Contratos y convenios	Lotes (sub-lotes)	Área comprometida/ Has.
Contratos para explotación	10	20	1'920,033.537
Contratos para exploración y explotación	23	23	14'777,547.500
Semitotal	**33**	**43**	**16'697,581.037**
Convenios para hidrocarburos no convencionales	1	4	15'730,097.391*
Total	**34**	**47**	**Sin precisar**

*No sólo compromete territorio amazónico

Si el Estado peruano lograse licitar este año los siete lotes de hidrocarburos que tiene planeado, el total de lotes en la Amazonía superará la cifra actual.

5.5. Lotes de hidrocarburos superpuestos a territorios de pueblos indígenas

La parcelación del territorio peruano para fines de inversión en hidrocarburos ha afectado gravemente la región del Amazonas. Y en ésta especialmente el territorio ancestral de muchos pueblos indígenas.

Como veremos a continuación, de los 43 lotes contratados (equivalente a 33 contratos) tanto para la explotación como para la exploración y explotación de hidrocarburos en la Amazonía peruana, 33 lotes (inclusive sub-lotes) se superponen a territorios de pueblos indígenas, muchos de ellos organizados en comunidades nativas, otros que no pudieron hacerlo y algunos en situación de aislamiento (pueblos autónomos).

La lista de lotes que se superponen a territorios indígenas hace referencia a 24 contratos vigentes. Sin embargo, en el curso de todo este proceso de lotización y concesión se han otorgado lotes que afectaban gravemente la intangibilidad de los citados territorios. Por ejemplo, durante el año 2013, los lotes 117, 121 y 179 destinados a la exploración de hidrocarburos y que se superponían a territorios de pueblos indígenas Kichwa, Abijiría, Secoya, Taromenane, Matsés, entre otros, han quedado libres. Las razones, según información oficial, serían de tipo económico y técnico, como la ausencia de prospectos económicamente viables o la falta de expectativas en el hallazgo de hidrocarburos.[273]

Cuadro 11. Lotes de hidrocarburos superpuestos a territorios de pueblos indígenas de la Amazonía

Pueblo indígena/ comunidades	Ubicación	Lote	Contratista
Quechua del Pastaza, Achuar	Selva norte (Marañón)	1-AB (5 sub-lotes)	Pluspetrol
Achuar, Urarina	Marañón, Selva norte	8 (5 sub-lotes)	Pluspetrol, otros
Shipibo-Conibo, Capanahua	Loreto (Campo de Maquia)	31-B	Maple
Shipibo-Conibo	Selva Central	31-C	Aguaytía Energy
Shipibo-Conibo, Capanahua	Loreto (Río Ucayali)	31-E	Maple
Quechua, Napo, Abijiría	Loreto	39	Perenco, otros
Machiguenga, Kugapakori, Nanti y otros	San Martín, Cusco	56	Pluspetrol, otros
Machiguenga, Asháninka, Yine, Caquinte, Kugapakori, Nanti, Kirineri,	Cusco, Junín	57	Repsol, Petrobras
Matsiguenga (Reserva Comunal)	Cusco	58	Petrobras
Achuar, Shapra, Candoshi	Pastaza, Morona	64	PetroPerú S.A.
Pananujuri, Arabela, Auca, Achuar, Candoshi, Shapra	Loreto (Ríos Arabela, Curaray)	67 (2 sub-lotes)	Perenco
Harakmbut (Reserva Comunal Amarakaeri)	Cusco y Madre de Dios	76	Hunt Oil, otros
Kugapakori, Nahua, Nanti y otros	San Martín/Cusco	88	Pluspetrol, otros
Matsés y otros	Selva norte Loreto (Cuenca Marañón)	95	Gran Tierra Energy
Yanesha (Reserva Comunal) y Cacataibo	Huánuco	107	Petrolífera
Asháninka (Reserva Comunal)	Junín, Pasco, Ayaucho	108	Pluspetrol, otros

273 Informe técnico GFST-0873-2013 de la Gerencia de Supervisión de Contratos de PERUPETRO: http://www.perupetro.com.pe/wps/wcm/connect/perupetro/site/Informacion%20Relevante/Contratos%20suscritos%20y%20terminados (febrero 2014)

Pueblo indígena/ comunidades	Ubicación	Lote	Contratista
Wampis, Awajún (Zona Reservada Santiago Comaina)	Dep. Amazonas	116	Maurel, otros
Iquito-Cahuarano	Loreto	129	Gran Tierra Energy
Shipibo, Asháninka, Ashéninka, Yanesha (Reserva Comunal el Sira)	Ucayali	131	Cepsa, otro
Cacataibo	Loreto, Ucayali (Cuencas Huallaga, Ucayali)	133	Petrolífera Petroleum
Isconahua, Matsés	Ucayali, Loreto	135	Pacific Stratus
Matsés	Cuenca Marañón	137	Pacific Stratus
Candoshi	Selva norte	144	Kei PTY Ltd.
Shipibo-Conibo y Cacataibo	Loreto	161	Pan Andean, otro
Total de lotes superpuestos a territorios indígenas		**33**	

Elaboración propia en base a información diversa (noticias periodísticas, textos de autores citados en el contenido del presente capítulo, cuadros realizados por organizaciones no gubernamentales como DAR y el Instituto del Bien Común; así como información de PERUPETRO, entre otros). Las actividades de hidrocarburos en siete lotes (58, 64, 129, 133, 137, 144 y 161) se encuentran temporalmente suspendidas (obligaciones suspendidas por causas de fuerza mayor).

Por falta de información, esta lista no contiene la superposición de las áreas dadas en convenio para el estudio de hidrocarburos no convencionales que también afectan derechos territoriales de los pueblos indígenas de la Amazonía. Igualmente, no está descartado que muchos lotes que se indican en el cuadro 8 (como 103, 183, 100 y 174) se superpongan a territorios indígenas de las áreas de amortiguamiento de pueblos en situación de aislamiento.

5.5.1. Superposición de lotes con territorios de pueblos en aislamiento

El territorio de los pueblos en situación de aislamiento o autónomos es considerado por la legislación interna como parte del *'patrimonio nacional'* y de propiedad estatal, es por ello que en el sistema legal interno no existen mecanismos destinados a garantizar su seguridad e intangibilidad.

De los 33 lotes de hidrocarburos detallados en el cuadro 11, aproximadamente 14 lotes están superpuestos a territorios de pueblos o grupos indígenas en situación de aislamiento de la Amazonía:

Cuadro 12. Lotes de hidrocarburos superpuestos a territorios de pueblos o grupos en aislamiento		
Lote	**Lugar**	**Pueblos o grupos de pueblos indígenas**
31-B	Loreto (Campo de Maquia en la Sierra del Divisor)	Capanahua (propuesta Reserva Territorial Maquia-Callería)
31-E	Loreto (Río Ucayali)	Capanahua (propuesta Reserva Territorial Maquia-Callería)
39	Loreto (Marañón)	Abijiría, Taromenane y Pananujuri (propuesta Reserva Territorial Napo-Tigre)
56	Ucayali, Cusco	Kugapakori, Nahua o Nanti
67(2 sub-lotes)	Loreto (Ríos Arabela, Curaray, Cuenca Marañón, Reserva Nacional Pucaruro)	Pananujuri, otros (Propuesta reserva territorial Napo-Tigre)
88	Ucayali, Cusco	Kugapakori, Nahua, Nanti y otros (Reserva Territorial Kugapakori, Nahua, Nanti y otros)
95	Selva norte Loreto (Cuenca Marañón)	Matsés, otros (propuesta Reserva Territorial Yavarí Tapiche)
107	Ucayali	Cacataibo (propuesta Reserva Territorial Cacataibo)
129	Loreto (Cuenca Marañón, Parque Nacional Pucaruro)	Iquito-Cahuarano
133	Loreto, Ucayali (Cuencas Huallaga, Ucayali)	Cacataibo (propuesta reserva territorial Cashibo Cacataibo)
135	Ucayali, Loreto (Cuenca Marañón)	Isconahua, Matsés (Zona Reservada Sierra del Divisor, propuesta territorial Yavarí Tapiche)
137	Loreto (Reserva Nacional Matsés)	Matsés (propuesta reserva territorial Yavarí- Tapiche)
161	Loreto	Cacataibo
Total: 14		

Elaboración propia en base a información contenida en diferentes textos de la bibliografía y medios de comunicación masiva.

La superposición de lotes de hidrocarburos sobre territorios de pueblos indígenas en aislamiento significa la industrialización de áreas naturales conservadas durante siglos por sus habitantes. El Proyecto de Gas de Camisea[274] es un ejemplo claro

274 La explotación de los lotes 88 (Camisea I) y 56 (Camisea II) es conocida en Perú como el Proyecto de Gas de Camisea, el mismo que nació en 1981, cuando PetroPerú S.A., la empresa pública peruana dedicada entonces a la exploración y explotación de hidrocarburos, y la compañía transnacional de petróleo Shell, suscribieron un contrato de exploración de hidrocarburos en los lotes 38 y 42 (ahora 88 y 56). Al

de ello. Los lotes de hidrocarburos 88[275] y 56[276] fueron otorgados mediante contratos de licencia para la explotación de hidrocarburos (gas natural y líquidos) en territorios de los pueblos indígenas en aislamiento llamados Kugapakori, Nanti, Nahua, y otros, quienes habitan la región del Bajo Urubamba. Esta región es una de las más importantes del país por su altísima riqueza biológica. En ella se han identificado el mayor número de especies endémicas y en peligro de extinción de plantas y animales del planeta. Es por ello que los biólogos la califican como una zona prístina. Sin embargo, precisamente allí, se ha instalado uno de los proyectos más agresivos, en términos humanos y ambientales, para la explotación de gas natural.

El Proyecto de Gas de Camisea ha sido considerado en algún momento como uno de los proyectos de gran envergadura en el sector de hidrocarburos; pues, él estaba rodeado, según Catherine Ross, de *"tremendas expectativas para el desarrollo nacional"* del país[277]. Es decir, dicho proyecto traería la solución a la demanda de energía interna y mejoraría la economía nacional mediante la exportación del gas extraído.

El establecimiento de una reserva territorial[278] a favor de los citados pueblos en aislamiento no ha significado garantía jurídica alguna para proteger la intangibilidad de sus territorios ancestrales contra la invasión de las empresas de hidrocarburos. Es por ello que, aproxi

---

cabo de algunos años Shell descubrió yacimientos (San Martín y Cashiriari) de gas natural muy cercanos al río Urubamba (Bajo Urubamba). Los lotes 57 y 58, en etapas de explotación y exploración, respectivamente, se encuentran en el área de influencia del citado proyecto de gas.

275 Contrato de Licencia para la Explotación de Hidrocarburos en el Lote 88, suscrito el 28 de noviembre del 2000 entre PERUPETRO S.A. y el Consorcio integrado por Pluspetrol Perú Corporation y otros. Este contrato fue modificado mediante diferentes acuerdos posteriores, especialmente en cuanto a las empresas del consorcio. El contrato fue aprobado mediante Decreto Supremo 021-2000-EM del 7 de diciembre del 2000

276 Contrato de Licencia para la Explotación de Hidrocarburos en el Lote 56, suscrito el 20 de junio del 2004 entre PERUPETRO S.A. y el Consorcio integrado por Pluspetrol y otros

277 ROSS, Catherine, *El caso del Proyecto Camisea: logros y limitaciones de una coalición ciudadana naciente*, en SCURRAH, Martín, editor, *Defendiendo Derechos y Promoviendo Cambios.- El Estado, las Empresas Extractivas y las Comunidades Locales en el Perú*, Primera Edición, Perú, 2008, pp. 199ss

278 Resolución Ministerial 00046-90-AG/DGRAAR, emitida el 14 de febrero de 1990 por el Ministerio de Agricultura de Perú, reconociendo la "Reserva Territorial del Estado a favor de los grupos étnicos Kugapakori y Nahua"; posteriormente se dictó el Decreto Supremo Nro. 028-2003-AG, del 26 de julio del 2003, declarando la "Reserva Territorial a favor de los grupos étnicos en aislamiento voluntario y contacto inicial Kugapakori, Nahua, Nanti y otros"

un 75% del lote 88 se encuentra superpuesto a la citada reserva territorial[279]. El lote 56 se superpone a territorios no comprendidos en la reserva territorial, pero que siguen formando parte del territorio ancestral de dichos pueblos. No está descartada la superposición de los lotes 57 y 58 con territorios de los mismos pueblos en aislamiento y otros que viven en el corredor biológico de conservación Vilcabamba-Amboró. Los citados lotes afectan también territorios de pueblos indígenas Machiguenga, Yine, Asháninka, Amahuaca, Yaminahua, quienes se han organizado en comunidades nativas y habitan territorios contiguos a la reserva territorial.

Otro caso emblemático de industrialización de territorios indígenas, es la superposición de los lotes de hidrocarburos 39 y 67. Éstos afectan gravemente los territorios de los pueblos en aislamiento que viven en las cuencas altas de los ríos Yavarí, Tapiche, Napo, Curaray, Arabela y Tigre, en el departamento de Loreto, denominados Abijiría, Taromenane y Pananujuri, entre otros, de las familias lingüísticas Záparo y Huaorani. En el 2003, la organización indígena AIDESEP solicitó a favor de dichos pueblos el establecimiento de la reserva territorial Napo-Tigre[280]. No obstante a las investigaciones hechas por la misma organización, quien ha demostrado con pruebas serias la presencia de los pueblos en aislamiento, el Estado se resiste al establecimiento de la reserva solicitada.[281]

Igualmente, tenemos la superposición con territorios ancestrales de pueblos indígenas que habitan la Sierra del Divisor, en la parte noreste de la Amazonía peruana, entre las regiones de Ucayali y Loreto, en la frontera con Brasil. Esta zona está habitada por los pueblos en aislamiento conocidos como Isconahua y Capanahua.

Debido a la diversidad de ecosistemas y riqueza biológica (especies de flora y fauna endémicas y en peligro de extinción) existentes en esta única región montañosa de la Selva Baja, y de paso proteger a grupos indígenas Isconahua en

---

279 El consorcio Camisea liderado por Pluspetrol ha solicitado la ampliación de las actividades de exploración y desarrollo del lote 88, al interior de la Reserva Territorial Kugapakori y otros. El proyecto de ampliación comprende tres subproyectos: prospección sísmica 2D y 3D; perforación de seis pozos de exploración; y, tendido de ductos de gas hasta la locación San Martín Este y San Martín 3. Todo esto implica la construcción de helipuertos, campamentos, tendido de líneas sísmicas, etc. al interior de los territorios de pueblos indígenas en situación de aislamiento. Estudio de Impacto Ambiental de noviembre 2012: www.minem.gob.pe/.../Cap%202%20 Descripcion%20Proyecto.pdf (febrero 2014)

280 CASAFRANCA, 2009: 38, 46

281 HUERTAS CASTILLO, Beatriz, *Despojo Territorial, Conflicto Social y Exterminio: Pueblos indígenas en situación de aislamiento, contacto esporádico y contacto inicial de la Amazonía peruana*, IWGIA, informe 9, 2010, p. 40

aislamiento, el Estado peruano estableció, mediante resolución ministerial, un área natural de protección transitoria, llamada Zona Reservada Sierra del Divisor[282]. El Artículo 5 de dicha norma establece expresamente lo siguiente:

> *Queda prohibido el establecimiento de nuevos asentamientos humanos dentro de la Zona Reservada Sierra del Divisor, diferentes a las poblaciones indígenas en situación de aislamiento voluntario que habitan su interior.*
>
> *De otro lado el aprovechamiento de recursos naturales no renovables al interior del área se permite sólo cuando lo contemple el Plan Maestro aprobado, estando sujeto a las normas de protección ambiental y a las limitaciones y restricciones [...]*

Por mucho que la norma administrativa reconozca la existencia de los pueblos en aislamiento en la zona reservada, esto no significa ni el reconocimiento de los derechos inherentes de los pueblos indígenas a sus territorios y recursos naturales, ni la intangibilidad de sus territorios frente a terceros. Por ello, el Estado había otorgado hasta el 2014 cinco lotes de hidrocarburos a diferentes empresas para su exploración y explotación. Se trata de los lotes 31B, 31E, 135, 138 y 160. Entre tanto, los dos últimos lotes, que ya no aparecen en la lista anterior, han sido liberados debido a la conclusión de los contratos respectivos.

5.5.2. Superposición de lotes con tierras comunales y ANPs

A continuación se detallan algunos casos relevantes de superposición de lotes de hidrocarburos sobre territorios ancestrales de pueblos indígenas de la región.

5.5.2.1. Territorios de los Harakmbut de la Reserva Comunal Amarakaeri

El lote 76 ha sido adjudicado en mayo del 2006 a las empresas Hunt Oil y Repsol. Dicho lote, ubicado entre los distritos de Manú (Madre de Dios), Camanti y Kosñipata (Cusco), se superpone a los territorios indígenas de los pueblos Harakmbut, Yine (Piro), Matsigenka, Ese Eja, Amahuaca y otro, cubriendo casi la totalidad de la Reserva Comunal Amarakaeri, habitados por los pueblos Harakmbut, Yine y Matsigenka (Machiguenga).

En un primer momento se había establecido una zona reservada con aproximadamente 419,139 ha de extensión. Pero para no perjudicar las concesiones mineras ya existentes, se decidió disminuir tal extensión creando la Reserva

282 Resolución Ministerial 0283-2006-AG del 11 de abril del 2006 que establece la Zona Reservada Sierra del Divisor ubicada en el departamento de Ucayali, distrito de Callería, provincia de Coronel Portillo; y en el departamento de Loreto, distritos de Vargas Guerra, Pampa hermosa, Contamana y Padre Máquez, provincia de Ucayali; Maquia, Emilio San Martín, Alto Tapiche, Soplín y Yaquerana, provincia de Requena

Comunal Amarakaeri[283], esta vez con un área de 402,335 ha. Se dice que dicha reserva se creó para conservar la diversidad biológica de las cuencas de los ríos Madre de Dios y Colorado. Sin embargo, de la parte introductoria (párrafo 14) de la norma antes citada observamos que ante todo ha sido para legitimar la presencia de las empresas mineras al interior de la reserva:

> *Que, a partir del recorte en la nueva área propuesta sólo quedarían 2 concesiones Mineras involucradas en su totalidad, debido a que se encuentran ubicados según el mapa forestal, elaborado por la Oficina de Información de Recursos Naturales - OIRN, de INRENA, uno en bosque húmedo de montaña y el otro en su mayoría en bosque de colina alta [...]*

La creación de una reserva comunal no ofrece ninguna garantía para la protección de los derechos territoriales de los pueblos indígenas. Así nos ilustra el Artículo 2 de la norma que crea la citada reserva:

> *El establecimiento de la Reserva Comunal Amarakaeri no otorga derecho de propiedad sobre las tierras que comprende, ni afecta los derechos adquiridos con anterioridad a su creación, los cuales deben ejercerse en armonía con los objetivos de la Reserva Comunal.*

Con la frase *"ni afecta los derechos adquiridos con anterioridad a su creación"*, la norma se refiere a los derechos de terceros, como las concesiones mineras, otorgadas con anterioridad a su emisión. Como las fronteras de una reserva comunal están abiertas a todo tipo de actividad de extracción de recursos naturales, siempre que la *'necesidad pública'* lo justifique, el Estado dispone de ella también para actividades de hidrocarburos.

5.5.2.2. Territorios de los pueblos indígenas del río Corrientes

El lote de hidrocarburos 1-AB (dividido en cinco sub-lotes) está siendo explotado por la empresa petrolera Pluspetrol Norte S.A., y el lote 8 por la misma empresa en consorcio con Korea National Oil Corporation, Daewo International y SK Energy. La explotación de dichos lotes data desde hace más de 40 años; es decir, desde antes de haber sido cedidas a las actuales empresas transnacionales. Los contratos actuales fueron firmados en los años 1986[284] y 1994, respectivamente.

---

283 Decreto Supremo 031-2002-AG del 11 de mayo de 2002, que establece la Reserva Comunal Amarakaeri ubicada en el departamento de Madre de Dios

284 En 1986, la empresa Occidental Petroleum Corporation of Perú, Sucursal de Perú, asumió la exploración y explotación, así como transporte y almacenamiento de hidrocarburos del lote 1-AB (antes 1-A y 1-B vigentes desde 1971 y 1978, respectivamente) mediante contrato de servicios petroleros con riesgo vigente a partir del 30 de agosto de 1985 al 30 de mayo del 2007. En 1996, PERUPETRO y la empresa Occidental Peruana Inc. sucursal del Perú (nueva empresa que absorbió a la primera Occidental Petroleum) firman un nuevo contrato de servicios para la explotación (y exploración)

El lote 8, si observamos en el mapa 2, está dividido en cinco sub-lotes dispersos entre las cuencas de los ríos Chambira y Corrientes, y la Reserva Nacional Pacaya Samiria. Estos lotes se superponen a territorios ancestrales de los pueblos indígenas Achuar, Urarina y Kichwa ubicados en la provincia de Maynas, departamento (o región) de Loreto, quienes a la fecha están organizados en aproximadamente 31 comunidades nativas, con títulos comunales y con una población, según datos oficiales del Estado, no menor a 7,000.[285]

5.5.2.3. *Territorio ancestral del pueblo indígena Candoshi*

El pueblo indígena Candoshi (o Kandozi) está ubicado en el distrito de Pastaza, provincia de Dátem del Marañón (Loreto). Los miembros de este pueblo, como muchos de la Amazonía, se han organizado en comunidades nativas a fin de obtener la titulación comunal de tierras y proteger así, por lo menos, una parte de su territorio ancestral. Luego de la titulación comunal, áreas importantes de su territorio, como el lago Rimachi, han quedado libres y hoy están siendo otorgadas para la exploración y explotación de hidrocarburos, como ocurre con el lote 144, el que ahora está en manos de la empresa Kei (Peru 112) PTY Ltd.

5.5.2.4. *Territorio de pueblos de la antigua Zona Reservada de Güeppí*

El lote 117, vigente hasta el 2013, estaba dividido en los sub-lotes 117-A y 117-B. Dicho lote fue otorgado en mayo de 2006 a la empresa petrolera Petrobras, para actividades de exploración y explotación de hidrocarburos. Él estaba precisamente sobre los territorios de los pueblos indígenas Kichwa, Secoya y Huitoto, ubicados en los distritos de Teniente Manuel Clavero, Putumayo, Torres Causana y el Napo y organizados en comunidades nativas.

Con la finalidad de conservar la flora y fauna silvestres representativas de la Selva Baja, el Estado peruano creó, en 1997, la Zona Reservada de Güeppí, con aproximadamente 625,971 ha sobre territorios ancestrales de los citados pueblos[286].

---

de hidrocarburos en el lote 1-AB a vencer en el 2007. En mayo del año 2000 la empresa Pluspetrol Peru Corporation, Sucursal del Perú asume la posición contractual de la Occidental Peruana. El 1 de junio del 2001 PERUPETRO y Pluspetrol Peru Corporation S.A. firman el contrato de licencia para la explotación de hidrocarburos en el citado lote, el plazo de contrato vence el 29 de agosto del año 2015. A partir de enero del 2003, por razones de escisión, la empresa operadora se llama Pluspetrol Norte S.A.

285 AGURTO, Jorge, *La Lucha Indígena en la Cuenca del Rio Corrientes: Una experiencia aleccionadora; en Pueblos Indígenas e Hidrocarburos*, en IWGIA 2-3/2006, pp. 22ss

286 Decreto Supremo 003-97-AG, de fecha 7 de abril de 1997, que declara la Zona Reservada de Güeppí para la conservación de la diversidad biológica en Loreto

Posteriormente, en octubre de 2012, el Estado decidió categorizar la zona en ANP. Es así como crea el Parque Nacional de Güeppí, Reservas Comunales Huimeki y Airo Pai[287]. Ni el otorgamiento de títulos comunales ni la categorización de la zona han impedido al Estado lotizar los territorios indígenas para actividades hidrocarburíferas. Dicho lote afectaba tanto el parque nacional como las reservas comunales.

5.5.2.5. Territorio de los pueblos Achuar, Shuar, Candoshi y otros

La explotación del lote 64 (otorgado en 1995 a la empresa canadiense Talisman Energy, para la exploración y explotación de hidrocarburos) ha sido trasladada a manos de la empresa estatal PetroPerú S.A.. Dicho lote se superpone al territorio ancestral de los pueblos indígenas Achuar,Shuar, Shapra y Candoshi, y otros ubicados en el distrito de Morona, provincia de Dátem, departamento de Loreto. Por razones de fuerza mayor, las actividades de explotación en este lote están suspendidas temporalmente.

Los más afectados por la empresa estatal (antes Talisman), operadora del lote 64, son las 44 comunidades nativas del pueblo Achuar que ocupan territorio ancestral en las cuencas de Huasaga, Huituyacu, Manchari y Pastaza. Se calcula que los Achuar, pertenecientes a la familia lingüística jíbaro, del lado peruano, tienen una población de aproximadamente 13,000. Ellos están organizados en 61 comunidades nativas y ocupan, así como controlan, tradicionalmente no sólo las tierras declaradas como tierras comunales, sino también los bosques y cuerpos de agua, ricos en flora y fauna, donde cazan y pescan.

5.5.2.6. Los pueblos indígenas de la Reserva Comunal El Sira

La Reserva Comunal El Sira fue creada mediante el Decreto Supremo 037-2001-AG[288], con una extensión de 616,413 ha, ubicada en la Cordillera de El Sira de los departamentos de Huánuco, Pasco y Ucayali. El Artículo 2 de la citada norma nos indica la finalidad que tiene la reserva:

> *La Reserva Comunal El Sira se establece para la conservación de la diversidad biológica, en beneficio de las comunidades nativas pertenecientes a los grupos étnicos asháninka, yanesha y shipibo-conibo vecinos a dicha Área Natural Protegida [...]*

---

287 Decreto Supremo 006-2012-MINAM, del 25 de octubre de 2012, aprobando la categorización de la Zona Reservada Güeppí como Parque Nacional Güeppí-Sekime, así como la Reserva Comunal Himeki y la Reserva Comunal Airo Pai

288 Decreto Supremo 037-2001-AG del 23 de junio del 2001 que crea la Reserva Comunal el Sira

Tanto al interior de la citada reserva como en la zona de amortiguamiento, viven los pueblos indígenas Asháninka, Ashéninka, Yanesha y Shipibo-Conibo, quienes se han organizado en aproximadamente 93 comunidades nativas[289]. Esto demuestra que el área declarada como reserva comunal ha sido y es ocupada por dichos pueblos desde épocas inmemorables.

Benavides afirma que los pueblos indígenas de la zona saben que las áreas declaradas como reservas comunales forman parte de sus territorios ancestrales, por lo que exigen al Estado mayor autonomía en la administración, acorde con reglas de costumbre y tradiciones ancestrales.[290]

A pesar de la naturaleza jurídica de las reservas comunales dichos pueblos han asumido su creación como una estrategia que les permita, esta vez legalmente, seguir disfrutando de los recursos naturales existentes más allá de los linderos comunales[291]. Pero, ni las reservas comunales ni los títulos de propiedad comunal garantizan el goce y disfrute del derecho al territorio ancestral o tradicional de los pueblos indígenas, menos su intangibilidad.

La falta de reconocimiento de la verdadera dimensión del territorio indígena es aprovechada por los gobiernos de turno, quienes disponen libremente de los territorios ancestrales y los otorgan en licencia a las empresas transnacionales. Esto ha ocurrido también con los lotes 131 y 114 (este segundo estuvo vigente hasta inicios del 2015) cedidos a la Empresa Cepsa en los años 2006 y 2007, respectivamente. Estos lotes han sido superpuestos a la Reserva Comunal El Sira, la misma que es parte del territorio ancestral de los pueblos indígenas ya mencionados.

5.5.2.7. Territorio del pueblo indígena Shipibo-Conibo del Ucayali

Los lotes 31-B, 31-E, 31-C están superpuestos a territorios del pueblo indígena Shipibo-Conibo, cuyos miembros, en gran parte, se han organizado en comunidades nativas. Incluso, los dos primeros lotes han invadido las tierras tituladas de las comunidades nativas de Canaán de Cachiyacu y Nuevo Sucre, asentadas al margen derecho del río Ucayali.

El lote 31-B ubicado en el campo de Maquia, en la provincia de Ucayali del departamento de Loreto, fue otorgado en 1994 a la empresa norteamericana Maple Gas Corporation para su explotación. Dicho campo fue descubierto todavía en 1958 y era explotado por la empresa estatal PetroPerú S.A.; pero, la explotación intensa se inicia a partir de la firma del contrato de licencia con la empresa privada.

---

289 BENAVIDES, 2005: 6

290 BENAVIDES, 2005: 3

291 BENAVIDES, 2005: 10

El lote 31-E, ubicado en el campo denominado Pacaya, en la misma provincia de Ucayali, fue otorgado en marzo del 2001 a la misma empresa Maple para su exploración y explotación. Este lote colinda con el 31-B.

5.6. La prevalencia de inversiones sobre derechos territoriales de pueblos indígenas

En la doctrina internacional se habla del desarrollo paralelo de dos disciplinas importantes del derecho internacional. Tal como precisa Peterson, en estas dos últimas décadas, tanto el área de los derechos humanos como el de la protección de la inversión extranjera, han evolucionado paralelamente de tal forma que ambos están completamente separados. Sin embargo, dichos regímenes entran frecuentemente en fricciones debido a que en la ejecución de los proyectos de inversión se violan derechos humanos básicos de terceros, ya sean de poblaciones o individuos.[292]

En el caso de Perú, ambos regímenes se desarrollan de forma desigual y separada. Mientras que la protección estatal de los derechos colectivos de pueblos indígenas, reconocidos mundialmente como parte de los derechos humanos, no ha logrado el avance que las normas internacionales exigen, el régimen de inversiones ha alcanzado estándares universales y ha merecido atención privilegiada por parte de los sucesivos gobernantes.

El interés del Estado peruano es mínimo cuando se trata de implementar las normas internacionales que protegen los derechos humanos colectivos de los pueblos indígenas. Pero, su preocupación por atraer mayores inversiones para la extracción de hidrocarburos, y otros recursos naturales comerciables, no tiene límites. A fin de lograr mayores ingresos económicos para el Estado, el ex Presidente de PERUPETRO, Aurelio Ochoa, sostenía que era necesario *"acelerar las inversiones"* toda vez de que el país *"continúa como un país semiexplorado"*, pues no se habría descubierto todavía el potencial energético y para ello *"hay que invertir y para invertir hay que darle las facilidades al inversionista"*[293]; es decir, limpiar el camino de trabas administrativas para el ingreso rápido de capitales al país y la toma de posesión de los lotes adjudicados.

La falta de protección jurídica efectiva de los territorios ancestrales o tradicionales de los pueblos indígenas de la Amazonía peruana, ha llevado a los gobernantes a disponer libremente de ellos, dividiéndolos en lotes para fines de exploración y explotación de hidrocarburos y permitiendo su invasión por empresas transnacionales. Al respecto, el Estudio Martínez-Cobo ha precisado que

292 PETERSON, 2009: 9

293 Declaraciones de Aurelio Ochoa, ex presidente de PERUPETRO, en Reuters: http://lta.reuters.com/article/idLTASIE77915L, 10 de agosto de 2011

la invasión de los territorios indígenas por empresas transnacionales dedicadas a la extracción de recursos naturales comerciables, ocurre debido a la falta de medidas estatales destinadas a la prevención y mitigación de las consecuencias graves que sufren los pueblos indígenas.[294]

El Estado peruano no ha corregido debidamente el atropello de los derechos territoriales de los pueblos indígenas; sino, por el contrario lo promueve y tolera dictando leyes, como la Ley de Comunidades Nativas, las Constituciones de 1979 y 1993, la Ley de Inversiones Privadas, Ley de Hidrocarburos, Ley de Tierras, etc., las mismas que han acelerado la invasión de territorios indígenas de la Amazonía, en su mayoría, ricos en recursos naturales renovables y no renovables atractivos para la inversión extranjera.

Las políticas estatales del país frente a los territorios de pueblos indígenas se encuentran todavía bajo la influencia de la doctrina de *'terra nullius'* o *'tierra de nadie'*, la misma que en teoría habría sido desterrada del derecho internacional con la adopción de los Pactos Internacionales, cuyo Artículo 1 (1) reconoce el derecho de libre determinación de los pueblos.

La doctrina de *terra nullius* permitía abiertamente a los colonizadores europeos adueñarse y disponer libremente, como precisa Bartolomé Clavero, de *"territorios enteros con poblaciones"* vivas y presentes, pues las tierras (desde la visión de los colonizadores) eran consideradas sin dueños o vacías; es decir, libres para su apropiación. El mismo autor agrega que, desde la proscripción de dicha doctrina, la situación tendría que haberse revertido *"a fin de que los pueblos indígenas recuperen dominio de territorio y control de tierras"*.[295]

Por su parte, Stavenhagen sostiene que la doctrina de *'tierra de nadie'* habría sido proscrita y reemplazada por el principio de título originario; principio que habría *"sido desarrollado ahora en el derecho internacional para proteger los derechos de los pueblos indígenas"*.[296]

La parcelación de la Amazonía, bajo el pretexto de necesidad pública, obedece a una política basada en la doctrina citada, pues se ha lotizado, especialmente territorio ancestral o tradicional de diferentes pueblos indígenas, sin respetar la presencia de éstos ni sus derechos inherentes y originarios protegidos por normas internacionales.

---

294 E/CN.4/Sub.2/1983/21/Add.8, 1983: parágrafo 233

295 CLAVERO, Bartolomé, *Terra Nullius y Propiedad Indígena (a propósito del caso Comunidad Kákmok Kásek vs. Paraguay)*, España, 2010

296 STAVENHAGEN, 2007: 3

6. Impacto de las actividades hidrocarburíferas en la integridad territorial

6.1. Ocupación ilegítima de territorios por contratistas

La superposición de lotes de hidrocarburos sobre territorios de pueblos indígenas significa la superposición de derechos privados sobre derechos colectivos de sociedades indígenas. La superposición se concretiza con la ocupación física de las áreas comprendidas en los contratos de licencia.

La ocupación física de los lotes de hidrocarburos por las empresas contratistas, es una ocupación ilegítima de territorios ancestrales de pueblos indígenas.

La ausencia de los representantes de los pueblos indígenas en la mesa de negociaciones hace que los derechos adquiridos por los contratistas sean ilegítimos, aun cuando éstos sean vistos como actos legales. No se puede hablar de *'ilegalidad'* de los contratos de licencia, toda vez de que ellos fueron firmados conforme a las normas legales peruanas, pero sin la participación ni la presencia de los titulares legítimos: los pueblos indígenas.

Como se ha precisado en el punto anterior, 24 contratos de licencia comprometen el territorio ancestral de aproximadamente 27 pueblos indígenas de la Amazonía peruana. No obstante a la ocupación ancestral o tradicional, que los convierte en titulares del derecho originario de propiedad, los pueblos indígenas han sido ignorados al momento de suscribirse los contratos de licencia que gravan y afectan automáticamente sus territorios ancestrales.

El territorio ancestral, explicado en el punto 4, es el universo compuesto por elementos materiales e inmateriales, indivisibles y complementarios entre sí. Él es el origen de la misma vida y cualquier alteración o remoción unilateral de sus elementos (como los recursos naturales), significa grave amenaza a su integridad y a la existencia del pueblo que lo habita.

Durante el proceso de planificación y ejecución de los proyectos de inversión en hidrocarburos, el Estado no ha tenido en cuenta los derechos inherentes y originarios de propiedad de los pueblos indígenas sobre los territorios comprendidos en los lotes negociados con las empresas contratistas. De esta manera, tal como precisa Stavenhagen, los derechos e intereses de los pueblos indígenas casi siempre quedan en segundo plano[297]; pues para llevar adelante proyectos de

297 STAVENHAGEN, 2007: 50

inversión, éstos son calificados por el Estado como proyectos de *'interés nacional'*. De esta forma los proyectos de inversión se hacen legalmente viables.

Al autoproclamarse, el Estado, soberano sobre todos los recursos naturales existentes en territorio peruano, se ha revestido también del derecho de disponer libremente de los territorios y recursos naturales poseídos por los pueblos indígenas desde sus antepasados más remotos.

Aunque los gobiernos se reserven el derecho soberano sobre los recursos naturales renovables y no renovables existentes en territorios ancestrales o tradicionales de pueblos indígenas, relativizando o ignorando así el derecho de propiedad de éstos, como ocurre en Perú, la Corte Interamericana ha precisado de que la aprobación de planes o proyectos de desarrollo o inversión o el otorgamiento de concesiones, que limiten el derecho de uso y goce de los recursos naturales existentes en territorios indígenas, deben sujetarse a condiciones mínimas obligatorias. Estas condiciones son:

> *a).- el cumplimiento del derecho internacional sobre la expropiación, tal y como se refleja en el Artículo 21 de la Convención Americana; b).- no aprobación de cualquier proyecto que pueda amenazar la supervivencia física o cultural del grupo; y c).- aprobación sólo después de consultas de buena fe –y, cuando sea aplicable, del consentimiento-, de un estudio previo de impacto ambiental y social realizado con participación indígena, y con participación razonable en los beneficios.*[298]

Ninguna de estas condiciones básicas establecidas por la jurisprudencia de la Corte Interamericana ha sido introducida por el Estado peruano a la legislación sobre inversión y desarrollo. No existe un sólo trámite de expropiación de territorios indígenas seguido por el Estado peruano conforme al Artículo 21 de la Convención Americana, norma aplicable, por interpretación extensiva y evolutiva de los derechos humanos internacionales a casos presentados por pueblos indígenas ante los órganos de derechos humanos de América. Es más, en Perú se llevan a cabo proyectos de inversión en hidrocarburos que implican alta peligrosidad para el medio ambiente y la existencia de los pueblos indígenas. Por último, los planes y proyectos de inversión en hidrocarburos, la firma de los contratos y el ingreso de las empresas a territorios ancestrales se han hecho sin la consulta previa ni el consentimiento de los pueblos indígenas afectados[299]. Todo esto permite afirmar que el derecho adquirido por las empresas contratistas para

---

298 OEA, 2009: párrafo 225

299 Después de aproximadamente 17 años de haberse ratificado el Convenio 169, el Estado ha dictado la Ley 29785, Ley del derecho a la consulta previa a los pueblos indígenas u originarios (publicado el 7 de setiembre de 2011). Dicha ley ha sido observada por los representantes de los pueblos indígenas por no recoger el verdadero

la exploración y explotación, así como para el transporte, de los hidrocarburos y su presencia física en territorios indígenas, son absolutamente ilegítimos.

Para llegar a los lotes adjudicados, especialmente a los ubicados en territorios de pueblos en aislamiento, los trabajadores de los contratistas tienen que abrir trochas o caminos que atraviesan bosques y ríos, los mismos que luego serán utilizados no sólo por ellos, sino también por otras personas interesadas en diversos recursos naturales comerciables. Huertas nos refiere, por ejemplo, que cuando la petrolera Mobil Exploration and Producing Inc. se retiró en 1996 de territorios de pueblos en aislamiento de Madre de Dios *"la zona empezó a experimentar, cada vez con mayor fuerza, la presencia de madereros ilegales que invadieron los bosques en busca de especies forestales de alto valor comercial como la caoba"*[300]; es decir, la empresa, luego de haber forzado el contacto con los pueblos en aislamiento, se convirtió en el *'facilitador'* de la colonización masiva de los territorios indígenas. En tal sentido, la ocupación ilegítima a que nos referimos es ya de por sí una forma moderna de colonización de los territorios indígenas y el inicio de la invasión masiva de otras fuerzas económicas.

Igualmente, Antonio Iviche, un miembro del pueblo indígena de Harakmbut, el que fuera contactado por la empresa Mobil antes citada, afirma que sus territorios ancestrales sufren la presión no sólo de las empresas petroleras, sino también de otros grupos que llegan junto con ellas o posteriormente, entre los que se encuentran misioneros de toda índole y hasta compañías de cine y televisión.[301]

Las empresas contratistas han ingresado a territorios ancestrales sin aviso alguno. Los han ocupado para dar inicio a sus labores. Luego de haber transcurrido muchos años, sus representantes, a insistencia de los pueblos afectados, han aceptado tratar asuntos de *'ocupación de tierras'*, tal como ha ocurrido con Maple y el pueblo Shipibo-Conibo, ubicado en la parte baja del río Ucayali y organizado en comunidades nativas. La empresa viene explotando los bloques de petróleo 31-B y 31-E. Éstos se superponen incluso a territorio de pueblos indígenas en aislamiento (Capanahua). Luego de diez y seis años de explotación, respectivamente, la empresa decidió contactar a las comunidades shipibas Canaán de Cachiyacu y Nuevo Sucre. Sus pobladores se enteraron de la ocupación

espíritu del Convenio 169 en cuanto a la consulta y consentimiento previo de los pueblos afectados.

300 HUERTAS en IWGIA, 2007: 34ss

301 IVICHE QUIQUE, Antonio, *Problemática, Logros y Propuestas de FENAMAD*, Grupo Internacional de Trabajo sobre Asuntos Indígenas (IWGIA): *Pueblos indígenas en aislamiento voluntario y contacto inicial en la Amazonía y el Gran Chaco*, Dinamarca, 2007, pp. 74ss

y presencia de Maple, luego de que ésta talara árboles, construyera vías de acceso y contaminara los cuerpos de agua con hidrocarburo derramado.[302]

6.1.1. Actos de ocupación ilegítima de territorios ancestrales

La ocupación ilegítima de los territorios indígenas por empresas contratistas se concretiza mediante actividades que se desarrollan desde la etapa de exploración de los recursos de hidrocarburos hasta la instalación de los ductos de transporte. Para visibilizar los actos de ocupación ilegítima hemos elaborado el siguiente cuadro que ilustra las actividades básicas de las empresas contratistas desde la etapa de exploración:

Cuadro 13. Formas básicas de ocupación ilegítima	
Etapas de contratos de licencia y concesión	**Actividades de ocupación ilegítima**
Exploración	Perforación de pozos exploratorios y confirmatorios, instalación de campamentos y de líneas sísmicas para la prospección, etc.
Explotación	Perforación, profundización, reacondicionamiento y completado de pozos de explotación, construcción e instalación de equipos, tuberías, tanques de almacenamiento, operación de pozos, tratamiento y medición de hidrocarburos, etc.
Transporte	Construcción y tendido de ductos que trasladan los hidrocarburos, construcción de plantas de abastecimiento, plantas de procesamiento de hidrocarburos, etc.

Fuente: Glosario aprobado por Decreto Supremo 032-2002-EM del 16 de octubre 2002

La etapa de exploración comprende actividades específicas como la ejecución de estudios geofísicos (magnetometría, gravimetría, sísmica), estudios de sensores remotos (fotos aéreas, imágenes satelitales, radar aéreo, etc.), estudios geoquímicos, estudios geológicos, perforación y completado de pozos, pruebas de producción, entre otros señalados en el Artículo 83 del Reglamento de Hidrocarburos. Los

302 Queja presentada por las Comunidades Nativas de Canaán de Cachiyacu y Nuevo Sucre, del pueblo indígena Shipibo-Conibo, ante la Corporación Internacional Financiera, del 6 de abril del 2012, sobre violación de derechos humanos y daños ambientales causados por Maple Energy plc., cliente de dicha corporación, pp. 4 y 12

estudios geofísicos y geoquímicos de superficie consisten en actividades de medición de la gravedad del suelo y de los campos magnéticos subterráneos.

Los estudios geológicos se llevan a cabo mediante el método de análisis llamado prospección sísmica, la misma que, como precisan Lu de Lama y Rosemarie Ávila, consiste en *"la generación de ondas acústicas en puntos específicos a lo largo de una línea de prospección relativamente recta"*. A fin de determinar si en el lugar examinado hay petróleo o gas, se utiliza dinamita colocada bajo la superficie.[303]

La prospección sísmica que se lleva a cabo en la Amazonía peruana requiere obligatoriamente de trochas que se abren, de campamentos que se construyen, del transporte de equipos y personal, no sólo por tierra sino también por aire. Para acondicionar las líneas sísmicas, los contratistas tienen que talar árboles y destruir la vegetación por muchos kilómetros de distancia con más de un metro de ancho. Posteriormente, se realizan las perforaciones que ayudarán a determinar la presencia de hidrocarburos en el lugar de exploración.[304]

Esto significa que, desde la etapa de exploración, los actos de posesión ilegítima traen consigo actividades muy agresivas como la apertura de caminos o trochas de acceso a los lotes, la construcción de helipuertos para el aterrizaje de helicópteros o aviones pequeños que han de transportar al personal y materiales de las empresas. Todo ello, acompañado de deforestación de grandes extensiones de bosques ubicados especialmente en zonas vulnerables de la Amazonía, donde viven pueblos indígenas en aislamiento o en contacto esporádico o inicial.

Según información recogida por Matt Finer y Martí Orta-Martínez, desde los años 70 del siglo pasado hasta el 2010, en toda la Amazonía peruana se han tendido aproximadamente 104,000 kilómetros de líneas sísmicas, y abierto más de 679 pozos de exploración y explotación de gas y petróleo. Esta cantidad, según los autores, estaría por crecer considerablemente en los siguientes cinco años, llegando a tenderse más de 20,000 kilómetros de nuevas líneas sísmicas y abrirse más de 180 nuevos pozos de exploración y explotación, especialmente en zonas poco accesibles. Con esto, Perú estaría viviendo su segundo boom de hidrocarburos después de los años 70', época caracterizada por una extraordinaria actividad sísmica, debido al tendido de aproximadamente 63,000 kilómetros de líneas sísmicas en toda la Amazonía peruana.[305]

---

303 LU DE LAMA, Graciele M. Mercedes, ÁVILA BOSQUEANGOSTO, Rosemarie, *Hidrocarburos y áreas naturales protegidas* en GAMBOA BALBÍN, César (editor), *Hidrocarburos y Amazonía peruana: ¿Superposición de derechos u oportunidades para el desarrollo sostenible?*, Derecho, Ambiente y Recursos Naturales, Perú, 2010, pp. 115ss.

304 LU DE LAMA y otra en GAMBOA, 2010: 115ss.

305 FINER y otro, 2010: 1, 8

Los mismos autores sostienen que, en la etapa de exploración los contratistas suelen tender aproximadamente 300 kilómetros de líneas sísmicas y abrir más de tres pozos exploratorios. Igualmente, los modernos proyectos sísmicos requerirían como mínimo la construcción de 50 helipuertos y en caso de proyectos mayores más de 100 helipuertos[306]. Todo ello viene acompañado de actividades invasivas como la deforestación y la apertura de vías de penetración.

Una vez probada la existencia de reservas, se pasa a la etapa de explotación de los hidrocarburos. Esta etapa significa para los pueblos indígenas la continuación en los actos de posesión ilegítima de sus territorios por parte de los contratistas.

Marc Gavaldá precisa que en caso de los lotes pertenecientes al Proyecto de Gas de Camisea, los mismos que se superponen a territorios de pueblos indígenas, incluso en aislamiento, la *"apertura de decenas de pozos en cada lote, el tendido de kilómetros de ductos, la ampliación de depósitos de almacén y la construcción de nuevos gigantes gasoductos para exportar"* el gas y líquidos de gas, son totalmente desenfrenados, y están llevando a la industrialización de la cuenca del Bajo Urubamba[307]. Para la ejecución de este proyecto, se ha instalado un complejo de petroquímicos llamado planta Las Malvinas, la misma que sirve para el almacenamiento y tratamiento del gas natural y líquidos de gas. Esta planta está ubicada a orillas del río Urubamba, en territorio indígena, y cuenta con un aeropuerto y un puerto fluvial.

En el lote 88 se han construido, sin contar los de reinyección, cinco campos de producción (Cashiriari 1, Cashiriari 3, San Martín 1, San Martín E y San Martín 3), conectados a la Planta Las Malvinas. El consorcio Pluspetrol tiene previsto seguir abriendo más pozos en este mismo lote, el que en gran parte se superpone al territorio de los pueblos indígenas en aislamiento voluntario Kugapakori y otros.

Para la explotación de hidrocarburos, sólo en los lotes 8 y 1-AB ubicados en el norte de Loreto, las empresas contratistas han abierto más de 180 pozos y tendido carreteras para unir cada uno de los pozos de producción petrolífera.[308]

En otro punto de la Amazonía, la Empresa Maple ha perforado e instalado aproximadamente 30 pozos activos de explotación de petróleo, en los lotes 31-B y 31-E superpuestos a territorios indigenas.[309]

La etapa de transporte de los recursos de hidrocarburos explotados, implica también la ocupación de territorios indígenas. Según información recogida por Dávila y Gamboa, en el caso del Proyecto de Gas de Camisea, por ejemplo, de

306 FINER y otro, 2010: 3, 8

307 GAVALDÁ, Marc, *Repsol, Pluspetrol y Petrobras industrializan la selva del Urubamba*, Perú, 2012

308 AGURTO, en IWGIA 2-3/2006: 22ss

309 Maple Energy: http://www.maple-energy.com/crudeOilProd.htm (abril 2015)

los 730 kilómetros del ducto de gas natural, 230 se encuentran en la Amazonía; igualmente, gran parte de los 561 kilómetros de ducto para el transporte de líquidos de gas natural están instalados en territorio amazónico. Ambos ductos parten desde la planta de Las Malvinas, que viene a ser el lugar de recepción de ambos productos provenientes de los lotes 88, 56, 57 y 58, y llegan a dos puntos distintos de la costa peruana para la exportación y/o comercialización.[310]

6.2. Formas de impacto de la ocupación ilegítima en la integridad territorial

La ocupación ilegítima de los territorios ancestrales de los pueblos indígenas de la Amazonía peruana, por empresas dedicadas a actividades de hidrocarburos, afecta gravemente la integridad de los territorios ancestrales y por ende la supervivencia de los pueblos afectados.

Para la CIDH, los grandes proyectos de inversión y desarrollo, como es el caso de los hidrocarburos, afectan gravemente los ecosistemas en los territorios indígenas, por lo que *"representan un peligro mortal para su supervivencia en tanto pueblos, especialmente en los casos en que la fragilidad ecológica de sus territorios coincide con su debilidad demográfica"*[311]. En tal sentido, la ocupación ilegítima de territorios ancestrales pone en peligro de extinción a los pueblos indígenas, especialmente a los que habitan la Amazonía, y entre ellos a los pueblos en aislamiento.

A continuación detallamos algunos casos de impacto negativo en la integridad de los territorios ancestrales de los pueblos amazónicos:

a. Reducción y pérdida del espacio territorial

Una vez firmado el contrato de licencia para la exploración y/o explotación, o de concesión para el transporte (mediante oleoductos) de los hidrocarburos, las empresas proceden a la ocupación de los territorios ancestrales, en la cantidad de espacio prevista por el respectivo contrato. Esta ocupación física trae como resultado la reducción de los territorios indígenas afectados por la lotización. En algunos casos, los lotes de hidrocarburos se superponen a la totalidad de territorios indígenas como ocurre con el lote 64, el que se superpone al territorio de los Achuar en el norte de la Amazonía. Esto significa que los pueblos indígenas pueden perder hasta la totalidad de sus territorios; pues el ingreso de las empresas a territorio indígena viene acompañado de negociantes, misioneros, militares, etc. quienes llegan, por lo general, para quedarse.

---

310 DÁVILA y otro, 2010: 78ss

311 OEA, 2009: párrafo 205

La ocupación ilegítima de los territorios indígenas significa en términos concretos, como precisa Stavenhagen, *"la pérdida de tierras y de territorios"*, lo que a su vez significa la pérdida del control sobre los recursos naturales existentes en dichos territorios.[312]

No existe un procedimiento legal de expropiación de territorios indígenas para la realización de dichas actividades; pues, la empresa suele ocupar el territorio sin aviso previo o acuerdo con los pueblos indígenas. El intento de aplicar la Ley de Consulta y su reglamento, mediante la implementación de un proceso de consulta nada satisfactorio y sólo en casos determinados, no significa la corrección de errores y vacíos que han llevado a la ocupación arbitraria de territorios indígenas.

Por la larga duración de los contratos de exploración y/o explotación de los recursos de hidrocarburos (40 años para petróleo y 50 para gas) la reducción y pérdida de los territorios ancestrales están aseguradas.

b. Abandono de territorios y desplazamiento

La invasión de los territorios indígenas por las empresas contratistas, está provocando su abandono. Los pueblos afectados, al ver resquebrajado el vínculo intrínseco que los unía a sus territorios, debido a la ocupación y la consecuente degradación de sus principales recursos de sobrevivencia (agua, suelos, bosques), deciden abandonarlos y migrar, generalmente a ciudades más cercanas, en cuyas periferias se instalan. Este abandono y migración a las ciudades hace que los pueblos indígenas desaparezcan como tales y sus miembros terminen integrándose a la sociedad envolvente.

De acuerdo con el Foro Permanente para las Cuestiones Indígenas de la ONU (UNPFII) la ejecución de proyectos de inversión en hidrocarburos trae consigo daños irreparables en los territorios y recursos naturales, los que terminan contaminados y extinguidos. Esto ocasiona a su vez, conflictos sociales que terminan en el desplazamiento forzado de los pueblos indígenas a otros lugares.[313]

Para Stavenhagen los "*desplazamientos involuntarios son una consecuencia común de los grandes proyectos de desarrollo*" o inversión, como es el caso de la explotación de hidrocarburos[314]; pues, los miembros de pueblos indígenas afectados no encuentran otro camino que el de salir de sus territorios ances-

---

312 STAVENHAGEN, 2007: 53

313 Permanent Forum on Indigenous Issues, *Report of the workshop on the Perspectives of Relationships between Indigenous Peoples and Industrial Companies,* Russian Federation 1-4 July 2007, paragraph 15

314 STAVENHAGEN, 2007: 53

trales en busca de alternativas de sobrevivencia, con el gran riesgo de perder definitivamente todo lo que cuidaron de generación tras generación.

c. Restricción del acceso de los pueblos indígenas a sus territorios

Las áreas de caza y recolección de frutos han caído en manos de las empresas contratistas, quienes cercan el área del lote adjudicado. Esto impide el paso de los miembros de los pueblos indígenas a sus lugares tradicionales para la obtención de los recursos naturales indispensables. Muchas veces tienen que pedir permiso para cruzar el espacio ocupado por la empresa e ir de caza o pesca.

La CIDH ha identificado este impacto como una forma de limitación del ejercicio libre de derechos territoriales y disfrute de recursos naturales causada por los proyectos de desarrollo o inversión impuestos unilateralmente por el Estado, quien, como se repite, suele alegar el *'interés público'* para la ejecución de los mismos.[315]

d. Empobrecimiento de los territorios indígenas

Las actividades hidrocarburíferas en territorios indígenas de la Amazonía peruana, provocan la desaparición no sólo de plantas y árboles, sino también de animales de caza y de pesca. La desaparición de los bosques significa también la desaparición de aves y mamíferos que en su interior vivían. La contaminación de los suelos hace que éstos empobrezcan y no sirvan más para la siembra de productos alimenticios básicos de autoconsumo como la yuca, el maíz o el plátano. De esta manera los pueblos indígenas van perdiendo en gran medida el control físico de sus territorios y recursos naturales. El empobrecimiento de los territorios ancestrales está poniendo en peligro la seguridad alimentaria, la salud y vida de los miembros indígenas, cuyas actividades económicas, culturales y sociales dependen directamente de los recursos que sus territorios les ofrecen.

e. Privatización de territorios indígenas

Los territorios ancestrales de los pueblos amazónicos afectados por los lotes caen en manos de las empresas transnacionales para la exploración y explotación de los recursos de hidrocarburos. Aun cuando los contratos de licencia no signifiquen el traslado del derecho de propiedad del suelo donde operan, ellos pasan con el tiempo al dominio de privados. Como las empresas contratistas no vienen solas, muchos colonos, interesados en otros recursos comerciables que las acompañan, van accediendo y adueñándose de grandes espacios como si se tratara de tierras baldías o sin dueño.

---

315 OEA, 2009: párrafos 220ss

El Estado peruano parte de la premisa legal de que los territorios ancestrales no comprendidos en los títulos de tierras comunales (de las comunidades nativas o campesinas) son de su propiedad y están a su libre disposición. Es más, al no existir seguridad jurídica absoluta sobre las tierras comunales, el Estado dispone de ellas de igual forma, es decir, libremente, sin la consulta ni participación de los titulares. Al final, los nuevos colonos instalados en territorios indígenas recibirán títulos de propiedad privada.

6.3. Violación del derecho humano colectivo a territorio ancestral

La inclusión de territorios indígenas en la lotización de la Amazonía peruana, con fines de exploración y explotación de hidrocarburos y la ocupación de los mismos por empresas contratistas violan el derecho colectivo de los pueblos indígenas al territorio ancestral y recursos naturales. Este derecho, como fue analizado en el punto 4, ha sido reconocido internacionalmente bajo el nombre de derecho a la propiedad y posesión de territorios o tierras tradicionales, tal como precisa el Artículo 14 (1) del Convenio 169 que volvemos a reproducir:

> *Deberá reconocerse a los pueblos interesados el derecho de propiedad y de posesión sobre las tierras que tradicionalmente ocupan [...]*

Del mismo modo, los dos primeros párrafos del Artículo 26 de la Declaración reconocen el derecho colectivo a territorios ancestrales y recursos naturales existentes en los mismos:

> *Los pueblos indígenas tienen derecho a las tierras, territorios y recursos que tradicionalmente han poseído, ocupado o de otra forma utilizado o adquirido.*
>
> *Los pueblos indígenas tienen derecho a poseer, utilizar, desarrollar y controlar las tierras, territorios y recursos que poseen en razón de la propiedad tradicional y otra forma tradicional de ocupación o utilización, así como aquellos que hayan adquirido de otra forma.*

Al margen de las llamadas comunidades nativas (y campesinas), los pueblos indígenas u originarios de la Amazonía tienen el derecho colectivo inherente sobre los territorios ancestrales o tradicionales que ocupan, disfrutan, utilizan, controlan, transmiten y cuidan desde sus antepasados. Este derecho colectivo se traduce en el derecho de propiedad y posesión común sobre sus territorios tradicionales en la extensión que ellos han accedido desde épocas anteriores a la creación del Estado, e incluso después.

Sin embargo, este derecho está siendo afectado por las actividades hidrocarburíferas que se desarrollan en territorios ancestrales o tradicionales de los pueblos amazónicos. Tal como afirma James Anaya, ex Relator Especial de las

Naciones Unidas sobre los derechos de los pueblos indígenas (ex Relator Especial), las "*actividades de las industrias extractivas producen efectos que a menudo violan los derechos de los pueblos indígenas. Los organismos públicos y las empresas privadas que participan en la extracción o explotación de recursos naturales*" contribuyen a causar dichos efectos.[316]

La titulación de tierras comunales a favor de las comunidades nativas no significa todavía la titulación de los territorios ancestrales de los pueblos indígenas de la Amazonía peruana; pues, gran parte del territorio ancestral no es comprendida mediante dicho acto administrativo. Por tanto, el otorgamiento de licencias para actividades hidrocarburíferas en territorio ancestral no titulado por el Estado, tal como precisa la CIDH, constituye violación del derecho colectivo a los territorios ancestrales[317], asumiendo el Estado, en primera línea, la responsabilidad por tal agresión.

La Declaración y Programa de Acción de Viena, han reconocido la obligación de la comunidad internacional (los Estados) de garantizar el bienestar económico, social y cultural de los pueblos indígenas de la Tierra; en tal sentido, existe la obligación[318] de:

> *[...] tomar medidas positivas concertadas, acordes con el derecho internacional, a fin de garantizar el respeto de todos los derechos humanos y las libertades fundamentales de las poblaciones indígenas, sobre la base de la igualdad y la no discriminación, y reconocer el valor y la diversidad de sus diferentes identidades, culturas y sistemas de organización social.*

Sin embargo, tal como ha identificado la CIDH, en la protección de los derechos humanos colectivos de los pueblos indígenas frente a intereses corporativos de las empresas, existen todavía barreras estructurales y un vacío legal al interior de los países de América, como es el caso de Perú, que impiden el disfrute de tales derechos; es por ello que la ejecución de proyectos de desarrollo e inversión en territorios indígenas" *y las concesiones para la exploración y explotación de recursos naturales, desembocan en violaciones múltiples de derechos humanos individuales y colectivos*"[319]. Uno de esos derechos violados es el derecho colectivo que tienen los pueblos indígenas a los territorios y recursos naturales.

---

316 A/HRC/18/35, informe del Relator Especial sobre la situación de los derechos humanos y las libertades fundamentales de los indígenas, James Anaya, *Industrias extractivas que realizan operaciones dentro de territorios indígenas o en proximidad de ellos*, presentado ante el Consejo de Derechos Humanos de las Naciones Unidas, 2011, párrafo 26

317 OEA, 2009: párrafo 187

318 Punto 20 de la Declaración y Programa de Acción de Viena

319 OEA, 2009: párrafo 209

Del mismo modo, el UNPFII ha precisado que lo más grave en la ejecución de proyectos de inversión, como la extracción de hidrocarburos en territorios indígenas, es la violación de los derechos humanos de los pueblos indígenas, quienes no han participado en la suscripción de los acuerdos estatales ni participan de los beneficios que trae la inversión de capitales en el sector.[320]

La existencia de los pueblos indígenas como colectivos humanos está ligada vitalmente a la existencia de sus territorios tradicionales y recursos naturales. La preservación de la integridad territorial y los derechos originarios de los pueblos indígenas sobre los territorios es una condición determinante para su misma existencia. Esto significa: si desaparecen tanto territorio ancestral como recursos naturales, también desaparecerá el pueblo indígena que se había desarrollado en él. Por tanto, al afectarse el derecho fundamental a los territorios ancestrales se afecta el derecho a existir de los pueblos indígenas.

El derecho a existir de los pueblos indígenas está mencionado en el antepenúltimo párrafo del preámbulo de la Declaración con el siguiente texto:

> *Reconociendo y reafirmando que las personas indígenas tienen derecho sin discriminación a todos los derechos humanos reconocidos en el derecho internacional, y que los pueblos indígenas poseen derechos colectivos que son indispensables para su existencia, bienestar y desarrollo integral como pueblos.*

Para los filósofos la palabra *existir* significa estar en el mundo activamente y para la Real Academia Española ella proviene del latín '*exsistere*' que significa, entre otras cosas, tener vida y estar. En consecuencia, los pueblos indígenas son colectivos que, al estar compuestos por personas naturales, tienen vida y se desarrollan permanentemente al interior de sus territorios que tradicionalmente ocupan.

Las actividades hidrocarburíferas al interior de sus territorios ancestrales están poniendo en peligro el derecho a existir de los pueblos indígenas; pues; tal como asegura Stavenhagen, los efectos de largo plazo de las actividades de inversión en territorios indígenas alteran de modo irreparable (irremediable) el medio tradicional (territorios tradicionales) y se destruyen los recursos naturales no renovables y renovables, útiles y necesarios.[321]

---

320 Permanent Forum on Indigenous Issues, 2007

321 STAVENHAGEN, 2007: 71

7. Impacto de las actividades hidrocarburíferas en el medio ambiente de los pueblos indígenas

Las actividades industriales de empresas petroleras y gaseras causan grave deterioro medioambiental en los territorios de los pueblos indígenas. Este deterioro se traduce en la deforestación y degradación de los bosques y suelos, así como en la contaminación de las fuentes principales de subsistencia de los pueblos afectados.

En general, la colonización permanente de la Amazonía peruana para actividades de empresas públicas y privadas, dedicadas a la industria de hidrocarburos, extracción de madera, minerales y otras actividades lícitas e ilícitas, han llevado, al año 2000, a la deforestación de más de once millones de hectáreas. Esto significa el decrecimiento de la riqueza biológica de la región. Al 2012, la deforestación de la Amazonía habría alcanzado, según cálculos empíricos, a más de 13 millones de hectáreas.

La superposición de lotes de hidrocarburos sobre territorios indígenas de la Amazonía peruana está llevando a la deforestación de bosques, especialmente en áreas biodiversas y vulnerables donde viven pueblos o grupos indígenas en aislamiento.

La deforestación de los bosques se inicia con el ingreso de los trabajadores de la empresa al lote contratado. Como se requiere de campamentos, helipuertos, puertos y vías de acceso para el personal y maquinarias al lote, se talan áreas considerables de bosques. Igualmente, para la prospección sísmica (2D y 3D) se abren trochas muy largas y pozos que sirven para instalar cables eléctricos y material explosivo. A su paso van cayendo árboles y plantas valiosas para los pueblos indígenas. La deforestación está causando la fragmentación grave de los bosques y la pérdida irreparable de la riqueza biológica.[322]

Las empresas petroleras no vienen solas. Los caminos que ellas abren sirven para el ingreso de otros agentes interesados en recursos naturales comerciables, como la madera, minerales, cultivo de palmas aceiteras, etc.

Las actividades de perforación de pozos exploratorios están llevando a la degradación y contaminación permanente de los territorios indígenas afectados. Los contratistas utilizan para el lodo o fluido de perforación productos químicos

322 LU DE LAMA y otra en GAMBOA, 2010

como bentonita, hidróxido de potasio, barita, entre otros altamente tóxicos. Esta mezcla sirve para controlar las propiedades de fluidos, evitar la caída de los pozos, entre otros. Dicho lodo, así como los cortes de perforación (roca molida por la broca), son vertidos directamente al suelo y/o cuerpos de agua, sin ser separados o tratados adecuadamente. Los fluidos de perforación contienen también metales pesados, como plomo, zinc, aluminio, cromo, arsénico, entre otros, que son extraídos del subsuelo y terminan en los cuerpos de agua y bosques de los territorios indígenas.

El vuelo permanente de los helicópteros dedicados al transporte de material y personal al lugar de actividades afecta la vida silvestre de la Amazonía, en ésta de los territorios indígenas. Los peces y animales de caza, fuente de alimentación primaria de los pueblos amazónicos, huyen debido al ruido constante de los motores.

Desde el inicio de las actividades industriales de hidrocarburos, el medio ambiente natural de los pueblos indígenas, entendido éste en su conjunto (aire, suelo, subsuelo), es contaminado por los fluidos de perforación, el ruido de los motores de las maquinarias, helicópteros o barcos, la acumulación de residuos domésticos, desagües de los campamentos, desechos o restos de explosivos y de mantenimiento de maquinarias y medios de transporte. No sólo las plantas, sino también los animales se ven afectados por la contaminación.

En las etapas de explotación y transporte de hidrocarburos los efectos negativos sobre el medio ambiente de los pueblos afectados se agrava. Según Dávila y Gamboa, en la ejecución del conocido Proyecto de Gas de Camisea, para el cual se han construido dos tipos de gaseoductos (uno para gas natural y el otro para los líquidos) que transportan el producto hasta la costa peruana, se han deforestado zonas ricas en biodiversidad y con presencia de pueblos indígenas en situación de aislamiento.[323]

Al respecto, el Banco Interamericano de Desarrollo (BID), quien había prestado a la empresa Transportadora de Gas del Perú (TGP) la suma de 75'000,000 de dólares para financiar una parte del componente de transporte de gas natural y líquidos de gas natural, sostenía que hasta el 2007 el trabajo de dicha empresa era adecuado *"dado que no se han identificado impactos ambientales relacionados con el proyecto, a pesar de los cinco escapes ocurridos entre diciembre de 2004 y marzo de 2006"*[324]; minimizando así los verdaderos efectos del derrame de líqui-

323 DÁVILA y otro, 2010: 77, 78

324 PR-2767-6 del 16 de julio de 2007, del Secretario al Director Ejecutivo del Banco Interamericano de Desarrollo: *Perú. Préstamo 1472/OC-PE para el proyecto de*

dos de gas. Para el BID, la erosión superficial había sido manejada correctamente; además, se había restituido *"la cobertura vegetal a condiciones similares a las originales"*, y que no había observado riesgo alguno que amenazara la biodiversidad; en consecuencia, no se había producido ningún tipo de impacto ambiental importante.[325]

Sin embargo, la versión del BID, en cuanto a la contaminación del medio ambiente, quedó desarmada por las medidas de sanción administrativa impuestas por el Organismo Supervisor de la Inversión en Energía y Minería de Perú (OSINERGMIN) a la empresa transportadora citada, tal como se desprende del siguiente cuadro:

Cuadro 14. Sanciones administrativas impuestas por OSINERGMIN a TGP por afectar el medio ambiente desde 2002 al 2009

N°	Empresa	Resoluciones	Motivo de sanción
1	Transportadora de Gas del Perú S.A.	219-2002-OS/GG 687-2003-OS-GG 33-2004-OD/CD	Actividades no aprobadas en EIA: erosión, desestabilización de taludes, mayor área deforestada, afectación de agua en ríos
2	Transportadora de Gas del Perú S.A.	089-2004-OS/GG	Áreas exceden a los 30 m de ancho, mayor deforestación, pérdida de biodiversidad
3	Transportadora de Gas del Perú S.A.	1165-2007-OS/GG, entre otras resoluciones	Incumplimiento de EIA: no realizar medidas de control de erosión en Paratori y otros sectores
4	Transportadora de Gas del Perú S.A.	1330-2007-OS/GG	Incumplimiento del EIA: construcción de accesos río Comerciato
5	Transportadora de Gas del Perú S.A.	657-2008-1-OS/GFGN, entre otras resoluciones	Vertimiento de efluentes domésticos provenientes del campamento de construcción de la plataforma Cashiriari3
6	Transportadora de Gas del Perú S.A.	651-2008-1-OS/GFGN 241-2009-OS/CD	Inadecuado manejo de los suelos, contaminado por derrame de petróleo, aceites, etc. en Sierra y Selva

Camisea, aprobado mediante Resolución DE-64/03, Resumen de la ejecución de los compromisos ambientales y sociales del proyecto Camisea, p. 19

325 PR-2767-6, 2007: 9

N	Empresa	Resoluciones	Motivo de sanción
7	Transportadora de Gas del Perú S.A.	088-2007-OS/GG	Incumplimiento EIS: no realizar trabajos de estabilidad de taludes, daño canal de riego en Cocamanzana
8	Transportadora de Gas del Perú S.A.	6239-2006-OS/GG, entre otras resoluciones	Incumplimiento EIA: construcción puente en Quintiarina sin autorización
9	Transportadora de Gas del Perú S.A.	736-2007-OS/GG y otras resoluciones	Incumplimiento EIA: accidente de embarcación "Ponguera"
10	Transportadora de Gas del Perú S.A.	366-2007-OS/GG, otras resoluciones	Incumplimiento EIA: tratamiento de residuos, no presentar reporte de incidentes de derrame en Acocro, etc.
11	Transportadora de Gas del Perú S.A.	3289-2006-OS/GG	Incumplimiento EIA: instalación de cruce aéreo sin contar con opinión del Ministerio de Energía y Minas
12	Transportadora de Gas del Perú S.A.	854-2007-OS/GG	Incumplimiento de Plan de Contingencia sobre derrame de abril 2006
13	Transportadora de Gas del Perú S.A.	690-2008-1-OS/GFGN y otra resolución	Inadecuado tratamiento de aguas residuales y exceso de los límites máximos permitidos

Fuente: OSINERGMIN: www.osinerg.gob.pe/newweb/uploads/GFGN/Rel_Sanciones_FC_GFGN_Febrero_2012.pdf

Por la larga duración de los contratos de explotación y transporte, la contaminación del medio ambiente en los territorios indígenas es mucho más severa en estas etapas. Incluso, como señalan Finer y Orta-Martínez, los más modernos lugares de producción y ductos estarían propensos a sufrir accidentes y derrames de los productos extraídos.[326]

De esta manera, la contaminación del medio ambiente y la deforestación y degradación de los territorios indígenas son muy graves en todas las etapas de desarrollo de la industria de hidrocarburos; partiendo de los estudios sísmicos,

326 FINER y otro, 2010: 8

pasando por la perforación de pozos exploratorios y de producción hasta el transporte y refinación.

Las actividades de hidrocarburos en la Amazonía peruana afectan seriamente los cuerpos de agua en el área de influencia. Los ríos, lagos, riachuelos y otros están siendo contaminados con los fluidos de exploración y las aguas de producción, que contienen sustancias tóxicas y petróleo, que se derraman ya sea en los pozos de exploración o producción y/o durante el transporte por ductos o lanchas.[327]

Los cuerpos de agua son utilizados por los pueblos indígenas amazónicos como fuente de alimentación, higiene personal, medio de transporte, recreación, etc.. La contaminación de sus aguas con sustancias químicas tóxicas impide a los pueblos indígenas realizar sus actividades tradicionales de pesca, una de las fuentes principales de subsistencia.

La contaminación de los cuerpos de agua y bosques está llevando a la disminución de la biodiversidad existente en territorios ancestrales, especialmente de pueblos indígenas en aislamiento. Tal como precisa Huertas, la riqueza biológica acuática y terrestre del área de influencia del Proyecto de Gas de Camisea ha sido *"considerablemente afectada debido al permanente tránsito de embarcaciones por el río Urubamba y sus afluentes"*.[328]

La Oficina de Epidemiología del Ministerio de Salud de Perú ha resumido información importante sobre el impacto negativo en el medio ambiente de los pueblos indígenas afectados por el citado proyecto, donde resalta la disminución de la flora y fauna de los bosques y acuáticos. Los peces del río Urubamba, en el pasado abundantes, habrían desaparecido y los del río Camisea (al 2003) habrían disminuido considerablemente, afectando gravemente la base alimenticia de los pueblos indígenas que habitan tanto las partes exteriores de la reserva territorial Kugapakori y otros, como de los que viven en situación de aislamiento y/o contacto inicial al interior de la misma.[329]

Los derrames de petróleo y escapes de gas natural y sus líquidos son una constante que afecta gravemente el medio ambiente de los pueblos indígenas.

Desde inicios de la etapa de explotación del Proyecto de Gas de Camisea hasta enero del 2010, se han registrado aproximadamente seis derrames de líquidos

---

327 DOUROJEANNI *et al.*, 2010: 72

328 HUERTAS en IWGIA, 2007

329 Oficina General de Epidemiología del Ministerio de Salud de Perú, *Pueblos en situación de extrema vulnerabilidad: el Caso de los Nanti de la reserva territorial Kugapakori Nahua Rio Camisea, Cusco*, Perú, 2003, pp. 75ss

de gas de los ductos de transporte que unen la planta de Malvinas con las de la Costa.[330]

Dichos derrames llegaron a contaminar no sólo los bosques y suelos, sino también las aguas del río Urubamba y sus quebradas con la consecuente muerte de miles de peces. La cantidad de líquido derramado llegó hasta los 4,700 barriles. El derrame más grave ocurrió el 4 de marzo de 2006 en la localidad de Echarate (Cusco), donde la fuga de líquidos de gas provocó un incendio, resultando personas con quemaduras de primer y segundo grado, así como pérdidas de cultivo y animales.[331]

En la queja presentada ante el Ombdusman de la Corporación Financiera Internacional, las comunidades shipibas Canaán de Cachiyacu y Nuevo Sucre sostienen que, desde hace cuatro años (desde el 2009), vienen confrontando con derrames masivos de petróleo causados por la empresa Maple en los lotes 31-B y 31-E, los que se ubican en territorio ancestral. Además de los derrames masivos, los ríos que cruzan sus territorios, las tierras donde cultivan productos de autoconsumo y los bosques de donde obtienen sus alimentos tradicionales están siendo contaminados permanentemente con aguas de producción y otros residuos, los que dañan irreversiblemente la flora y la fauna existentes en su territorio. La empresa estaría reinyectando sólo una mínima parte de las aguas de producción, dejando correr el resto hasta alcanzar los ríos.[332]

En el año 2004 la empresa Maple había dejado fluir un aproximado de 2,000 barriles de aguas de producción por día, las que, al no ser reinyectadas, alcanzaron la Quebrada Cachiyacu, fuente principal de agua de consumo y pesca de la comunidad Canaán de Cachiyacu. No obstante a las evidencias recogidas por la entidad supervisora de entonces (OSINERG), ésta no habría podido determinar la contaminación denunciada.[333]

La comunidad de Nuevo Sucre ha sufrido bajo los efectos de cuatro derrames masivos de petróleo, que llegaron a contaminar los ríos que pasan por su territorio. Uno de ellos ocurrió el 10 de julio del 2011 y contaminó el río Mashiria. En esta ocasión, como en otras, no fue posible determinar la cantidad de crudo

330 DÁVILA y otro, 2010: 80

331 DÁVILA y otro, 2010: 85, 91

332 Queja de Canaán y Nuevo Sucre, 2012: 2, 4

333 RAMOS URRUTIA, Irene y SEVILLANO ARÉVALO, María del Rosario, Hidrocarburos y tierras de Comunidades Nativas, en GAMBOA BALBÍN, César (editor), Hidrocarburos y Amazonía peruana: ¿Superposición de derechos u oportunidades para el desarrollo sostenible?, Derecho, Ambiente y Recursos Naturales, Perú, 2010, pp. 75ss

derramado. Sólo se sabe de las consecuencias: agua contaminada, peces muertos, niños enfermos con síntomas propios de contaminación con petróleo, falta de agua para la alimentación, etc. De acuerdo a la información dada por el promotor de salud de dicha comunidad, Julián Burga, *"la gente comúnmente presenta fiebre, diarrea y dolor abdominal. La diarrea proviene del agua de la quebrada que se bebe, especialmente en los niños"*, además habrían fallecido varias personas como consecuencia del consumo de agua contaminada.[334]

Otra de las áreas gravemente contaminadas por derrames de hidrocarburos, son las cuencas de los ríos Corrientes, Marañón, Pastaza y Tigre, ubicadas en el norte de la Amazonía peruana. Estas cuencas se encuentran contaminadas tanto por las aguas de producción como por el derrame permanente de petróleo que se explota. Allí se han instalado los pozos de producción de los lotes 1-AB[335] y 8, operados por la empresa Pluspetrol Norte S.A. y el consorcio liderado por ella misma. Estos lotes se superponen a territorios de los pueblos indígenas Achuar, Urarina y Quechua del Pastaza.

Desde hace más de 35 años, el río Corrientes recibe la descarga directa de las aguas de producción petrolera, sin que las empresas las reinyecten. Los contratistas, según Jorge Agurto, estarían vertiendo más de un millón de barriles de agua de producción al río Corrientes por día. En sus aguas se pueden encontrar metales pesados como plomo, cromo, mercurio, arsénico, etc.[336]

El impacto negativo de la industria de hidrocarburos está llevando a la degradación de la salud de los miembros del pueblo Achuar. Más del 90% de la población presenta niveles muy altos de cadmio en la sangre.[337].

---

334 Entrevista con Julián Burga Ochavano realizada por la autora en la comunidad de Nuevo Sucre el 13 de julio del 2011

335 El contrato de explotación del lote 1-AB vencerá en agosto del 2015. PERUPETRO ha previsto la licitación de este lote bajo el número 192 y con mayor espacio que antes. Para este nuevo lote se ha anunciado la realización del proceso de consulta a los pueblos indígenas. Licitación y consulta previa se llevarán a cabo simultáneamente a partir de mayo del 2015: PERUPETRO: http://www.perupetro.com.pe/wps/wcm/connect/Perupetro/site/Prensa/Notas%20de%20Prensa/Por%20implementacion%20de%20Consulta%20Previa%20en%20Lote%20192 (marzo 2014); diario Gestión: http://gestion.pe/economia/perupetro-preocupado-ante-escenario-no-licitar-tiempo-lote-1ab-2080380 (marzo 2014); diario La República: http://www.larepublica.pe/24-04-2015/pluspetrol-esta-obligado-a-la-remediacion-ambiental-del-lote-192 (abril 2015)

336 AGURTO, en IWGIA 2-3/2006: 22ss

337 FINER y otro, 2010: 2

Muchos informes especializados afirman que las actividades de explotación del lote 8 han contaminado los cuerpos de agua pertenecientes a todo el ecosistema del río Corrientes. Una de las lagunas utilizadas como el depósito de aguas de explotación, es la Cocha de Atiliano, la misma que en épocas anteriores era una de las fuentes tradicionales para el consumo de agua y pesca de los miembros del pueblo Achuar (organizada en la comunidad nativa de Pucaruro). Hoy dicha laguna o cocha está prácticamente muerta, pues en sus aguas ya no hay flora ni fauna, los peces han desaparecido, o los pocos que quedan están enfermos. Sus aguas no son aptas para el consumo. Del análisis minucioso del agua y sedimentos de dicha laguna, algunas instituciones y organizaciones han determinado la existencia de metales pesados que sobrepasan los límites estándares aceptados, además de volúmenes altos de hidrocarburos, grasa y aceites.[338]

Igualmente, las lagunas de Shanshococha (de más de 2800 m^2) y Ushpayacu, ubicadas en territorio ancestral del pueblo indígena Quechua del Pastaza, antes fuente de agua y de pesca, hoy están afectadas por la contaminación no sólo de petróleo, sino también de metales pesados y otros productos químicos altamente peligrosos. La empresa petrolera Pluspetrol Norte S.A. (y su antecesora Occidental Petroleum Corporation- OXY), dueña de las reservas de petróleo del lote 1-AB y responsable de la contaminación, ha destinado las citadas lagunas como lugar de depósito de las aguas de producción y de restos de petróleo, así como residuos sólidos de sus actividades industriales. En su intento de desaparecer las huellas de la contaminación, la empresa ha cubierto con tierra y madera las lagunas contaminadas, y otros depósitos clandestinos en territorio indígena.[339]

La contaminación de las cuencas de los ríos Urubamba, Ucayali, Corrientes, Pastaza y Tigre, sólo son una muestra de lo que está pasando en todas las áreas de exploración y explotación industrial, así como transporte, de hidrocarburos en la Amazonía peruana.

La industria de hidrocarburos que se desarrolla en territorios indígenas, está llevando a la degradación de la integridad medioambiental; es decir, a la

---

338 Observatorio Petrolero de Amazonía Norte, Solsticio Perú, *Contaminación Petrolera en la Cocha Atiliano*, Perú, 2011

339 Después de una serie de denuncia y quejas por parte de organizaciones indígenas, en noviembre del 2013, el Organismo de Evaluación y Fiscalización Ambiental (OEFA), del Ministerio de Ambiente de Perú, ha impuesto una sanción pecuniaria a Pluspetrol, ascendente a 20 millones de soles por la contaminación de la laguna de Shanshococha y ordenado la "generación", o sea creación, de una nueva laguna, entre otras medidas. Servindi: http://servindi.org/actualidad/96851; también Servindi: http://servindi.org/actualidad/93897#more-93897 (marzo 2014)

degradación de la integridad territorial, con efectos negativos para la vida, salud, economía, relaciones culturales y sociales de los pueblos indígenas afectados y sus miembros.

7.1. El medio ambiente en el derecho internacional

En términos generales, el Centro para el Derecho Internacional del Medio Ambiente (CIEL en inglés) ha dado una definición de medio ambiente, calificándolo como un todo que incluye diferentes aspectos: *"'environment' is considered in its totality, including ecological (biological), physical (natural and created by human labor), social, political, aesthetic, and economic conditions"*. Es decir, el medio ambiente incluye aspectos ecológicos, físicos, sociales, políticos, estéticos y económicos. Estas condiciones o aspectos hacen del medio ambiente un espacio seguro, sano, productivo y sostenible para el ser humano.[340]

Igualmente, la Real Academia Española ha definido el medio ambiente como el conjunto de circunstancias culturales, económicas y sociales en que vive una persona o el conjunto de circunstancias exteriores a un ser vivo.[341]

Otras fuentes señalan que el medio ambiente es todo lo que rodea a un organismo. Ese todo estaría compuesto por seres vivos y abióticos. El medio ambiente estaría compuesto por la atmósfera, la tierra, el agua, la flora y fauna, así como por objetos físicos fabricados por el hombre y los elementos simbólicos.

El medio ambiente es un tema que ha ido ingresando al debate internacional a partir de los años 70' del siglo pasado. Los documentos e instrumentos jurídicos que a continuación analizamos nos revelan el grado de su inclusión en el campo de los derechos humanos.

Uno de los primeros documentos internacionales que introdujo el medio ambiente como un tema relacionado a los derechos humanos fue la Declaración de Estocolmo sobre el Medio Humano de 1972 (Declaración de Estocolmo)[342], la misma que, si bien no reconoce un derecho sustantivo al medio ambiente, ha resaltado la importancia del medio humano (natural y artificial) para la

340 Center for International Environmental Law (CIEL): One Species, One Planet: Environmental Justice and Sustainable Development; Final Edicion, Washington, DC, USA, October 2002; p. 4

341 Real Academia Española: http://www.rae.es/rae.html (Julio 2012)

342 Declaración de Estocolmo sobre el Medio Humano 1972, proclamada por la Conferencia de las Naciones Unidas sobre el Medio Humano, reunida en Estocolmo del 5 al 16 de junio de 1972

satisfacción de los demás derechos humanos individuales, como el de la vida, la salud, el bienestar, etc.; así apreciamos de su primer considerando:

> *El hombre es a la vez obra y artífice del medio que lo rodea, el cual le da el sustento material y le brinda la oportunidad de desarrollarse intelectual, moral, social y espiritualmente. En la larga y tortuosa evolución de la raza humana en este planeta se ha llegado a una etapa en que, gracias a la rápida aceleración de la ciencia y la tecnología, el hombre ha adquirido el poder de transformar, de innumerables maneras y en una escala sin precedentes cuanto lo rodea. Los dos aspectos del medio humano, el natural y el artificial, son esenciales para el bienestar del hombre y para el goce de los derechos fundamentales, incluso el derecho a la vida misma.*

Para la Declaración de Estocolmo, el medio humano está compuesto tanto por elementos naturales (físicos, ecológicos, biológicos, etc.), como por elementos creados (artificiales) por los mismos seres humanos (físicos, económicos, políticos, etc.), los que estando a su servicio deberían ser utilizados con la debida prudencia y correctamente para evitar daños incalculables a otros humanos y a su propio medio. El tercer considerando de la Declaración de Estocolmo reconoce el peligro que se cierne en torno a dicho medio humano:

> *A nuestro alrededor vemos multiplicarse las pruebas del daño causado por el hombre en muchas regiones de la Tierra: niveles peligroso[s] de contaminación del agua, el aire, la tierra y los seres vivos; grandes trastornos del equilibrio ecológico de la biósfera; destrucción y agotamiento de recursos insustituibles y graves deficiencias, nocivas para la salud física, mental y social del hombre, en el medio por él creado, especialmente en aquél en que vive y trabaja.*

La primera parte del Principio 1 de la Declaración de Estocolmo reconoce no sólo el derecho de las personas a gozar de la libertad, de la igualdad y de una vida digna en un medio adecuado, sino también establece la obligación de cuidar este medio humano para las generaciones venideras:

> *El hombre tiene el derecho fundamental a la libertad, la igualdad y el disfrute de condiciones de vida adecuadas en un medio de calidad tal que le permita llevar una vida digna y gozar de bienestar, y tiene la solemne obligación de proteger y mejorar el medio para las generaciones presentes y futuras.*

Este principio, como es reconocido por la doctrina, establece por primera vez un vínculo entre la protección del medio ambiente y los derechos humanos fundamentales al interior de la ONU. Kolari sostiene que el principio en referencia no hace sino establecer *"a foundation for linking human rights and environmental protection internationally"*[343]. Del mismo modo, Lena Heinämäki sostiene que si

---

343 KOLARI, 2004: 34

bien la Declaración de Estocolmo no establece un derecho específico al medio ambiente, su Principio 1 reconoce la calidad medio ambiental como un atributo de los derechos humanos fundamentales.[344]

Hay algunos autores, como Francesco Francione, que han calificado ese vínculo como un avance revolucionario en la garantía de los derechos humanos fundamentales y la dignidad humana.[345]

Un aspecto muy importante a resaltar en la Declaración de Estocolmo es el Principio 6. Éste precisa el deber de todos de poner un punto final a la contaminación del medio humano, es decir del medio ambiente natural y artificial que nos rodea:

> *Debe ponerse fin a la descarga de sustancias tóxicas o de otras materias y a la liberación de calor, en cantidades o concentraciones tales que el medio no pueda neutralizarlas, para que no causen daños graves e irreparables a los ecosistemas. Debe apoyarse la justa lucha de los pueblos de todos los países contra la contaminación.*

Desde la proclamación de la Declaración de Estocolmo han pasado más de 40 años y las cantidades de sustancias tóxicas que se vierten a los ríos, bosques, lagos y lagunas en todo la Amazonía peruana, al igual que en otros ecosistemas vulnerables, han crecido y no hay control efectivo por parte del Estado para evitar y/o limitar tal contaminación.

Después de la Declaración de Estocolmo, el Grupo de Expertos en Derecho Medioambiental de la Comisión Mundial para el Medio Ambiente y Desarrollo (Comisión Brundtland, debido a su presidenta Gro Harlem Brundtland) propuso a la Asamblea General de las Naciones Unidas un conjunto de principios jurídicos para la protección del medio ambiente y desarrollo duradero[346]. Estos principios, según algunos expertos, estarían para ser incorporados en un instrumento legal internacional de cumplimiento obligatorio. Entre ellos destaca el Principio 1:

> *Todos los seres humanos tienen el derecho fundamental a un medio ambiente adecuado para la salud y bienestar.*

---

344 HEINÄMÄKI, Leena, *The Protection of the Environmental Integrity of Indigenous Peoples in Human Rights Law,* in HEINÄMÄKI, Leena, *The Right to Be a Part of Nature: Indigenous Peoples and the Environment*, Dissertation, Finland, 2010, pp. 9, 10

345 FRANCIONI, Francesco, *International Human Rights in an Environmental Horizon*; in The European Journal of International Law, Vol. 21, N° 1, 2010, pp. 41ss

346 A/42/427, informe de la Comisión Mundial sobre el Medio Ambiente y el Desarrollo: *"Nuestro futuro común"*, presentado a la Asamblea General de las Naciones Unidas, 1987, p. 381

Este principio ha intentado darle al medio ambiente la calidad de derecho fundamental. No precisa las cualidades del derecho, pero hace mención de que el medio ambiente debe ser adecuado para el disfrute de la salud y bienestar. Esto significa que la calidad medioambiental ha tomado la forma de un derecho humano.[347]

A diferencia de la Declaración de Estocolmo, la Comisión Brundtland se dirige a los Estados como los responsables de la conservación del medio ambiente y disfrute de los recursos naturales, los mismos que no sólo han de servir a las generaciones presentes, sino que deben ser conservados para las generaciones venideras. Así se desprende de su Principio 2:

> *Los Estados deberán conservar y utilizar el medio ambiente y los recursos naturales para beneficio de la presente y de las futuras generaciones.*

Se habría podido pensar que, luego de la propuesta hecha por la Comisión Brundtland sobre los principios de protección del medio ambiente y desarrollo sostenible, se avanzaría al interior de la ONU con el reconocimiento formal, en un instrumento vinculante, de un derecho humano sustantivo al medio ambiente. Al proclamarse la Declaración de Río sobre el Medio Ambiente y el Desarrollo (Declaración de Río)[348] en 1992, se obvia todo lo que hasta entonces había sido considerado como un avance en el establecimiento de tal derecho. Tal como sostiene Kolari, incluso la formulación de su primer principio contradice la terminología básica de derechos utilizada por la Declaración de Estocolmo[349]. Veamos lo que dice el Principio 1 de la Declaración de Río:

> *Los seres humanos constituyen el centro de las preocupaciones relacionadas con el desarrollo sostenible. Tienen derecho a una vida saludable y productiva en armonía con la naturaleza.*

La introducción de la frase '*en armonía con la naturaleza*' delata la ambigüedad del principio en mención y la falta de importancia que tuvo para sus autores el vínculo estrecho existente entre la protección del medio ambiente y los derechos humanos.[350]

Del mismo modo, otros autores, como Francioni, critican la Declaración de Río por haberse ocupado, ante todo, en vincular o conciliar el desarrollo

---

347 KOLARI, 2004: 39

348 Declaración de Río sobre el Medio Ambiente y el Desarrollo proclamada por la Conferencia de las Naciones Unidas sobre el Medio Ambiente y el Desarrollo llevada a cabo en Río de Janeiro, Brasil, del 3 al 14 de junio de 1992

349 KOLARI, 2004: 43

350 KOLARI, 2004: 43

económico con aspectos de protección del medio ambiente y dejar de lado la garantía de los derechos humanos fundamentales.[351]

Aun cuando el Programa 21 aprobado por la misma Conferencia de la ONU sobre el Medio Ambiente y el Desarrollo (Programa 21)[352] reconoce derechos procedimentales en temas de medio ambiente, éste no se detiene en reconocer la existencia de un derecho sustantivo de las personas a un medio ambiente.

El Programa 21 se ocupa, ante todo, del tema de desarrollo sostenible y el derecho a la participación ciudadana en la adopción de medidas para proteger el medio ambiente, así como del derecho de las personas al acceso a la información relativa al medio ambiente y al desarrollo, entre otros.

Sin duda, una de las propuestas más importantes hechas al interior de la ONU para el reconocimiento de un derecho sustantivo al medio ambiente es el Proyecto de Declaración de Principios sobre Derechos Humanos y el Medio Ambiente presentado por la entonces Representante Especial de la ONU Fatma Zohra Ksentini en agosto de 1994 (Proyecto Ksentini)[353]. Este proyecto fue considerado, al interior de la ONU, como el primer documento internacional que ha llegado a comprender la verdadera relación de los derechos humanos con el medio ambiente. Dicho proyecto ha establecido principios como el del numeral 2, el mismo que, por primera vez, resalta el derecho sustantivo de todas las personas a un medio ambiente con caracteres especiales, tal como a continuación se detalla:

> *All persons have the right to a secure, healthy and ecologically sound environment. This right and other human rights, including civil, cultural, economic, political and social rights, are universal, interdependent and indivisible.*

Este principio propone que el medio ambiente, como derecho humano, debe ser seguro, sano y ecológicamente armonioso. Al mismo tiempo, la propuesta resalta los principios de universalidad, interdependencia e indivisibilidad vigentes para los derechos humanos en general.

La propuesta del derecho a un medio ambiente sano, seguro y armonioso, incluye el derecho de toda persona a vivir en un medio ambiente libre de polución, degradación ambiental y de otras formas que afecten el medio ambiente, la vida, salud, bienestar o desarrollo sostenible, tal como precisa el Principio 5 del Proyecto Ksentini:

---

351 FRANCIONI, 2010

352 Programa 21 aprobado por la Conferencia de las Naciones Unidas sobre el Medio Ambiente y el Desarrollo llevada a cabo en Río de Janeiro, Brasil, entre el 3 y 14 de junio de 1992

353 Draft Declaration of Principles on Human Rights and The Environment on 16 May 1994

All persons have the right to freedom from pollution, environmental degradation and activities that adversely affect the environment, threaten life, health, livelihood, well-being or sustainable development within, across or outside national boundaries.

Como el medio ambiente está compuesto por aire, suelo, agua, flora, fauna y demás recursos naturales renovables y no renovables, el derecho sustantivo propuesto por el Proyecto Ksentini comprende también el derecho de las personas a la protección y preservación de los mismos. Así se aprecia del Principio 6:

All persons have the right to protection and preservation of the air, soil, water, sea-ice, flora and fauna, and the essential processes and areas necessary to maintain biological diversity and ecosystems.

Si bien dicho proyecto significó un avance en la precisión del derecho humano a un medio ambiente sano, seguro y ecológicamente armonioso, y ha servido como punto de referencia a sistemas nacionales e internacionales, así como medio para el desarrollo de normas internacionales vinculantes que en el futuro se podrían elaborar en el campo de los derechos humanos, él ha quedado relegado al interior de las Naciones Unidas.[354]

Según Alan Boyle, la propuesta contenida en el Proyecto Ksentini para el reconocimiento de un derecho autónomo a un medio ambiente sano y seguro no habría recibido una respuesta favorable de la Comisión de Derechos Humanos de la ONU ni de los Estados, debido a que su valor normativo habría sido incierto, y que la propuesta *"was inherently anthropocentric, and it was unnecessary given the extent to which international law already addressed environmental problems"*[355]; es decir, se habría enfocado en el individuo como único sujeto del derecho al medio ambiente y no en un contexto de balance de derechos sociales, económicos y culturales.

A nivel regional encontramos algunos instrumentos importantes que vinculan estrechamente los derechos humanos con el medio ambiente.

En el caso de Europa tenemos la Convención sobre el Acceso a la Información, la Participación del Público en la Toma de Decisiones y el Acceso a la Justicia en Asuntos Ambientales (Convención Aarhus)[356], la misma que si bien no reconoce el derecho sustantivo a un medio ambiente, ella toma su existencia como un hecho. El séptimo considerando del Preámbulo dice textualmente:

354 KOLARI, 2004: 54

355 BOYLE, Alan, *Human Rights and the Environment: A Reassessment*, 2010, pp. 12, 13

356 Adoptada en la Conferencia Ministerial "Medio Ambiente para Europa" celebrada en Aarhus, Dinamarca, el 25 de junio de 1998

Reconociendo también que toda persona tiene el derecho a vivir en un medio ambiente que le permita garantizar su salud y su bienestar, y el deber, tanto individualmente como en asociación con otros, de proteger y mejorar el medio ambiente en interés de las generaciones presentes y futuras [...]

En el Artículo 1 podemos apreciar que el objetivo de la Convención Aarhus es proteger derechos procedimentales, como el acceso a la información, participación y justicia en asuntos medioambientales, que contribuyan en la protección del derecho de las personas a vivir en un medio ambiente seguro para su salud y bienestar:

Objetivo.- A fin de contribuir a proteger el derecho de cada persona, de las generaciones presentes y futuras, a vivir en un medio ambiente que permita garantizar su salud y su bienestar, cada Parte garantizará los derechos de acceso a la información sobre el medio ambiente, la participación del público en la toma de decisiones y el acceso a la justicia en asuntos ambientales de conformidad con las disposiciones de la presente Convención.

El enfoque de la Convención Aarhus se concentra en la regulación de aspectos procedimentales de acceso a la información y justicia en cuestiones medioambientales y no en el reconocimiento de un derecho sustantivo al medio ambiente.

Un documento que no tuvo mayor repercusión a nivel internacional pero que acertadamente reconocía el derecho fundamental a un medio ambiente sano y ecológicamente equilibrado fue la Declaración de Bizcaia sobre el Derecho al Medio Ambiente (Declaración de Bizcaia)[357], la misma que en su Artículo 1 introduce aspectos importantes del derecho sustantivo, caracteres del medio ambiente, entre otros. Así expresa:

1.- Toda persona, tanto a título individual como en asociación con otras, tiene el derecho a disfrutar de un medio ambiente sano y ecológicamente equilibrado.
2.- El derecho al medio ambiente es un derecho que puede ejercerse ante los poderes públicos y entidades privadas, sea cual sea su estatuto jurídico en virtud del Derecho nacional e internacional.
3.- El derecho al medio ambiente se ha de ejercer de forma compatible con los demás derechos humanos, incluido el derecho al desarrollo.

357 Declaración de Bizkaia sobre el Derecho al Medio Ambiente del 12 de febrero de 1999, proclamada por la Diputación Foral de Bizkaia, Instituto Vasco de Administración Pública, UNESCO Etxea-Centro UNESCO Euskal Herria y el Istituto Pedro Arrupe de Derechos Humanos de la Universidad de Deusto, con el auspicio de UNESCO y del Alto Comisionado de las Naciones Unidas para los Derechos Humanos, durante el Seminario Internacional sobre el Derecho al Medio Ambiente, celebrado en Bilbao del 10 al 13 de febrero de 1999

4.- Toda persona tiene derecho al medio ambiente sin ningún tipo de discriminación por motivos de raza, color, sexo, idioma, religión, opinión política o de cualquier otra índole.

Igualmente, la Declaración de Bizcaia ha identificado el deber que tienen todas las personas y los entes públicos y privados de proteger el medio ambiente, restaurar, conservar y prevenir de daños que lo afecten, así como el deber de usar racionalmente los recursos naturales existentes en él.

A nivel americano tenemos el Protocolo Adicional a la Convención Americana sobre Derechos Humanos en Materia de Derechos Económicos, Sociales y Culturales (Protocolo de San Salvador)[358], el mismo que vincula el medio ambiente con los derechos humanos del individuo, pero sin reconocerle calidad alguna de derecho sustantivo específico. De todas formas, la ausencia en la Convención Americana de una norma referida al medio ambiente quedó subsanada con el Protocolo de San Salvador. Su Artículo 11 (1) reconoce lo siguiente:

Toda persona tiene derecho a vivir en un medio ambiente sano y a contar con servicios públicos básicos.

Esta norma ha sido interpretada de modo evolutivo, tanto por la CIDH como por la Corte Interamericana, en casos de violación de derechos de pueblos indígenas de la región. En la parte correspondiente nos ocuparemos de los detalles.

Los documentos e instrumentos internacionales sobre la existencia de un derecho sustantivo al medio ambiente o el vínculo entre temas de protección del medio ambiente y los derechos humanos, hasta aquí revisados, han girado en torno a la persona humana individual; pero, la degradación del medio ambiente no afecta sólo a uno o varios individuos, sino a colectivos sociales, a pueblos enteros o grupos humanos en un determinado lugar. Los derechos procedimentales, como el derecho a la información, a la participación ciudadana o acceso a la justicia en políticas de medio ambiente, han sido concebidos y desarrollados como una extensión de derechos humanos básicos ya reconocidos como el derecho a la vida, la salud, entre otros[359]. La falta de reconocimiento internacional de un derecho sustantivo colectivo al medio ambiente en instrumentos vinculantes, y el hecho de no haber avances en el reconocimiento del mismo, según Francioni, están llevando a una estagnación del derecho internacional *"and more parti-*

---

358 Protocolo Adicional a la Convención Americana sobre Derechos Humanos en Materia de Derechos Económicos, Sociales y Culturales "Protocolo de San Salvador" adoptado en San Salvador el 17 de noviembre de 1988, en el decimoctavo período ordinario de sesiones de la Asamblea General. Entró en vigor el 16 de noviembre de 1999. Refrendado por Perú el 17 de mayo de 1995

359 FRANCIONI, 2010

cularly to the confinement of the idea of 'human rights' within an individualistic horizon, which remains blind to the intrinsic linkage between the individual and the collective interests of society".[360]

Sin embargo, un antecedente jurídico regional en la protección del medio ambiente como un derecho humano sustantivo colectivo, se encuentra en la Carta Africana, la misma que en su Artículo 24 expresamente dice:

> *All peoples shall have the right to a general satisfactory environment favourable to their development.*

Esta norma regional que reconoce el derecho de todos los pueblos africanos a un medio ambiente general satisfactorio, ha sido interpretada por la Comisión Africana de Derechos Humanos y de Pueblos, quien examinara el caso presentado por el pueblo indígena Ogoni contra el gobierno militar de Nigeria y la empresa Shell Petroleum Development Corporation, dedicados a la explotación de petróleo y responsables de la contaminación y degradación de territorio ancestral y medio ambiente ogoni. La Comisión en referencia sostiene que, según la norma prevista en el Artículo 24 de la Carta de Africana, el Estado está en la obligación de adoptar medidas adecuadas para prevenir la polución y degradación ecológica y *"to promote conservation, and to secure an ecologically sustainable development and use of natural resources"* en territorio del pueblo indígena afectado.[361]

Boyle observa que la Carta Africana es el único instrumento jurídico de tipo regional que reconoce un derecho sustantivo colectivo sobre el que se ha desarrollado jurisprudencia en la protección de los derechos humanos de pueblos indígenas de África[362]. A todas luces, el derecho reconocido en dicha Carta es un derecho colectivo de pueblos y no un derecho humano individual.

7.2. El medio ambiente de los pueblos indígenas en el derecho internacional

Algunos documentos e instrumentos internacionales arriba citados han hecho mención expresa a los pueblos indígenas y su relación directa con el medio ambiente que los rodea.

360 FRANCIONI, 2010

361 ACPR/COMM/A044/1 del 27 de mayo de 2002, decisión de la Comisión Africana de Derechos Humanos y de Pueblos en la denuncia presentada por el pueblo de Ogoni contra el gobierno militar de Nigeria; parágrafo 52

362 BOYLE, 2010: 5

Uno de ellos es el Proyecto Ksentini, cuyo Principio 14 hace clara referencia al derecho de los pueblos indígenas a controlar sus territorios y recursos naturales y a disfrutar de éstos:

Indigenous peoples have the right to control their lands, territories and natural resources and to maintain their traditional way of life. This includes the right to security in the enjoyment of their means of subsistence.

Indigenous peoples have the right to protection against any action or course of conduct that may result in the destruction or degradation of their territories, including land, air, water, sea-ice, wildlife or other resources.

La segunda parte de este principio hace referencia a la protección del territorio indígena, compuesto por suelo, aire, agua, glaciares, flora, fauna, etc., como un derecho que debería ser protegido frente a la destrucción y degradación. En otras palabras, es el medio ambiente natural de los pueblos indígenas el que debe ser protegido frente a las amenazas graves de polución y destrucción.

Por su lado, la Comisión Brundtland, en la parte principal de su informe ha identificado el peligro que significa el desarrollo económico de sectores externos para los pueblos indígenas. Asimismo, ha reconocido el rol valioso de los conocimientos tradicionales indígenas en el manejo del medio ambiente. Leamos el punto 46 de la parte "De una Tierra un Mundo" del citado informe:

Las poblaciones tribales e indígenas exigirán una atención especial, ya que las fuerzas del desarrollo económico trastornan sus modos de vida tradicionales - modos de vida que pueden ofrecer a las sociedades modernas muchas lecciones en la administración de los recursos en los complejos ecosistemas de los bosques, montañas y suelos. Algunas están amenazadas con la extinción por un desarrollo insensible que escapa a su dominio. Se deberían reconocer sus derechos tradicionales y se les debería conceder intervención decisiva en la formulación de las políticas acerca del desarrollo de los recursos en sus regiones.

Del mismo modo, el Capítulo 26 de la Sección III del Programa 21 reconoce el rol de los pueblos indígenas y sus comunidades en el cuidado del medio ambiente, recomendando a los Estados participantes de la Conferencia de Río, la adopción de medidas que protejan las tierras indígenas contra actividades que dañen el medio ambiente. Así podemos apreciar lo que el numeral 2 del punto 26.3. (a2, a3 y a4) del Programa 21 dice:

Al prestar su plena cooperación a las poblaciones indígenas y a sus comunidades, los gobiernos y, según procediera, las organizaciones intergubernamentales deberían proponerse el cumplimiento de los objetivos siguientes:

(a) Instituir un proceso encaminado a investir de autoridad a las poblaciones indígenas y a sus comunidades, mediante la adopción de medidas que incluyan:)[...] 2) El reconocimiento de que las tierras de las poblaciones indígenas y sus comunidades deben estar protegidas contra actividades que presenten riesgos para el medio ambiente [...]; 3) El

reconocimiento de sus valores, sus conocimientos tradicionales y sus prácticas de ordenación de los recursos,[...]; 4) El reconocimiento de que la dependencia tradicional y directa de los recursos renovables y los ecosistemas, incluido el aprovechamiento sostenible, sigue siendo esencial para el bienestar cultural, económico y físico de las poblaciones indígenas y de sus comunidades;

Aquí, la Conferencia de Río ha resaltado algunos aspectos de la relación que existe entre los pueblos indígenas y el medio ambiente que los rodea. Esta relación especial debería ser considerada por los Estados y organismos intergubernamentales al momento de cooperar con los pueblos indígenas o establecer proyectos de desarrollo económicos. Igualmente, se deberían reconocer los valores, conocimientos y prácticas tradicionales de los pueblos indígenas en el manejo sostenible de los recursos naturales, así como su dependencia tradicional de los recursos renovables y ecosistemas.

El Programa 21, en relación a los pueblos indígenas y tal como anota Kolari, podría ser considerado como un paso grande en el reconocimiento de algunos derechos medioambientales de los pueblos indígenas.[363]

Sin embargo, tanto el Programa 21 como la Declaración de Río no han reconocido la existencia de un derecho sustantivo de los pueblos indígenas al medio ambiente. Sólo se limitan a resaltar el rol que desempeñan en la ordenación del medio ambiente, tal como apreciamos del Principio 22 (primera parte) de la Declaración de Río:

Las poblaciones indígenas y sus comunidades, así como otras comunidades locales, desempeñan un papel fundamental en la ordenación del medio ambiente y en el desarrollo debido a sus conocimientos y prácticas tradicionales.

Otro instrumento internacional que menciona el rol de los pueblos indígenas en el manejo del medio ambiente, es el Convenio sobre la Diversidad Biológica[364]. Este convenio, de antemano ha reconocido el derecho *'soberano'* de los Estados sobre los recursos naturales, obviando así el derecho originario de los pueblos indígenas sobre los mismos. Así expresa su Artículo 3:

De conformidad con la Carta de las Naciones Unidas y con los principios del derecho internacional, los Estados tienen el derecho soberano de explotar sus propios recursos en aplicación de su propia política ambiental y la obligación de asegurar que las actividades que se lleven a cabo dentro de su jurisdicción o bajo su control no perjudiquen al medio de otros Estados o de zonas situadas fuera de toda jurisdicción nacional.

---

363 KOLARI, 2004: 106

364 Convenio sobre la Diversidad Biológica firmado en Río de Janeiro, Brasil, el 5 de junio de 1992

Luego de haber reconocido el derecho *soberano* de los Estados a la explotación de los recursos naturales, su Artículo 8 (j) hace mención a la obligación de respetar, en el marco de la legislación nacional, los conocimientos y prácticas de las comunidades indígenas en la conservación de la biodiversidad pertenecientes al Estado:

> *Con arreglo a su legislación nacional, respetará, preservará y mantendrá los conocimientos, las innovaciones y las prácticas de las comunidades indígenas y locales que entrañen estilos tradicionales de vida pertinentes para la conservación y la utilización sostenible de la diversidad biológica y promoverá su aplicación más amplia, con la aprobación y la participación de quienes posean esos conocimientos, innovaciones y prácticas, y fomentará que los beneficios derivados de la utilización de esos conocimientos, innovaciones y prácticas se compartan equitativamente.*

Observamos que los instrumentos internacionales arriba mencionados se han limitado a reconocer el rol que cumplen los pueblos indígenas en el manejo del medio ambiente, y no han dado importancia al derecho que tienen dichos pueblos al medio ambiente que los rodea; es decir, la conservación y preservación de la integridad de sus territorios y recursos naturales, sociales, culturales, religiosos, entre otros, que les asegure el disfrute de otros derechos humanos colectivos e individuales.

7.3. El derecho humano colectivo a un medio ambiente de los pueblos indígenas

El territorio ancestral o tradicional, con todos sus componentes, es el medio ambiente de los pueblos indígenas. Es decir, los bosques, ríos, suelos, praderas, lagunas, atmósfera, riqueza biológica, lugares sagrados e históricos, y todos sus elementos inmateriales, los que por siglos han sido cuidados, utilizados y protegidos para las futuras generaciones. Los pueblos indígenas se sienten, no sólo con el derecho a un medio ambiente sano y limpio, sino también responsables de su cuidado, tal como el líder Awajún Pancho Kantosh afirma:

> *[...] tenemos en mente dejar a nuestros hijos el agua limpia y sana, tal como nos dejaron nuestros ancestros, así como un ambiente sano y limpio [...] una vez contaminado el agua entonces ya no hay vida [...] nosotros no queremos que se contamine la zona, las aguas, el aire y la tierra.*[365]

365 Entrevista de la autora con Pancho Kantosh Saan, del pueblo Awajún (Cenepa), Coordinador de Territorio y Medio Ambiente de ODECOFROC, de fecha 20 de julio del 2011

El Convenio 169 es el instrumento internacional más importante en el reconocimiento de derechos fundamentales de los pueblos indígenas. Sin embargo, esta norma vinculante no ha reconocido directamente el derecho inherente de los pueblos indígenas a un medio ambiente como un derecho sustantivo determinado; sino, trata el tema del medio ambiente como un aspecto más a ser protegido por el Estado, tal como precisa el Artículo 4 (1):

> *Deberán adoptarse las medidas especiales que se precisen para salvaguardar las personas, las instituciones, los bienes, el trabajo, las culturas y el medio ambiente de los pueblos interesados.*

El medio ambiente, referido en esta norma, no cuenta con característica alguna. Del mismo modo, el Artículo 7 (4) del mismo Convenio 169 repite la obligación de los gobiernos de adoptar medidas necesarias a fin de proteger y preservar el medio ambiente de los territorios indígenas.

Si bien el Convenio 169 no reconoce abiertamente el derecho colectivo sustantivo de los pueblos indígenas a un medio ambiente, él, como sostiene Kolari, es uno de los primeros instrumentos internacionales vinculantes que ha tratado el tema del medio ambiente relacionado a los derechos colectivos de los pueblos indígenas.[366]

Una norma que más se acerca al reconocimiento de un derecho específico colectivo al medio ambiente de los pueblos indígenas es la Declaración. Pero, tampoco le da cualidades estándares tal como se aprecia del primer párrafo del Artículo 29:

> *Los pueblos indígenas tienen derecho a la conservación y protección del medio ambiente y de la capacidad productiva de sus tierras o territorios y recursos. Los Estados deberán establecer y ejecutar programas de asistencia a los pueblos indígenas para asegurar esa conservación y protección, sin discriminación alguna.*

Esta norma habla de un derecho a la conservación y protección del medio ambiente, lo que, en otras palabras, significa una obligación de los gobiernos de conservar y proteger el medio ambiente de los pueblos indígenas. Es decir, no declara abiertamente el derecho humano colectivo de los pueblos originarios a un medio ambiente determinado, sino lo hace de modo indirecto. Igualmente, se observa que el término de *'medio ambiente'* aparece a secas, sin precisión alguna de su calidad o carácter (sano, equilibrado, saludable, natural, etc.). Kolari menciona que si bien dicha norma *"does not provide any quality standards for the environment to be protected and maintained"*, ella estaría concretizando el

---

366 KOLARI, 2004: 104

derecho humano a un medio ambiente saludable, previsto en otros instrumentos o documentos internacionales generales.[367]

Seguidamente, la Declaración precisa que los Estados son los primeros garantes en la protección y conservación del medio ambiente y de su integridad, tal como se desprende del segundo párrafo del Artículo 29 de la Declaración:

> *Los Estados adoptarán medidas eficaces para garantizar que no se almacenen ni eliminen materiales peligrosos en las tierras o territorios de los pueblos indígenas sin su consentimiento libre o informado.*

Aun cuando las normas antes citadas no reconozcan expresamente el derecho sustantivo al medio ambiente, con caracteres específicos, los pueblos indígenas tienen el derecho inherente e irrenunciable a un medio ambiente natural, sano, equilibrado y seguro que les permita seguir existiendo como sociedades especiales. Los Estados están en la obligación internacional de adoptar medidas legislativas, administrativas e institucionales suficientes a fin de conservar y proteger el medio ambiente de los pueblos originarios comprendidos al interior de sus fronteras nacionales.

La jurisprudencia interamericana ha encontrado algunos mecanismos de protección del medio ambiente de los pueblos indígenas en aplicación de los derechos humanos fundamentales de las personas.

Según la CIDH, la protección de los territorios ancestrales y los recursos naturales de los pueblos indígenas es vital para garantizar derechos fundamentales individuales como los derechos a la vida, la dignidad, la integridad personal, la salud, la propiedad, entre otros. Estos derechos son afectados si los territorios indígenas sufren bajo la polución, deforestación o degradación.[368].

Por tanto, el Estado está en la obligación de respetar el medio ambiente saludable de los pueblos indígenas en cuyos territorios se desarrollan proyectos de inversiones. Dicha obligación consiste en adoptar medidas necesarias para prevenir daños en el medio ambiente de los pueblos indígenas para proteger así otros derechos humanos[369]. Del mismo modo, precisa la CIDH, los Estados están obligados a establecer *"mecanismos adecuados para asegurar que las concesiones de explotación de recursos naturales no causen daños ambientales que afecten las tierras o las comunidades indígenas"*.[370]

---

367 KOLARI, 2004: 111
368 OEA, 2009: párrafos 194
369 OEA, 2009: párrafo 212
370 OEA, 2009: párrafo 213

De la integridad del medio ambiente dependerá la integridad del territorio ancestral o tradicional de los pueblos indígenas, y de la integridad de ambos dependerá el ejercicio libre de los demás derechos humanos inherentes, tanto individuales como colectivos de los pueblos indígenas y sus miembros.

7.5. Vínculo del derecho al territorio con el derecho a un medio ambiente natural y sano

El derecho que tienen los pueblos indígenas al territorio ancestral o tradicional y recursos naturales está vinculado intrínsecamente al derecho que tienen a vivir en un ambiente sano, limpio, seguro y natural. Ellos ocupan territorios, en su gran mayoría, ricos en flora y fauna, de los que dependen para vivir. Ellos han sabido, desde sus ancestros, cuidar y aprovechar, de modo sostenible, de los recursos naturales existentes en sus territorios. Debido precisamente a su especial relación con la naturaleza que los rodea, los pueblos originarios se han convertido, como dice Neva Collings, en los mejores guardianes de su medio ambiente.[371]

Las concesiones para la explotación y exploración de hidrocarburos en territorios de los pueblos indígenas repercuten directamente en la integridad de los territorios y ecosistemas respectivos. Esto significa que dichas actividades ponen en peligro no sólo el sustento económico, sino también la supervivencia y la vida cultural, por ende la misma existencia de los pueblos indígenas que viven en las áreas afectadas directa o indirectamente.

La CIDH ha identificado claramente el vínculo que existe entre el derecho humano colectivo a los territorios ancestrales con el derecho al medio ambiente. Ha resaltado las consecuencias graves que traen la colonización e incremento de proyectos de extracción de recursos naturales en territorio ancestral, los mismos que *"desencadenan procesos intensos de deterioro medioambiental y desintegración comunitaria de los pueblos afectados, ya que impiden a los miembros de sus comunidades desarrollar las actividades tradicionales de subsistencia"*.[372]

En consecuencia, si hablamos de la protección del medio ambiente en territorio de los pueblos indígenas nos referimos a la protección de la integridad territorial. Es decir, la protección no sólo de los suelos, los cuerpos de agua, la atmósfera, los bosques, entre otros, sino también la protección de la cultura, identidad, historia, relaciones sociales, políticas y económicas que se desarrollan

---

371 COLLINGS, Neva; *Environment*, en UN Department of Economic and Social Affairs, Division for Social Policy and Development, Secretariat of the Permanent Forum on Indigenous Issues: *State of the World's Indigenous Peoples*; USA, 2009, p. 84

372 OEA, 2009: párrafo 208

al interior de sus territorios. El medio ambiente no puede ser tratado de modo separado del territorio indígena. La protección de la integridad del medio ambiente natural y sano significa la protección del territorio tradicional y viceversa.

7.6. El medio ambiente en la legislación peruana

La Constitución 1993 ha reconocido el derecho de las personas humanas a gozar de un ambiente equilibrado y adecuado para su desarrollo. Así expresa su Artículo 2 (22):

> *Toda persona tiene derecho [...] 22) a la paz, a la tranquilidad, al disfrute del tiempo libre y al descanso, así como a gozar de un ambiente equilibrado y adecuado al desarrollo de su vida.*

Aun cuando esta norma constitucional no haya alcanzado la precisión técnica para identificar el derecho sustantivo a un medio ambiente sano, equilibrado y seguro, ella reconoce que el ambiente a disfrutar debe ser equilibrado y adecuado para el desarrollo de las personas naturales.

El Tribunal Constitucional de Perú ha explicado que las características de '*equilibrado y adecuado al desarrollo de la vida*' son componentes esenciales del medio ambiente para el disfrute cabal de otros derechos fundamentales. Asimismo, ha afirmado que el término de '*equilibrado*' significa todo el "*conjunto de bases naturales de la vida y su calidad, lo que comprende, a su vez, los componentes bióticos, como la flora y la fauna, y los abióticos, como el agua, el aire o el subsuelo, los ecosistemas e, incluso, la ecósfera.*"[373]

La legislación peruana ha definido el ambiente en el Artículo 2, inciso 2.3., de la Ley General del Ambiente, tal como se reproduce:

> *[...] toda mención hecha al "ambiente" o a "sus componentes" comprende a los elementos físicos, químicos y biológicos de origen natural o antropogénico que, en forma individual o asociada, conforman el medio en el que se desarrolla la vida, siendo los factores que aseguran la salud individual o colectiva de las personas y la conservación de los recursos naturales, la diversidad biológica y el patrimonio cultural asociado a ellos, entre otros.*

La misma Ley General del Ambiente reconoce el derecho que tienen las personas naturales a vivir en un ambiente saludable, equilibrado y adecuado, tal como precisa su Artículo I:

---

373 Expediente 0964-2002-AA/TC, Lima, 17.3.03, recogido en ATOCHE FERNÁNDEZ, Paola y RODAS RAMÍREZ, Santiago, *Normas de Protección del Medio Ambiente*, 1ra. Edición, Editorial Rodhas, Perú, 2010, pp. 16, 17

Toda persona tiene el derecho irrenunciable a vivir en un ambiente saludable, equilibrado y adecuado para el pleno desarrollo de la vida, y el deber de contribuir a una efectiva gestión ambiental de proteger el ambiente, así como sus componentes, asegurando particularmente la salud de las personas en forma individual y colectiva, la conservación de la diversidad biológica, el aprovechamiento sostenible de los recursos naturales y el desarrollo sostenible del país.

Esta norma sigue la corriente individualista del derecho internacional humano tal como observamos de los documentos e instrumentos analizados anteriormente. Sin embargo, esta norma le da algunos caracteres que identifican al ambiente, el mismo que debe ser saludable, equilibrado y adecuado para el desarrollo de la vida.

Según la jurisprudencia peruana desarrollada en base a esta norma, el medio ambiente es definido como el *"lugar donde el hombre y los seres vivos se desenvuelven"*; es decir, el medio ambiente comprende *"tanto el entorno globalmente considerado –espacios naturales y recursos que forman parte de la naturaleza: aire, agua, suelo, flora, fauna- como el entorno urbano"*.[374]

Este derecho está determinado por dos elementos: el derecho a gozar del medio ambiente y el derecho a su preservación. El primero de ellos significa, según la jurisprudencia constitucional, la facultad de las personas de *"poder disfrutar de un medio ambiente en el que sus elementos se desarrollan e interrelacionan de manera natural y armónica"* y que ese medio ambiente sea *"adecuado para el desarrollo de la persona y su dignidad"*. En cuanto al segundo elemento, se refiere al derecho de preservación del medio ambiente; la jurisprudencia precisa que dicho derecho *"entraña obligaciones ineludibles, para los poderes públicos, de mantener los bienes ambientales en las condiciones adecuadas para su disfrute"*[375]. Esos poderes públicos son los órganos que representan al Estado, como el poder ejecutivo, parlamento, poder judicial, gobiernos regionales y locales.

Por su parte, la jurisprudencia ordinaria peruana ha reconocido el derecho al medio ambiente sano y equilibrado como un derecho humano debido a dos razones fundamentales: a) el derecho al medio ambiente refuerza y garantiza el ejercicio de otros derechos humanos individuales; b) el derecho al medio

374 STC 0048-2004-PI/TC, del 1.4.05, del Tribunal Constitucional, recogido en ATOCHE FERNÁNDEZ, Paola y RODAS RAMÍREZ, Santiago, *Normas de Protección del Medio Ambiente*, 1ra. Edición, Editorial Rodhas, Perú, 2010, pp. 15ss

375 STC 0048-2004-PI/TC en ATOCHE y otra, 2010: 15ss

ambiente reconoce el derecho humano de futuras generaciones, llamados derechos *'intergeneracionales'*.[376]

La contaminación del medio ambiente en Perú está tipificada como un delito común y sancionado con pena privativa de libertad, tal como apreciamos del Artículo 304 del Código Penal peruano[377], el mismo que la ubica dentro del rubro de delitos ambientales:

> *Contaminación del medio ambiente.- El que, infringiendo leyes, reglamentos o límites máximos permisibles, provoque o realice descargas, emisiones de gases tóxicos, emisiones de ruido, filtraciones, vertimientos o radiaciones contaminantes en la atmósfera, el suelo, el subsuelo, las aguas terrestres, marítimas o subterráneas, que cause o pueda causar perjuicio, alteración o daño grave al ambiente o sus componentes, la calidad ambiental o la salud ambiental, según su calificación reglamentaria de la autoridad ambiental, será reprimido con pena privativa de libertad no menor de cuatro años ni mayor de seis años y con cien a seiscientos días-multa [...]*

En este caso, el objeto de protección es el medio ambiente en general y no la persona humana específicamente, aunque las penas se agraven debido a lesiones graves o muerte por contaminación. En caso de lesiones graves de personas la pena privativa de libertad será de cinco a ocho años, y en caso de muerte de personas la pena oscila entre seis y diez años, además de imponerse una multa (Artículo 305 del Código Penal).

En el campo administrativo, la legislación peruana busca sancionar a los responsables de la contaminación del medio ambiente. Para ello, señala que los responsables de las emisiones, efluentes y otras fuentes de contaminación son los titulares de operaciones, tal como precisa el Artículo 74 de la Ley General del Ambiente:

> *Todo titular de operaciones es responsable por las emisiones, efluentes, descargas y demás impactos negativos que se generen sobre el ambiente, la salud y los recursos naturales, como consecuencia de sus actividades. Esta responsabilidad incluye los riesgos y daños ambientales que se generen por acción u omisión.*

El titular de operaciones es la persona natural o jurídica, responsable de la ejecución del proyecto de inversiones o desarrollo conforme al contrato respectivo. Dicho titular tiene la obligación de tomar medidas de prevención para evitar

---

376 Expediente, 030-06-C, Piura, 7.3.06, citado en ATOCHE FERNÁNDEZ, Paola y RODAS RAMÍREZ, Santiago, *Normas de Protección del Medio Ambiente*, 1ra. Edición, Editorial Rodhas, Perú, 2010, p. 16

377 Código Penal aprobado mediante Decreto Legislativo 635 del 3 de abril de 1991. Este artículo fue modificado por la Ley 29263 promulgada en 1 de octubre del 2008

contaminación del medio ambiente, la salud y los recursos naturales. Él está obligado a adoptar los mecanismos de prevención tal como precisa el Artículo 75 (1) de la Ley General del Ambiente:

> *El titular de operaciones debe adoptar prioritariamente medidas de prevención del riesgo y daño ambiental en la fuente generadora de los mismos, así como las demás medidas de conservación y protección ambiental que corresponda en cada una de las etapas de operaciones [...]*

7.7. Medio ambiente de pueblos indígenas y medidas en hidrocarburos

Las actividades de hidrocarburos en la Amazonía de Perú han contaminado gravemente el medio ambiente de los pueblos indígenas.

Como se ha señalada anteriormente, durante estos últimos decenios, los contratistas han vertido efluentes líquidos en los suelos y cuerpos naturales de agua ubicados en territorio ancestral de los pueblos indígenas. Las aguas residuales industriales han terminado en los ríos y lagunas sin haber sido previamente tratadas. El lodo o fluido de perforación, así como las aguas de producción han sido vertidos en los suelos y cuerpos de agua naturales. Del mismo modo, los cortes de perforación no han sido reinyectados, sino vertidos en el medio ambiente de los pueblos indígenas.

Las emisiones de ruido provenientes de las maquinarias de exploración y explotación de hidrocarburos, así como de los medios de transporte terrestre, acuático y aéreo, y detonaciones de dinamita en la apertura de pozos contaminan gravemente el medio ambiente de los pueblos indígenas, en cuyos territorios se encuentran la mayor cantidad de lotes.

El medio ambiente de los pueblos indígenas también se ve afectado por los derrames permanentes de petróleo y líquidos de gas que ocurren durante la producción y transporte. La contaminación de los principales recursos naturales sumada a la deforestación y degradación de bosques están llevando al desequilibrio del medio ambiente y poniendo en peligro la seguridad alimentaria de los pueblos afectados.

A pesar de la superposición de la mayoría de lotes de hidrocarburos con territorios ancestrales y los efectos negativos de las actividades industriales en el medio ambiente de pueblos indígenas, en la legislación nacional se nota la ausencia de normas jurídicas que protejan la integridad de los territorios y el medio ambiente de dichos pueblos. Las normas de protección ambiental en actividades de hidrocarburos, no mencionan ni hacen referencia al medio ambiente de los pueblos indígenas, en cuyos territorios ocurre la mayor agresión ambiental.

Con la apariencia de proteger el medio ambiente en los lugares donde se desarrollan actividades industriales de hidrocarburos, el gobierno central, en estos últimos años, ha emitido algunas normas reglamentarias poco eficaces. Según el nuevo Reglamento para la Protección Ambiental en las Actividades de Hidrocarburos (Reglamento de Protección Ambiental)[378], el objetivo sería regular la protección y gestión ambiental con el fin de prevenir, minimizar, rehabilitar, remediar y compensar los impactos negativos en el medio ambiente durante el desarrollo de dichas actividades (Artículo 1). Pero, en el fondo, estas normas buscan agilizar y destrabar los grandes proyectos industriales de inversión en hidrocarburos.

El Artículo 3 del citado reglamento precisa que los titulares de las actividades de hidrocarburos son *"responsables por las emisiones atmosféricas, las descargas de efluentes líquidos, la disposición de residuos sólidos y las emisiones de ruido"* sólo si ellas exceden los límites máximos permisibles y los estándares de calidad ambiental regulados por ley, y *"siempre y cuando se demuestre en este último caso, que existe una relación de causalidad"* entre la conducta del titular y la transgresión de tales estándares. Es decir, las emisiones de ruidos, descargas de efluentes líquidos, disposiciones de residuos, etc. están permitidas legalmente, siempre que no pasen los límites legales permisibles en el sector de hidrocarburos; además, para efectos de sanción administrativa, se debe demostrar fehacientemente que la empresa operadora de hidrocarburos no ha cumplido con los estándares de calidad ambiental. Con esto, los territorios de los pueblos indígenas afectados por la industria de hidrocarburos seguirán, legalmente, sufriendo bajo la contaminación, pues será difícil o imposible probar la causalidad entre la actuación del titular y la transgresión de los estándares de calidad ambiental.

Del mismo modo, el citado Reglamento de Protección Ambiental ha previsto en su Artículo 57 lo siguiente:

> *Se prohíbe la disposición de residuos o efluentes líquidos en cuerpos o cursos de agua así como en tierra, si no se cuenta con la debida autorización de las autoridades correspondientes.*
>
> *Antes de su disposición final, las Aguas Residuales Industriales, así como las de origen doméstico serán segregadas y tratadas por separado para cumplir con los respectivos Límites Máximos Permisibles (LMP) vigentes [...]*

---

378 Decreto Supremo 039-2014-EM que aprueba el Reglamento para la Protección Ambiental en las Actividades de Hidrocarburos, publicado el 12 de noviembre de 2014

Sólo las autoridades competentes del Estado, serán quienes autoricen a la empresa contratista la disposición o vertido de las aguas residuales industriales[379] en los ríos y lagunas. Esto se hará sin el conocimiento ni consulta de los pueblos indígenas afectados; pues el reglamento en comentario, lejos de reconocer la vigencia del derecho a la consulta previa de los pueblos indígenas, se limita a regular la llamada participación ciudadana (Artículo 45).

Por mucho que la norma reglamentaria en comentario prohíba en su Artículo 47 a los contratistas, subcontratistas y al personal de ambos llevar a cabo *"actividades de caza y pesca, recolección de especies de flora y fauna silvestre, terrestre y acuática"*, ella permite el desbosque de las áreas ocupadas por las empresas de hidrocarburos, tal como prevé el Artículo 48:

> *Las actividades de desbosque que impliquen afectación directa de flora, fauna y ecosistemas, se realizarán buscando minimizar los impactos, respetando las restricciones y procedimientos específicos que pudieran haberse identificado en el Estudio Ambiental respectivo.*

El desbosque en territorios de pueblos indígenas implica la desaparición de los refugios de animales y plantas silvestres, de los cuales muchos forman parte de la base alimenticia de los pueblos indígenas.

En cuanto a las aguas de producción[380], el Reglamento de Protección Ambiental, al igual que la norma anterior[381] dispone la reinyección obligatoria de ellas. Su Artículo 86 precisa que durante la etapa de explotación de hidrocarburos *"[l] a disposición final del Agua de Producción se efectuará por Reinyección. El método y sus características técnicas, así como la formación (reservorio) receptora, serán aprobados con el Estudio Ambiental correspondiente"*. Sin embargo, el agua que se

---

379 Según el Organismo de Evaluación y Fiscalización Ambiental (OEFA) aguas residuales son aquellas *"cuyas características originales han sido modificadas por actividades humanas y que por su calidad requieren un tratamiento previo, antes de ser reusadas, vertidas a un cuerpo natural de agua o descargadas al sistema de alcantarillado"*, y aguas residuales industriales son *"aquellas que resultan del desarrollo de un proceso productivo, incluyendo a las provenientes de la actividad minera, agrícola, energética, agroindustrial, entre otras"*; OEFA, *Fiscalización Ambiental en Aguas Residuales*, Perú 2014, pp. 2,3: https://www.oefa.gob.pe/?wpfb_dl=7827 (abril 2015)

380 Según el Glosario oficial aprobado por Decreto Supremo 032-2002-EM, agua de producción es el agua procedente de los reservorios y que se produce conjuntamente con los hidrocarburos (gas, petróleo). Dicha agua deber ser separada y tratada antes de su disposición en superficie o para ser reinyectada al subsuelo

381 Decreto Supremo 015-2006-EM del 2 de marzo de 2006 que aprueba el Reglamento para la Protección Ambiental en las Actividades de Hidrocarburos, derogado por D.S. 039-2014-EM

produce durante la etapa de exploración, tal como precisa el Artículo 84 (b), "*podrá ser reinyectada o vertida a un cuerpo receptor previo tratamiento y cumpliendo con los LMP aplicables a los componentes del Sector Hidrocarburos*". Es decir que las aguas producidas en la primera etapa de las actividades industriales podrán ser vertidas, luego de su tratamiento, en los ríos o lagunas ubicados en territorios de pueblos indígenas.

En el intento de reducir o eliminar los impactos negativos en la salud, población, ecosistemas y propiedad de las personas que habitan las áreas de influencia de las actividades de extracción de hidrocarburos, se ha dictado la Ley 29134[382], cuyo Artículo 2 define lo que son pasivos ambientales:

> *Para efectos de la presente Ley, son considerados como pasivos ambientales, los pozos e instalaciones mal abandonados, los suelos contaminados, los efluentes, emisiones, restos o depósitos de residuos ubicados en cualquier lugar del territorio nacional, incluyendo el zócalo marino, producidos como consecuencia de operaciones en el subsector hidrocarburos, realizadas por parte de empresas que han cesado sus actividades en el área donde se produjeron dichos impactos.*

Según esta norma, los pasivos ambientales se controlan recién a partir de la conclusión del contrato o abandono de los pozos de exploración y/o explotación. Pero, como ya hemos visto, la contaminación del medio ambiente ocurre desde el inicio de las labores de exploración, se alarga durante la explotación y continúa con el transporte de los recursos y hasta cuando se abandona el yacimiento o los pozos.

El Artículo 4 (a) de dicha ley, precisa la responsabilidad administrativa de las empresas operadoras por los pasivos ambientales en el área de hidrocarburos:

> *Las empresas que estén operando en las actividades del subsector hidrocarburos asumen la responsabilidad de los pasivos ambientales que hayan generado, así como aquellos generados por terceros que hayan asumido en los respectivos contratos de transferencia o cesión, o de cualquier otra forma.*

Aun cuando de por medio se encuentre el interés de proteger el medio ambiente en los lugares donde se realizan actividades de hidrocarburos, las normas reguladoras apenas se cumplen. Lo que prima en la política y planes nacionales es el ideal del desarrollo económico mediante la atracción de inversiones extranjeras en la extracción de los recursos naturales; quedando así, la protección del medio ambiente relegado a un plano secundario.

---

382 Ley 29134, Ley que Regula los Pasivos Ambientales del Subsector Hidrocarburos, promulgada el 16 de noviembre de 2007

7.7.1. Obligación de estudios de impacto ambiental en actividades de hidrocarburos

A nivel internacional encontramos normas que obligan a los Estados a llevar adelante estudios o evaluaciones de impacto en el medio ambiente por actividades de desarrollo o inversión en territorios de pueblos indígenas.

El Convenio 169 ha previsto que los gobiernos de los Estados están en la obligación de realizar estudios de impacto social, espiritual, cultural y medioambiental de las actividades de desarrollo y de inversión previstas en territorios indígenas. Dichos estudios se deben realizar en coordinación con los pueblos indígenas, en cuyos territorios se pretende llevar adelante una actividad económica por terceros, tal como ilustra su Artículo 7 (3):

> *Los gobiernos deberán velar por que, siempre que haya lugar, se efectúen estudios, en cooperación con los pueblos interesados, a fin de evaluar la incidencia social, espiritual y cultural y sobre el medio ambiente que las actividades de desarrollo previstas puedan tener sobre esos pueblos. Los resultados de estos estudios deberán ser considerados como criterios fundamentales para la ejecución de las actividades mencionadas.*

Esta norma obliga a los Estados a realizar los estudios de impacto antes de que el proyecto se apruebe y mucho antes de su ejecución. Es decir, cuando el proyecto tenga todavía la forma de una proposición. Sólo así tiene sentido la elaboración de los citados estudios.

El Artículo 14 (1) del Convenio sobre Diversidad Biológica, aun cuando trata el tema del medio ambiente al margen de los derechos de los pueblos indígenas que habitan zonas biodiversas, establece claramente que la evaluación del impacto ambiental será realizada en la etapa de propuesta del proyecto de desarrollo o inversión en áreas biodiversas:

> *Cada Parte Contratante, en la medida de lo posible y según proceda: a) Establecerá procedimientos apropiados por los que se exija la evaluación del impacto ambiental de sus proyectos propuestos que puedan tener efectos adversos importantes para la diversidad biológica con miras a evitar o reducir al mínimo esos efectos y, cuando proceda, permitirá la participación del público en esos procedimientos.*

Al respecto, el ex Relator Especial James Anaya, en un informe ante la Asamblea General de la ONU, ha aclarado la necesidad de llevar adelante estudios de impacto social y ambiental para casos de proyectos de inversión en territorios ancestrales de pueblos indígenas. Así precisa el párrafo 101 del informe[383]:

---

383 A/66/288, informe del Relator Especial James Anaya, *Los derechos de los pueblos Indígenas*, presentado ante la Asamblea General de las Naciones Unidas, 2011

En reconocimiento del derecho de los pueblos indígenas a la conservación y protección de su tierra y medio ambiente, las normas y la práctica internacionales ahora exigen la realización de estudios de impacto social y ambiental como una de las garantías específicas para la protección de los derechos indígenas, en particular respecto de los proyectos de inversión, desarrollo, exploración o extracción de los recursos naturales susceptibles de afectar esos derechos.

En la legislación nacional peruana encontramos normas generales y específicas respecto a la obligación de realizar estudios de impacto ambiental. No existe norma alguna que obligue la realización de estudios de impacto social.

Algunos lineamientos generales sobre la prevención de daños ambientales a ser considerados al momento de trazar políticas públicas de desarrollo están contenidos en la Ley General del Ambiente, cuyo Artículo 11 (b, c) nos detalla lo siguiente:

Sin perjuicio del contenido específico de la Política Nacional del Ambiente, el diseño y aplicación de las políticas públicas consideran los siguientes lineamientos: [...] b) La prevención de riesgos y daños ambientales, así como la prevención y el control de la contaminación ambiental, principalmente en las fuentes emisoras [...];c) El aprovechamiento sostenible de los recursos naturales, incluyendo la conservación de la diversidad biológica, a través de la protección y recuperación de los ecosistemas [...]

La Ley del Sistema Nacional de Evaluación del Impacto Ambiental (Ley de Evaluación)[384] ha creado un sistema estatal para la prevención, identificación, supervisión, control y corrección de los impactos ambientales negativos derivados de actividades y proyectos de inversión en general. De esta forma, el reglamento de la Ley de Evaluación[385] ha previsto hasta cuatro tipos de instrumentos de gestión ambiental dentro de dicho sistema: declaración de impacto ambiental, estudio de impacto ambiental semi-detallado, estudio de impacto ambiental detallado y evaluación ambiental estratégica. De acuerdo al riesgo ambiental de los proyectos, el Artículo 36 del citado reglamento, en concordancia con el Artículo 4.1 de la Ley de Evaluación, ha categorizado los estudios ambientales en tres grupos:

Categoría I- Declaración de Impacto Ambiental (DIA): Estudio ambiental mediante el cual se evalúan los proyectos de inversión respecto de los cuales se prevé la generación de impactos ambientales negativos leves.

---

384 Ley 27446, Ley del Sistema Nacional de Evaluación del Impacto Ambiental, promulgada el 20 de abril de 2001

385 Decreto Supremo 019-2009-MINAM que aprueba el Reglamento de la Ley 27446, Ley del Sistema Nacional de Evaluación de Impacto Ambiental, del 24 de setiembre del 2009

Categoría II- Estudio de Impacto Ambiental Semidetallado (EIA-sd): Estudio ambiental mediante el cual se evalúan los proyectos de inversión respecto de los cuales se prevé la generación de impactos ambientales negativos moderados.

Categoría III. Estudio de Impacto Ambiental Detallado (EIA-d): Estudio ambiental mediante el cual se evalúan los proyectos de inversión respecto de los cuales se prevé la generación de impactos ambientales negativos significativos.

Esta categorización servirá a las autoridades competentes para ratificar o modificar la propuesta de clasificación solicitada por el interesado. La autoridad podrá resolver la clasificación, de acuerdo a los criterios de protección ambiental (salud de personas, calidad ambiental, recursos naturales, áreas naturales, ecosistemas y bellezas escénicas, sistemas y estilos de vida de comunidades, etc.), ya sea otorgando el certificado ambiental en caso de la primera categoría o aprobando los términos de referencia para la elaboración de los EIA (categorías II y III).

Los estudios de impacto ambiental (EIA), en general, son definidos por el Artículo 25 de la Ley General del Ambiente como sigue:

EIA son instrumentos de gestión que contienen una descripción de la actividad propuesta y de los efectos directos o indirectos previsibles de dicha actividad en el medio ambiente físico y social, a corto o largo plazo, así como la evaluación técnica de los mismos. Deben indicar las medidas necesarias para evitar o reducir el daño o niveles tolerables e incluirá un breve resumen del estudio para efectos de su publicidad [...]

Dichos EIA o instrumentos de gestión, como los llama la Ley General del Ambiente, estarían destinados a la prevención y reducción del daño ambiental en los lugares donde se desarrollen actividades económicas como la extracción de hidrocarburos. Sin embargo, la elaboración de dichos EIA es contratada por los mismos titulares (empresas) de la actividad económica, tal como precisa el Artículo 10.2 de la Ley de Evaluación, modificado por el Decreto Legislativo 1078[386]:

El Estudio de impacto ambiental deberá ser elaborado por entidades autorizadas que cuenten con equipos de profesionales de diferentes especialidades con experiencia en aspectos de manejo ambiental y social, cuya elección es de exclusiva responsabilidad del titular o proponente de la acción, quien asumirá el costo de su elaboración y tramitación.

Por mucho que el titular del proyecto elija una empresa consultora inscrita en los registros del Ministerio de Energía y Minas (posteriormente, en el registro

386 Decreto Legislativo 1078 que modifica la Ley 27446, Ley del Sistema Nacional de Evaluación del Impacto Ambiental, dado el 27 de junio del 2008

de consultoras ambientales del Servicio Nacional de Certificación Ambiental para las Inversiones Sostenibles-SENACE, adscrito al Ministerio del Ambiente del país) para la elaboración del EIA, el vínculo contractual entre el contratista y la responsable del estudio hace peligrar la imparcialidad y credibilidad de los resultados del EIA.

De modo específico, en el área de hidrocarburos, conforme precisa el Artículo 5 del nuevo Reglamento de Protección Ambiental:

> *Toda persona natural o jurídica, de derecho público o privado, nacional o extranjera, que pretenda desarrollar un proyecto relacionado con las Actividades de Hidrocarburos, deberá gestionar una Certificación Ambiental ante la Autoridad Ambiental Competente que corresponda a la Actividad a desarrollar, de acuerdo a sus competencias.*

Una empresa dedicada a actividades industriales de hidrocarburos obtendrá la certificación ambiental si la autoridad competente, es decir la Dirección General de Asuntos Ambientales Energéticos del Ministerio de Energía y Minas del país (luego el SENACE que evaluará y revisará los EIA detallados), aprueba el estudio ambiental presentado. Si dicha autoridad no aprueba el estudio ambiental, el solicitante no podrá iniciar obras, ejecutar o continuar con el desarrollo del proyecto de inversión. Por tanto, es obligatoria la presentación del estudio ambiental para las actividades en hidrocarburos tal como precisa el Artículo 8 del Reglamento de Protección Ambiental:

> *Previo al inicio de las Actividades de Hidrocarburos, Ampliación de Actividades o Modificación, culminación de actividades o cualquier desarrollo de la actividad, el Titular está obligado a presentar ante la Autoridad Ambiental Competente, según sea el caso, el Estudio Ambiental o el Instrumento de Gestión Ambiental Complementario o el Informe Técnico Sustentatorio [...]*

Los estudios ambientales aplicables a las actividades de hidrocarburos son los mismos señalados por la Ley de Evaluación y su reglamento: declaración de impacto ambiental (DIA), estudio de impacto ambiental semi-detallado (EIA-sd), estudio de impacto ambiental detallado (EIA-d) y evaluación ambiental estratégica (EAE).

De acuerdo al Anexo 1 del Reglamento de Protección Ambiental las actividades de aerofotografía, aerogravimetría, aeromagnetometría, geología de superficie, gravimetría de superficie y prospección geoquímica de superficie no requieren de estudio ambiental. Si de exploración sísmica en la Amazonía se trata, la empresa exploradora tiene dos caminos: 1) para los proyectos o actividades de exploración mediante sísmica 2D y 3D ubicados en las áreas naturales protegidas, zonas de amortiguamiento o áreas de conservación regional, así como en zonas frágiles como humedales, sitios Ramsar, cochas, aguajales, pantanos, hábitats de especies de animales endémicas y/o amenazadas, en reservas territoriales o reservas indígenas, zonas con hábitats no intervenidas, entre otros, es obligatorio el trámite del EIA-d; 2) para el resto de proyectos, la autoridad responsable procederá a la clasificación de la categoría a petición del titular, quien presentará una evaluación ambiental preliminar (EVAP). Para actividades de perforación exploratoria el citado Anexo 1 ha previsto no sólo la presentación del EIA-d para todos los proyectos de perforación, sino también la alternativa de clasificación por la autoridad en base a la EVAP presentada por el contratista. Para la etapa de explotación de hidrocarburos se ha previsto la presentación del EIA-d, sin otra alternativa.

Un aspecto grave en todo este proceso de certificación ambiental es la atribución que tendrán las autoridades competentes, responsables de la evaluación, revisión y aprobación de los estudios ambientales en el campo de hidrocarburos, referida a la clasificación de los estudios ambientales. El Artículo 15 del Reglamento de Protección Ambiental dice:

> *La Autoridad Ambiental Competente a solicitud del Titular, podrá clasificar los proyectos que incluyan Actividades de Hidrocarburos que no se encuentren contenidas en el Anexo 1, o que estando contenidas, el Titular considere, que en atención a las características particulares de su proyecto o del medio ambiente en donde está inmerso, no corresponde la categorización asignada en el Anexo en cuestión.*

Significa que la autoridad competente, a petición de la empresa contratista, podrá cambiar la categoría del estudio ambiental. Por ejemplo: en lugar de un estudio de impacto ambiental detallado (EIA-d), sólo será suficiente una declaración de impacto ambiental (DIA) para exploraciones sísmicas 2D y 3D en territorios de pueblos indígenas en aislamiento, no obstante a la gravedad del impacto ambiental que acarrean. Para la clasificación a que hace referencia la norma citada, la autoridad estatal tendrá en cuenta las características peculiares del proyecto. No precisa cuáles, pero una de ellas podría ser la importancia que tiene el proyecto (como la ampliación de pozos exploratorios en los lotes de producción de gas natural) para el *'desarrollo'* económico del país.

Igualmente, para las actividades de perforación exploratoria, la autoridad podrá calificar la categoría de los estudios ambientales, dejando de ser obligatorio el trámite de un EIA-d, para contentarse con un DIA, como si se tratara de impactos ambientales leves.

Una vez más nos encontramos ante una norma reglamentaria nada eficaz para la protección del medio ambiente en general, menos del de los pueblos indígenas afectados desde hace un buen rato por las actividades industriales de hidrocarburos.

7.8. Violación del derecho humano colectivo al medio ambiente natural y sano

Gran parte de los pueblos indígenas, o pueblos originarios, de la Amazonía peruana viven en territorios todavía biológicamente ricos. Dichos territorios han sido cuidados y preservados por los pueblos desde sus antepasados. Ellos no han introducido elementos químicos, biológicos o físicos que dañen el medio que los rodea, sino han cuidado de él en su estado natural y limpio.

Aun cuando el Convenio 169 y la Declaración hagan mención al medio ambiente como un aspecto general a protegerse, y no reconozcan abiertamente la existencia de un derecho sustantivo al medio ambiente natural, sano, seguro y equilibrado, los pueblos indígenas tienen el derecho inherente e irrenunciable a ese medio ambiente. Es más, aun cuando las normas nacionales reconozcan sólo el derecho individual de las personas a un medio ambiente saludable, equilibrado y adecuado, el derecho inherente de los pueblos indígenas de la Amazonía peruana a seguir viviendo y disfrutando de un medio ambiente natural, equilibrado y sano existe como un derecho humano colectivo.

Porque el disfrute de un medio ambiente natural y sano no constituye el derecho de un sólo individuo o varios de ellos, sino de toda una sociedad y porque la contaminación de los territorios y recursos naturales de los pueblos indígenas es de gran escala y afecta la existencia de los pueblos en sí, es que el derecho sustantivo a un medio ambiente es visto desde un ángulo colectivo. Tal como precisa Kolari, los derechos colectivos se ejercitan por lo general en comunidad con los demás y porque el ejercicio individual del derecho a un medio ambiente no sería suficiente para proteger el derecho de la generalidad.[387]

La contaminación y degradación del medio ambiente de los pueblos indígenas ocurre en los mismos territorios ancestrales o tradicionales o en áreas de influencia que les impacta. A nivel interamericano, los Estados violan, no sólo el derecho a la propiedad contenido en el Artículo 21 (y Artículo 1.1) de la Convención Americana cuando otorgan concesiones que significan deterioro de los territorios o tierras tradicionales[388]; sino también, el derecho al medio ambiente reconocido por el Artículo 11 (1) del Protocolo de San Salvador, el mismo que ha sido interpretado de manera amplia y evolutiva a nivel de la CIDH y la Corte Interamericana a favor de los pueblos indígenas de la región.

Los grandes proyectos de inversión, como la industria de hidrocarburos, y de desarrollo, ponen en peligro también la salud de los miembros de pueblos

---

387 KOLARI, 2004: 130, 131

388 OEA, 2009: párrafo 211

indígenas, debido precisamente a la degradación del medio ambiente, la destrucción de los ecosistemas vulnerables que habitan y la acumulación de materiales químicos y minerales tóxicos en los territorios de los pueblos indígenas.[389]

En consecuencia, el otorgamiento de territorios ancestrales de pueblos indígenas de la Amazonía peruana, mediante contratos de licencia o concesión de larga duración, para la explotación y/o exploración de hidrocarburos a terceros, sin el conocimiento, participación y consentimiento de los pueblos titulares; así como, la contaminación permanente de los bosques, ríos, lagunas, tierras y demás recursos naturales que forman parte de los territorios ancestrales, por empresas dedicadas a tales actividades, se traduce en la violación del derecho colectivo de los pueblos indígenas a un medio ambiente natural, sano, seguro y equilibrado.

7.9. Vínculo con el derecho a la libre determinación

El derecho a la libre determinación es uno de los derechos colectivos más controvertidos en la doctrina del derecho internacional, por lo que su análisis requiere de un estudio profundo y extenso que sobrepasaría los límites del presente trabajo. Sin embargo, en las siguientes líneas se intentará resaltar algunos aspectos de este derecho que se relacionan con los derechos al territorio ancestral y al medio ambiente natural, sano y equilibrado de los pueblos indígenas.

Uno de los instrumentos internacionales que reconoció la existencia del derecho humano colectivo a la libre determinación fue la Declaración sobre la Concesión de la Independencia a los Países y Pueblos Coloniales[390] de 1960, la misma que en su punto 2 ha declarado expresamente:

> *Todos los pueblos tienen el derecho de libre determinación; en virtud de este derecho, determinan libremente su condición política y persiguen libremente su desarrollo económico, social y cultural.*

De igual forma, el derecho en referencia ha sido reconocido posteriormente por los Pactos Internacionales. El Artículo 1 (incisos 1, 2) de los mismos precisa que todos los pueblos de la Tierra, incluidos los pueblos indígenas, tienen el derecho a la libre determinación:

---

389 STAVENHAGEN, 2007: 56

390 Declaración sobre la concesión de la independencia a los países y pueblos coloniales, aprobada mediante Resolución 1514 de la Asamblea General de las NU, del 14 de diciembre de 1960

1. Todos los pueblos tienen el derecho de libre determinación. En virtud de este derecho establecen libremente su condición política y proveen asimismo a su desarrollo económico, social y cultural.

2. Para el logro de sus fines, todos los pueblos pueden disponer libremente de sus riquezas y recursos naturales, sin perjuicio de las obligaciones que derivan de la cooperación económica internacional basada en el principio de beneficio recíproco, así como del derecho internacional. En ningún caso podrá privarse a un pueblo de sus propios medios de subsistencia.

Este derecho implica la libertad de los pueblos, sean indígenas o no, de disponer libremente y sin la influencia de otros de sus riquezas, sean naturales (minerales, hidrocarburos, bosques, suelos, agua, etc., y los demás recursos naturales renovables y no renovables existentes en sus territorios) o artificiales. Como dichos recursos son necesarios y útiles para alcanzar los fines y objetivos trazados por los pueblos (desarrollo económico, social, político, etc.), sólo éstos serán los que determinen la forma, el tipo y los métodos de control y disposición de su riqueza.

Desde la entrada en vigor del Pacto de Derechos Económicos, Sociales y Culturales (3 de enero de 1976) la legislación nacional peruana, a pesar de la existencia de más de 60 pueblos indígenas en la Selva del país (sin contar a los de la Sierra y la Costa), no ha regulado hasta la fecha el derecho humano colectivo e inherente que tienen dichos pueblos a la libre determinación.

Aun cuando el Convenio 169 no reconozca abiertamente el derecho de los pueblos indígenas a la libre determinación, la norma contenida en su Artículo 7 (1) recoge aspectos importantes del derecho previsto por los Pactos Internacionales:

Los pueblos interesados deberán tener el derecho de decidir sus propias prioridades en lo que atañe al proceso de desarrollo, en la medida en que éste afecte a sus vidas, creencias, instituciones y bienestar espiritual y a las tierras que ocupan o utilizan de alguna manera, y de controlar, en la medida de lo posible, su propio desarrollo económico, social y cultural. Además, dichos pueblos deberán participar en la formulación, aplicación y evaluación de los planes y programas de desarrollo nacional y regional susceptibles de afectarles directamente.

Conforme a esta norma los pueblos indígenas tienen el derecho inherente de decidir (determinar) sus prioridades en cuanto al manejo de sus territorios y de controlar los mecanismos de desarrollo. Al respecto, Stavenhagen precisa que la relación dada entre los pueblos indígenas, gobiernos nacionales y sector privado en la explotación de los recursos naturales debería *"basarse en el pleno reconocimiento de los derechos de los pueblos indígenas a sus tierras, territorios y recursos naturales, que a su vez implica el ejercicio de su derecho a la libre determinación"*. El autor indica también que los pueblos indígenas tienen el derecho de determinar sus propias formas de cambio *"de acuerdo con su propia visión del desarrollo, y que ese derecho debe respetarse, especialmente su derecho a decir que no"*.[391]

El numeral 2 de la Declaración y Programa de Acción de Viena afirma que la Conferencia Mundial de Derechos Humanos reconoce:

> *[E]l derecho de los pueblos a adoptar cualquier medida legítima, de conformidad con la Carta de las Naciones Unidas, encaminada a realizar su derecho inalienable a la libre determinación. La Conferencia considera que la denegación del derecho a la libre determinación constituye una violación de los derechos humanos y subraya la importancia de la realización efectiva de este derecho.*

Demostrando así la voluntad de la comunidad internacional de poner fin al colonialismo, en todas sus formas y manifestaciones, y sus efectos de segregación y discriminación de los pueblos, especialmente indígenas.

La tercera parte del mismo numeral 2 de la Declaración y Programa de Acción de Viena resalta una salvedad en cuanto al ejercicio del derecho a la libre determinación. Así expresa:

> *[...] nada de lo anterior se entenderá en el sentido de que autoriza o fomenta acción alguna encaminada a quebrantar o menoscabar, total o parcialmente, la integridad territorial o la unidad política de Estados soberanos e independientes que se conduzcan de conformidad con el principio de la igualdad de derechos y de la libre determinación de los pueblos y estén, por tanto, dotados de un gobierno que represente a la totalidad del pueblo perteneciente al territorio, sin distinción alguna.*

Es posible que uno de los temores, de movimientos de escisión al interior de los países, impida a los Estados reconocer, promocionar y respetar el derecho a la libre determinación de los pueblos indígenas en los términos estándares previstos por los Pactos Internacionales.

En cuanto a los pueblos indígenas en situación de aislamiento, las Directrices de Protección precisan que su derecho a la autodeterminación tiene una dimensión especial y debe interpretarse teniendo en cuenta la situación vulnerable de aislamiento en que se encuentran. Así se desprende de su párrafo 47:

> *El respeto y la garantía del derecho a la autodeterminación debe[n] interpretarse de manera diferente para los pueblos indígenas en aislamiento y para los pueblos indígenas en contacto inicial que lo que significa en el contexto de los derechos de los pueblos indígenas, a la vista de la situación específica de estos pueblos. Para los pueblos indígenas en aislamiento la garantía del derecho a la autodeterminación se traduce en el respeto a su decisión de mantenerse en aislamiento [...]*

---

391 STAVENHAGEN, 2007: 70

En consecuencia, los Estados son quienes están llamados a respetar y a hacer respetar la decisión de los pueblos autónomos de mantenerse alejados de toda influencia occidental. Ellos deberán establecer las medidas necesarias destinadas a la protección de dichos pueblos, repeliendo todo intento de contacto, ya sea por parte de las empresas u otras personas individuales. Así precisa el párrafo 48 de las mismas directrices:

> *El respeto a su decisión de mantenerse en aislamiento conlleva la toma de medidas efectivas para evitar que personas ajenas o las acciones de éstas puedan afectar o influir, ya sea accidental o intencionalmente, a personas pertenecientes a grupos indígenas en aislamiento [...]*

Sin embargo, el Estado peruano es uno de los primeros en ignorar sus obligaciones y el contenido de esta directriz, pues ha otorgado en territorio de pueblos en aislamiento lotes de hidrocarburos (ver cuadro 12), cuya puesta en operación está causando no sólo la contaminación de bosques ricos en flora y fauna, sino también el contacto forzado de los pueblos afectados por parte de los trabajadores de las empresas contratistas. De esta manera, el Estado, lejos de observar el derecho a la libre determinación de los pueblos en aislamiento y las premisas contenidas en las Directrices de Protección, incumple su obligación de dictar medidas de protección frente a la amenaza de extinción a la que están sometidos. Al respecto, el párrafo 52 de las citadas directrices precisa la obligación de los Estados, en cuyos territorios viven pueblos en aislamiento:

> *La garantía del derecho a la autodeterminación requiere de los Estados la adopción de políticas preventivas que permitan garantizar este derecho y todos los derechos humanos que derivan de él [...]*

En consecuencia, cualquier acto que signifique contactar a los pueblos que voluntariamente se mantienen en aislamiento, sin que éstos lo deseen, contradice el derecho contenido en el Artículo 8 (1) de la Declaración, el mismo que a la letra dice:

> *Los pueblos y las personas indígenas tienen derecho a no sufrir la asimilación forzada o la destrucción de su cultura.*

8. Obligaciones internacionales del Estado peruano

8.1. Obligaciones del Estado frente a los derechos humanos en general

Las obligaciones internacionales de los Estados frente a los derechos humanos tienen como fuente principal la Carta de las Naciones Unidas (la Carta)[392]. De acuerdo a esta Carta, los Estados miembros de las Naciones Unidas han asumido el compromiso internacional de tomar las medidas suficientes para la realización de los propósitos consignados en el Artículo 55 de la misma Carta. Una de las tareas de la ONU, como organismo internacional fundado y conformado por los Estados, es la de promover el respeto universal de los derechos humanos y libertades fundamentales, tal como prevé su Artículo 55 (c):

> *Con el propósito de crear las condiciones de estabilidad y bienestar necesarias para las relaciones pacíficas y amistosas entre las naciones, basadas en el respeto al principio de igualdad de derechos y al de la libre determinación de los pueblos, la Organización promoverá: [...] (c) el respeto universal a los derechos humanos y a las libertades fundamentales de todos, sin hacer distinción por motivos de raza, sexo, idioma o religión, y la efectividad de tales derechos y libertades.*

La tarea de promover el respeto universal de los derechos humanos y libertades fundamentales está dirigida a la organización internacional y a los mismos Estados que la conforman, entre los que se encuentra Perú. La firma y ratificación de la Carta obliga a los Estados su cumplimiento cabal. Si bien esta Carta no establece o reconoce derecho humano alguno, ella es fuente jurídica fundamental de las obligaciones de sus miembros frente a la realización global de los derechos humanos.

Muchos años después de firmada la Carta, la Conferencia Mundial de Derechos Humanos que aprobó la Declaración y Programa de Acción de Viena ha resaltado el compromiso asumido por los Estados en cuanto a *"sus obligaciones de promover el respeto universal, así como la observancia y protección de todos los derechos humanos y de las libertades fundamentales de todos de conformidad*

392 Carta de las Naciones Unidas firmada en San Francisco, Estados Unidos, el 26 de junio de 1945

con la Carta de las Naciones Unidas" y demás instrumentos internacionales de protección de los derechos humanos.[393]

Esto quiere decir que los Estados miembros de la ONU tienen no sólo la obligación internacional de promover el respeto de los derechos humanos y libertades fundamentales, sino también la obligación de respetar, proteger y garantizar su disfrute cabal de acuerdo a las normas internacionales. Estas obligaciones internacionales se presentan en tres niveles consecutivos:

a. **Obligación de respetar**.- esta primera obligación es conocida como la obligación de omisión u obligación negativa. El Estado tiene la obligación de respetar los derechos humanos, sin interferirlos y la persona tiene el derecho de defensa frente a la intromisión del Estado. Esta obligación es automática, pues no hace falta un requisito previo, sólo la abstención del Estado.

   La obligación de respetar los derechos humanos, según Nowak, consiste en la obligación del Estado de omitir cualquier interferencia estatal, siempre y cuando esta interferencia no esté reservada o permitida por ley u otra medida que lo autoriza.[394]

b. **Obligación de proteger**.- ésta es conocida como una obligación positiva. Quiere decir que el Estado está en la obligación de proteger los bienes jurídicos contra el ataque de terceros o contra peligros naturales. En este caso, como sostienen Kälin y Künzli, los beneficiarios tienen un derecho de protección que el Estado les debe brindar frente a las amenazas. Esta obligación se caracteriza por ser preventiva y curativa.[395]

   Para proteger los derechos humanos de las personas, el Estado está en la obligación de adoptar todas las medidas legislativas y administrativas necesarias para prevenir o repeler la violación de los derechos humanos por terceros privados. Si bien, dice Nowak, de acuerdo a las actuales normas del derecho internacional, el Estado es el único en responder por las violaciones de los derechos humanos, el sistema de estos derechos se enfrenta a nuevos desafíos debido a que los Estados, en un mundo globalizado y neoliberal, están trasladando cada vez más sus tareas a manos de privados como las empresas internacionales.[396]

c. **Obligación de garantizar**.- en este tercer nivel de las obligaciones, el Estado tiene el deber de asegurar el disfrute de los derechos humanos. Para ello, el

393 Declaración y Programa de Acción de Viena, punto 1
394 NOWAK, 2002: 62
395 KÄLIN y otro, 2008: 111
396 NOWAK, 2002: 68

Estado deberá adoptar los mecanismos legales, administrativos y judiciales suficientes que garanticen a la persona el ejercicio libre y cabal de los derechos humanos y libertades fundamentales. Esto incluye también la dotación de la infraestructura necesaria, a fin de que cada uno de los derechos humanos protegidos se efectivice.[397]

En el cumplimiento de estas obligaciones, el Estado debe evitar cualquier tipo de discriminación, sea de raza, religión, sexo, origen o idioma, que menoscabe el principio universal de igualdad de derechos.

8.2. Obligaciones del Estado frente a los derechos humanos de pueblos indígenas

Las obligaciones del Estado peruano frente a los derechos colectivos de los pueblos indígenas tienen su origen en diferentes fuentes jurídicas del derecho internacional público. Algunas normas son generales como los Pactos Internacionales que a continuación detallamos y otras son específicas como el Convenio 169 y la Declaración. Todos estos instrumentos internacionales han sido firmados y ratificados y/o votados favorablemente por el Estado peruano.

8.2.1. Tratados internacionales de la ONU

Los Pactos Internacionales, la Convención Internacional sobre la Eliminación de todas las Formas de Discriminación Racial, entre otros cuyo cumplimiento es obligatorio por tener fuerza legal vinculante, forman parte de los instrumentos internacionales públicos de derechos humanos que son aplicables a los pueblos indígenas.

En repetidas oportunidades, el Comité de Derechos Humanos (el Comité), establecido por el Pacto Internacional de Derechos Civiles y Políticos (PIDCP), se ha servido tanto del Artículo 1 como del 27 para examinar asuntos de violación de derechos humanos de los pueblos indígenas y sus miembros.

Como ya se ha mencionado, el Artículo 1 de ambos Pactos Internacionales reconoce el derecho a la libre determinación de todos los pueblos de la Tierra. Asimismo, tal como expresa el inciso 3, los Estados están en la obligación de respetar el citado derecho y de promover su ejercicio incondicional:

397 KÄLIN y otro: 111; NOWAK, 2002: 62

1.- Todos los pueblos tienen el derecho de libre determinación. [...]
2.- Para el logro de sus fines, todos los pueblos pueden disponer libremente de sus riquezas y recursos naturales, [...]. En ningún caso podrá privarse a un pueblo de sus propios medios de subsistencia.
3.- Los Estados Partes en el presente Pacto, incluso los que tienen la responsabilidad de administrar territorios no autónomos y territorios en fideicomiso, promoverán el ejercicio del derecho de libre determinación, y respetarán este derecho de conformidad con las disposiciones de la Carta de las Naciones Unidas.

El Comité, en uno de sus comentarios generales emitido en 1984, ha precisado que la realización del derecho a la libre determinación de los pueblos reconocido por este Artículo 1 es una condición muy importante para la garantía efectiva y observancia de los derechos humanos individuales y colectivos[398]. Por tanto, siendo la libre determinación de los pueblos un derecho inalienable protegido por tratados internacionales, los Estados no pueden liberarse unilateralmente de la obligación de respetar, proteger y garantizar su ejercicio pleno.

En 1999, el Comité, en su reporte sobre la situación de los pueblos aborígenes de Canadá, ha precisado que el gobierno canadiense debe abandonar la práctica de extinción de los derechos aborígenes inherentes a los recursos naturales de los pueblos indígenas por ser incompatible con el espíritu del Artículo 1 del PIDCP; pues, el derecho a la libre determinación implica el derecho de los pueblos de disponer libremente de sus riquezas y recursos naturales.[399]

El Artículo 1 de los Pactos Internacionales ha sido uno de los más controvertidos, tal como sostiene el ex Relator Especial. Muchos Estados se han resistido a su aplicación a favor de los pueblos indígenas, por considerar una amenaza a la soberanía territorial estatal[400]. Es por ello que la Declaración no recoge completamente el Artículo 1 de los Pactos Internacionales, sino sólo el primer inciso. Sin embargo, el Comité ha incluido dicha norma en la jurisprudencia desarrollada al interior de la ONU, especialmente en la parte referida a las obligaciones de los gobiernos estatales frente a la promoción, respeto y garantía del derecho de los pueblos indígenas a la libre determinación.

---

398 CCPR General Comment N° 12, *The right to self-determination of peoples (Art. 1)*, Office of the High Commissioner for Human Rights, Twenty-first session, 1984, parágrafo 1

399 CCPR/79/Add.105 (1999), recogido en ANAYA, S. James, *International Human Rights and Indigenous Peoples*, 1st. Edition, Wolters Kluwer Law and Business, United States of America, 2009, p. 191

400 ANAYA, S. James, *International Human Rights and Indigenous Peoples*, 1st. Edition, Wolters Kluwer Law and Business, United States of America, 2009, p. 189

Mientras que el Artículo 1 reconoce el derecho colectivo a la libre determinación de los pueblos, el Artículo 27 del Pacto Internacional de Derechos Civiles y Políticos se ocupa del derecho de los miembros de minorías a disfrutar en colectivo de derechos culturales, religiosos y étnicos:

> *En los Estados en que existan minorías étnicas, religiosas o lingüísticas, no se negará a las personas que pertenezcan a dichas minorías el derecho que les corresponde, en común con los demás miembros de su grupo, a tener su propia vida cultural, a profesar y practicar su propia religión y a emplear su propio idioma.*

Esta norma obliga a los Estados a garantizar a las personas pertenecientes a minorías étnicas, religiosas o lingüísticas el derecho común a la cultura, religión e idioma. Los miembros de pueblos indígenas, como personas individuales, encuentran protección de sus derechos en esta norma internacional. El Comité ha explicado que el derecho a la propia cultura se manifiesta también en la relación especial que tienen las personas indígenas con sus territorios ancestrales: "*With regard to the exercise of the cultural rights protected under article 27, the Committee observes that culture manifests itself in many forms, including a particular way of life associated with the use of land resources, especially in the case of indigenous peoples*".[401]

Otro instrumento internacional con fuerza legal vinculante es la Convención Internacional sobre la Eliminación de todas las Formas de Discriminación Racial (Convención contra Discriminación)[402], la misma que en su Artículo 2 ha establecido obligaciones claras de los Estados que la firmaron y ratificaron, entre los que se encuentra Perú, para eliminar la discriminación racial en sus países. Así tenemos:

> *1. Los Estados partes condenan la discriminación racial [...] y con tal objeto:*
>
> *a) Cada Estado parte se compromete a no incurrir en ningún acto o práctica de discriminación racial contra personas, grupos de personas o instituciones y a velar por que todas las autoridades públicas e instituciones públicas, nacionales y locales, actúen en conformidad con esta obligación;*
>
> *b) Cada Estado parte se compromete a no fomentar, defender o apoyar la discriminación racial practicada por cualesquiera personas u organizaciones;*

---

401 CCPR/C/21/Rev.1/add.5, General Comment N° 23, *The rights of minorities (Art 27)*, Office of the High Commissioner for Human Rights, 1994, párrafo 7

402 Convención Internacional sobre la Eliminación de todas las Formas de Discriminación Racial, adoptada por la Asamblea General de las Naciones Unidas mediante Resolución 2106 A (XX) del 21 de diciembre de 1965 y en vigor desde el 4 de enero de 1969

c) Cada Estado parte tomará medidas efectivas para revisar las políticas gubernamentales nacionales y locales, y para enmendar, derogar o anular las leyes y las disposiciones reglamentarias que tengan como consecuencia crear la discriminación racial o perpetuarla donde ya exista; [...]

2. Los Estados partes tomarán, cuando las circunstancias lo aconsejen, medidas especiales y concretas, en las esferas social, económica, cultural y en otras esferas, para asegurar el adecuado desenvolvimiento y protección de ciertos grupos raciales o de personas pertenecientes a estos grupos, con el fin de garantizar en condiciones de igualdad el pleno disfrute por dichas personas de los derechos humanos [...]

Los actos de discriminación racial tienen diversas formas de manifestación. Una de ellas es la negación o limitación de los derechos colectivos de los pueblos indígenas a disfrutar de sus propios territorios y recursos naturales. Cuando el Estado dispone libremente de los territorios ancestrales o tradicionales de pueblos indígenas para otorgarlos a empresas transnacionales dedicadas a la explotación privada de recursos naturales, con consecuencias graves tanto para la integridad territorial, como para el medio ambiente y la integridad social de los pueblos, también estamos frente a actos de discriminación racial. Por tanto, la lucha contra la discriminación racial debe partir desde un replanteamiento de las políticas estatales, debiendo revisarse las leyes que la fomentan y corregir los lineamientos que contradigan los estándares internacionales que promueven el derecho de igualdad de todas las personas y colectivos, sea cual fuere su origen o pertenencia étnica, en el disfrute de los derechos humanos y libertades fundamentales.

En ese sentido, el Comité de la ONU para la Eliminación de la Discriminación Racial (CERD, siglas en inglés) ha llamado a los Estados partes a reconocer y respetar las culturas indígenas, su historia, lenguaje e identidad, base de su preservación. Del mismo modo, CERD ha llamado a los Estados a reconocer y proteger los derechos de los pueblos indígenas a poseer, controlar y usar sus territorios, tierras comunales y recursos naturales sin discriminación alguna. Que, en caso de pérdida de sus territorios y recursos, los Estados adopten las medidas necesarias para su devolución o compensación respectiva.[403]

Por su parte, la Declaración y Programa de Acción de Viena han reconocido expresamente la contribución de los pueblos indígenas al desarrollo y al pluralismo de las sociedades, resaltando la importancia que tienen la promoción y la protección de sus derechos humanos. Del mismo modo, han comprometido a los Estados a fin de que éstos tomen las medidas necesarias para hacer efectivos tales derechos, por considerarlos base fundamental en la estabilidad política y social de los mismos Estados. Así leemos la segunda parte de su numeral 20:

---

403 A/52/18, Annex V (1997), recogido en ANAYA, 2009: 194, 195

Considerando la importancia de las actividades de promoción y protección de los derechos de las poblaciones indígenas y la contribución de esas actividades a la estabilidad política y social de los Estados en que viven esos pueblos, los Estados deben tomar medidas positivas concertadas, acordes con el derecho internacional, a fin de garantizar el respeto de todos los derechos humanos y las libertades fundamentales de las poblaciones indígenas, sobre la base de la igualdad y la no discriminación, y reconocer el valor y la diversidad de sus diferentes identidades, culturas y sistemas de organización social.

Este principio reitera la importancia que tienen, tanto la promoción como la protección de los derechos humanos de los pueblos indígenas por parte del Estado, quien está en la obligación de adoptar las medidas (legales e institucionales) correctas y concertadas con los pueblos indígenas, sujetos de derechos. Para ello, el Estado debe respetar las características propias de los pueblos indígenas comprendidos en sus fronteras nacionales. En tal sentido, la misma Declaración y Programa de Acción de Viena insisten a los Estados a incorporar e implementar los instrumentos internacionales de derechos humanos en la legislación nacional, tal como apreciamos de su numeral 83:

La Conferencia Mundial de Derechos Humanos insta a los gobiernos a que incorporen en su legislación nacional normas contenidas en los instrumentos internacionales de derechos humanos y a que refuercen los órganos de la sociedad, las estructuras y las instituciones nacionales que desempeñan una función en la promoción y salvaguardia de los derechos humanos.

8.2.2. Convenio 169 de la OIT sobre pueblos indígenas y tribales

Una de las fuentes jurídicas específicas que trata el tema de los derechos humanos de los pueblos indígenas es el Convenio 169, el mismo que tiene fuerza jurídica vinculante para los Estados, como Perú, que lo han ratificado. Este instrumento jurídico internacional establece principios generales y reconoce derechos territoriales, laborales, de seguridad social, entre otros, de los pueblos indígenas y sus miembros. Igualmente, establece obligaciones de los Estados para la protección y respeto de dichos derechos.

El Artículo 2 del Convenio 169 obliga a los Estados contratantes a desarrollar acciones coordinadas (con los pueblos indígenas y tribales) y sistemáticas para la protección de los derechos humanos colectivos e individuales y para garantizar el respeto de su integridad como pueblos especiales, tal como a continuación se reproduce:

1. *Los gobiernos deberán asumir la responsabilidad de desarrollar, con la participación de los pueblos interesados, una acción coordinada y sistemática con miras a proteger los derechos de esos pueblos y a garantizar el respeto de su integridad.*

2. *Esta acción deberá incluir medidas:*
a. *que aseguren a los miembros de dichos pueblos gozar, en pie de igualdad, de los derechos y oportunidades que la legislación nacional otorga a los demás miembros de la población;*
b. *que promuevan la plena efectividad de los derechos sociales, económicos y culturales de esos pueblos, respetando su identidad social y cultural, sus costumbres y tradiciones, y sus instituciones;*
c. *que ayuden a los miembros de los pueblos interesados a eliminar las diferencias socioeconómicas que puedan existir entre los miembros indígenas y los demás miembros de la comunidad nacional, de una manera compatible con sus aspiraciones y formas de vida.*

Las medidas que adopte el Estado (gobierno) a fin de proteger los derechos de los miembros y pueblos indígenas, deben ser adoptadas previa coordinación con dichos pueblos o sus representantes legítimos, respetando la identidad, el derecho consuetudinario indígena, tradiciones e instituciones indígenas. Tales medidas, como precisa el inciso 2 deben tener la finalidad de asegurar el disfrute por igual de los derechos consagrados en normas internas a favor de los miembros de la sociedad envolvente; igualmente, las medidas estatales deberán promover la plena efectividad o el disfrute de todos los derechos humanos, tanto colectivos como individuales, para así eliminar diferencias que existen entre los pueblos indígenas y no indígenas en el disfrute de los derechos fundamentales. Esto quiere decir que el Estado debe asumir sus obligaciones internacionales de respetar y promover el respeto de los derechos humanos de los pueblos indígenas, así como proteger y garantizar su ejercicio en igualdad.

Al respecto, Lee Swepston precisa que los Estados están en la obligación de desarrollar políticas indígenas e integrarlas en el quehacer nacional, de tal forma que los pueblos indígenas se vean involucrados activamente en los procesos de toma de decisión y ejecución de las políticas que comprometan sus derechos e intereses.[404]

El propósito del Artículo 2 del Convenio 169, como sostiene la OIT, es superar la situación de desigualdad de oportunidades que tienen los pueblos indígenas en el disfrute de los derechos humanos y eliminar la brecha socioeconómica que los separa de la sociedad envolvente. Esto significa, la obligación del Estado de implementar *"revisiones integrales de leyes, políticas, programas y proyectos"* destinados a garantizar el goce de los derechos humanos; todo ello acompañado

404 SWEPSTON, Lee; *The ILO Indigenous and Tribal Peoples Convention (169): Eight Years After Adoption*, in ANAYA, 2009: 134ss

de mecanismos de *"monitoreo adecuados para evaluar continuamente la situación de los pueblos indígenas"*.[405]

La aplicación debida de las normas del Convenio 169 es una obligación ineludible del Estado peruano; quien debe establecer los mecanismos legales e institucionales que garanticen el cumplimiento cabal de sus obligaciones.

El Convenio 169, ratificado por el Estado peruano, ha sido introducido por mandato del Artículo 55 de la Constitución 1993 a la legislación nacional, formando así parte del derecho nacional[406]. Esta Constitución calla en cuanto a la categoría que ha de tener el Convenio 169. Sin embargo, el Tribunal Constitucional de Perú ha precisado, en reiteradas oportunidades, que los tratados internacionales sobre los derechos humanos, a los que pertenece el Convenio 169, tienen la categoría de normas constitucionales.[407]

Teniendo en cuenta que el Convenio establece principios y normas de vigencia general, es necesario que la legislación nacional adecúe dichas normas y principios a la realidad de los pueblos indígenas del país. Es decir, políticas internas y normas nacionales deben implementar las contenidas en el Convenio 169. La implementación de éste implica también, como precisa la OIT, eliminar incompatibilidades normativas de la legislación nacional.[408]

En el cumplimiento de sus obligaciones internacionales frente a los derechos humanos de los pueblos indígenas, el Estado peruano, debería empezar reconociendo la existencia de los pueblos originarios o indígenas del país, por constituir sociedades vivas amparadas internacionalmente. Si bien la existencia de los pueblos indígenas no obedece a actos unilaterales del Estado, es indispensable que éste explícita- y oficialmente, mediante normas legales nacionales, los reconozca como sujetos de derechos humanos colectivos e individuales (de sus miembros). Este reconocimiento es, como precisa la OIT, fundamental a fin de

---

405 OIT, 2009: 29

406 Resolución Legislativa 26253 del Congreso Constituyente Democrático que aprueba el Convenio 169 con fecha 26 de noviembre de 1993. Este congreso fue instalado luego de que el ex presidente del país, Alberto Fujimori Fujimori, disolviera el Congreso de la República de Perú en abril de1992

407 Expediente Nro. 0025-2005-PI/TC y 0026/2005-PI/TC, Sentencia del Tribunal Constitucional peruano, emitida el 25 de abril de 2006; Párrafo 26: "Los tratados internacionales sobre derechos humanos no sólo conforman nuestro ordenamiento sino que, además, detentan rango constitucional. El Tribunal Constitucional ya ha afirmado al respecto que dentro de las 'normas con rango constitucional' se encuentran los 'Tratados de derechos humanos'".

408 OIT, 2009: 177

que los pueblos indígenas *"puedan participar y beneficiarse en un pie de igualdad en la sociedad nacional"*[409], y de esta forma eliminar discriminaciones y enfrentar actos de agresión bajo los cuales todavía sufren.

8.2.3. Declaración de la ONU sobre los derechos de los pueblos indígenas

La Declaración, proclamada el 13 de septiembre de 2007 por la Asamblea General de las Naciones Unidas, es uno de los primeros instrumentos internacionales que mejor ha plasmado la existencia de derechos humanos colectivos e individuales de los pueblos indígenas y sus integrantes. Ella reafirma ante todo los derechos colectivos de los pueblos indígenas como el derecho a territorios, tierras y recursos naturales, el derecho a la libre determinación, el derecho a la consulta y consentimiento previo. Del mismo modo, ella precisa la obligación del Estado de promover el respeto de los derechos humanos de los pueblos indígenas, tal como apreciamos de su Artículo 42:

> *Las Naciones Unidas, sus órganos, incluido el Foro Permanente para las Cuestiones Indígenas, y los organismos especializados, en particular a nivel local, así como los Estados, promoverán el respeto y la plena aplicación de las disposiciones de la presente Declaración y velarán por la eficacia de la presente Declaración* [sic].

Promover el respeto y la plena aplicación de las disposiciones de la Declaración, significa la promoción de los derechos humanos individuales y colectivos de los miembros y pueblos indígenas contenidos en la Declaración, a fin de que sean respetados y efectivizados plenamente. Ésta es una tarea no sólo de los organismos internacionales, sino también de los Estados miembros de la ONU, como Perú. La norma contenida en el Artículo 42 debe ser interpretada en conexión con el Artículo 38 de la misma Declaración, el que a la letra dice:

> *Los Estados, en consulta y cooperación con los pueblos indígenas, adoptarán las medidas apropiadas, incluidas medidas legislativas, para alcanzar los fines de la presente Declaración.*

Los fines de la Declaración están detallados en el Preámbulo y cada uno de sus artículos. La finalidad de la Declaración se resume en la promoción de los derechos humanos de los pueblos indígenas, así como el respeto, reconocimiento y protección de los mismos por parte de los Estados.

En cuanto a la fuerza vinculante de la Declaración existe todo un debate entre expertos, que parte de la posición de algunos Estados, entre los que votaron a

---

409 OIT, 2009: 30

favor (143) o en contra de su proclamación (como Canadá, Estados Unidos, Australia, Nueva Zelandia, entre otros), poniendo en duda su valor jurídico.

8.2.3.1. Fuerza vinculante de la Declaración

Por un lado, muchos Estados, entre los que votaron a favor y en contra, han subrayado repetidamente que la Declaración no tiene carácter legalmente vinculante; es decir, sin consecuencias legales y que sus disposiciones no representan derecho internacional consuetudinario por tener sólo fuerza política y moral. Por otro lado, hay expertos quienes sostienen que la Declaración, debido a las características especiales del proceso de adopción llevado al interior de la ONU, es, de hecho, un instrumento vinculante; pues, su valor sería distinto al de otras declaraciones. La controversia, como afirma Luis Rodríguez-Piñero, tiene en el fondo una mezcla de tres cuestiones básicas: la naturaleza legal de la Declaración, el valor normativo de los derechos contenidos en ella y los medios de supervisión de tales derechos.[410]

En cuanto a la naturaleza jurídica de la Declaración, no hay duda, dice Rodríguez-Piñero, pues la lista de fuentes legalmente vinculantes del derecho internacional se limita a los tratados ratificados por los Estados, lo que no es el caso de la Declaración. Sin embargo, la distinción legal de los instrumentos en el campo de los derechos humanos tiene muy poca relevancia en la práctica. Por ello, según él, el enfoque del debate debería centrarse no en la naturaleza jurídica de la Declaración, sino en las normas de derechos humanos contenidos en ella, pues la mayoría de los derechos sustantivos allí consagrados (como el derecho a la libre determinación, a los territorios, tierras y recursos naturales, etc.) son aquellos que previamente fueron reconocidos en otros tratados generales y específicos.[411]

Por su parte, James Anaya sostiene que la Declaración es el resultado de una doctrina común sobre los derechos humanos de los pueblos indígenas de estos últimos decenios. Ella, según el autor, no crea derechos humanos especiales distintos a los derechos humanos universales, *"sino que más bien profundiza en esos derechos fundamentales desde las circunstancias culturales, históricas, sociales y económicas específicas de los pueblos indígenas"*.[412]

---

410 RODRÍGUEZ-PIÑERO ROYO, Luis: *"Cuando proceda": Vigilancia y aplicación de los derechos de los pueblos indígenas según la declaración*; en CHARTERS, Claire y STAVENHAGEN, Rodolfo (editores), *El Desafío de la Declaración, Historia y Futuro de la Declaración de la ONU sobre Pueblos Indígenas*, Dinamarca, 2010, pp. 336ss

411 RODRÍGUEZ-PIÑERO, en CHARTERS y otro, 2010: 336s

412 A/66/288, 2011: párrafos 62, 63

En cuanto a la fuerza vinculante de la Declaración, él responde a los Estados y otros agentes que menoscaban la importancia normativa de la Declaración, y sostiene que *"una comprensión clara de la importancia normativa y las obligaciones jurídicas relativas a la Declaración no termina allí"*; sino que la Declaración tiene peso normativo que nace del alto grado de legitimidad; pues, ella es el resultado de un diálogo intercultural que saca a luz las aspiraciones legítimas de los pueblos indígenas.[413]

Es más, la Declaración tiene el carácter de ser un instrumento de remediación y reivindicación histórica de los pueblos indígenas, quienes no gozan, al igual que los grupos no indígenas, de los derechos humanos consagrados en los documentos e instrumentos de derechos humanos comunes, como es el caso específico del derecho a la libre determinación de los pueblos recogido por el Artículo 1 de los Pactos Internacionales; pues, los indígenas, durante la historia, han sufrido bajo el dominio de fuerzas externas que les han privado de sus territorios, del acceso a los recursos naturales de sustento y de sus instituciones políticas y culturales. En este sentido, como precisa Anaya, la existencia de la Declaración se debe a la negación de los derechos fundamentales de los pueblos indígenas.[414]

Al igual que Anaya, Claire Charters sostiene que la Declaración es un instrumento internacional legítimo, pues no obstante a no ser legalmente vinculante explica y precisa el cumplimiento de los derechos allí contenidos. Es legítimo porque en el proceso de su formulación han participado activamente tanto representantes de los pueblos indígenas como estatales; además, su contenido es *"sustantivamente justo y mejora la coherencia y precisión de los derechos de los pueblos indígenas"*.[415]

Por su parte, Stavenhagen sostiene que la Declaración es un paso importante en la promoción y protección de los derechos humanos de los pueblos indígenas, pues ella fue adoptada por la gran mayoría de Estados (143), por tanto es un documento que obliga *"moral y políticamente a todos los estados miembros de la ONU a la plena aplicación de su contenido"*, pudiendo convertirse en el futuro

---

413 A/66/288, 2011: párrafos 66, 67

414 ANAYA, S. James; Why There Should not Have to Be a Declaration on the Rights of Indigenous Peoples; en ANAYA, 2009: 58ss

415 CHARTERS, Claire, *La Legitimidad de la Declaración de la ONU sobre los Derechos de los Pueblos Indígenas*, en CHARTERS, Claire y STAVENHAGEN, Rodolfo (editores), *El Desafío de la Declaración, Historia y Futuro de la Declaración de la ONU sobre Pueblos Indígenas*, Dinamarca, 2010, pp. 300ss

en derecho consuetudinario[416], aplicado por la jurisprudencia nacional, regional e internacional.[417]

Si bien la Declaración carece de mecanismos de derechos humanos que obliguen a los Estados su cumplimiento, ella es la base para una nueva era de relaciones entre los pueblos indígenas y los Estados; por tanto, dependerá mucho de los procesos políticos internos y locales para hacer efectivos los derechos humanos descritos en la Declaración. Es decir, se necesitará una legislación secundaria que la complemente.[418]

Desde un punto de vista formal la Declaración, tal como sostienen los expertos citados, es un instrumento internacional jurídicamente no vinculante. Sin embargo, ella ha recogido, aclarado y precisado a favor de los pueblos indígenas, derechos humanos reconocidos internacionalmente por instrumentos vinculantes como es el caso del derecho a la libre determinación y el derecho al manejo de las propias riquezas (tierras y territorios) y los recursos naturales. Igualmente, la Declaración ha precisado las obligaciones del Estado a fin de promover, respetar y garantizar los derechos de los pueblos indígenas. Es por ello que los autores sostienen que la Declaración aun sin haber creado un derecho adicional en el derecho internacional, es el que mejor trata el asunto de los pueblos indígenas. Así, tal como precisa Bartolomé Clavero, la Declaración deja de ser una mera declaración.[419]

Aun cuando la Declaración sea considerada *'soft law'*, al igual que las recomendaciones de las organizaciones internacionales, ella tiene un valor importante para los derechos humanos, si bien no con fuerza jurídica vinculante, pero como base para futuras normas y la interpretación del derecho objetivo. De modo general, tanto las declaraciones como las recomendaciones de los organismos internacionales tienen dos funciones fundamentales: 1) ellas vienen a constituir el punto de partida para futuras normas con fuerza vinculante; 2) sirven para concretizar garantías reconocidas mediante instrumentos con fuerza vinculante como el caso de los Pactos Internacionales.

---

416 El derecho consuetudinario es considerado en el derecho internacional como las normas jurídicas, las mismas que son una expresión de una práctica constante y general reconocida como derecho, por tanto, tal como precisan Kälin y Künzli, el derecho consuetudinario se basaría en dos elementos: "*1) einer allgemeinen Übung (Staatenpraxis) und 2) der Überzeugung, dass diese Übung rechtlich gefordert ist (Rechtsüberzeugung; opinio iuris)*"; KÄLIN y otro, 2008: 76

417 STAVENHAGEN en CHARTERS y otro, 2010: 374ss

418 STAVENHAGEN en CHARTERS y otro, 2010: 374ss

419 CLAVERO, Bartolomé, *Supremacismo cultural, constituciones de Estados y declaración sobre los derechos de los pueblos indígenas*; en CHARTERS y otro, 2010: 266ss

No obstante a su carácter de ley blanda, afirma Anaya, la Declaración debe ser comprendida como una declaración vinculada a obligaciones legales dentro de las categorías estándares del derecho internacional. Ella debe verse como el instrumento internacional con autoridad en la interpretación de las normas vinculantes del derecho internacional de los derechos humanos y adicionalmente, la Declaración puede ser considerada como la que expresa el derecho consuetudinario, aun cuando este último sea un tema muy controvertido.[420]

Para Mark Janis, citado por Anaya, las resoluciones de las Naciones Unidas, como la Resolución 61/295 adoptada por la Asamblea General aprobando la Declaración, tienen el mismo efecto jurídico que la costumbre normativa:

> *The soundest way to account for the legal effect of the resolutions and recommendations of international organizations is to note that such resolutions and recommendations are a particularly useful evidence of the simultaneous attitudes of a number of states with respect to a specific legal issue or topic. The vote of a state on a matter before an international organization is itself an act of that state, and the balloting of many states on a specific question may in some circumstances illustrate a consensus (or a lack of one) about a customary rule.*[421]

En consecuencia, tal como afirma Anaya, la Declaración es un instrumento internacional legítimo y aunque no sea considerada jurídicamente vinculante, ella *"refleja obligaciones jurídicas que guardan relación con las disposiciones de derechos humanos contenidas en la Carta de las Naciones Unidas, distintos tratados multilaterales de derechos humanos y el derecho internacional consuetudinario"*[422]. No se puede restar importancia jurídica a la Declaración, toda vez de que ésta se basa en obligaciones asumidas por los Estados y en principios universales de los derechos humanos. Por tanto, resulta ineludible el cumplimiento de las obligaciones internacionales asumidas por los Estados de promocionar, proteger, respetar y garantizar los derechos individuales y colectivos de los miembros y pueblos indígenas.

8.2.3.2. La Declaración en el sistema interamericano de derechos humanos

Las obligaciones de los Estados de América, de respetar y garantizar el libre y pleno ejercicio de los derechos humanos en general, se encuentran contenidas en los Artículos 1.1 y 2 de la Convención Americana, los mismos que a continuación transcribimos:

---

420 ANAYA, 2009: 79, 80

421 ANAYA, 2009: 81

422 A/66/288, 2011: párrafo 68

Artículo 1.1.- Los Estados partes en esta Convención se comprometen a respetar los derechos y libertades reconocidos en ella y a garantizar su libre y pleno ejercicio a toda persona que esté sujeta a su jurisdicción, sin discriminación alguna por motivos de raza, color, sexo, idioma, religión, opiniones políticas o de cualquier otra índole, origen nacional o social, posición económica, nacimiento o cualquier otra condición social.
Artículo 2.- Si en el ejercicio de los derechos y libertades mencionados en el Artículo 1 no estuviere ya garantizado por disposiciones legislativas o de otro carácter, los Estados partes se comprometen a adoptar, con arreglo a sus procedimientos constitucionales y a las disposiciones de esta Convención, las medidas legislativas o de otro carácter que fueren necesarias para hacer efectivos tales derechos y libertades.

Estas normas han sido interpretadas y aplicadas por la CIDH y la Corte Interamericana a favor de los pueblos indígenas, especialmente en cuanto a las obligaciones del Estado para garantizar el goce del derecho a la propiedad colectiva de las tierras, territorios tradicionales o históricos.

La obligación de asegurar el goce efectivo de los derechos y libertades fundamentales, según la CIDH, implica, para los Estados, la revisión de sus leyes, procedimientos y prácticas que concuerden con las normas establecidas a nivel interamericano e internacional. El incumplimiento de esta obligación sea por *"acción u omisión de cualquier autoridad pública puede comprometer la responsabilidad internacional del Estado"*[423], por significar violación de las obligaciones establecidas en los artículos antes citados.

En estos últimos años, la Corte Interamericana y la CIDH han interpretado las disposiciones del Artículo 21 de la Convención Americana y del Artículo XXIII de la Declaración Americana, en relación al derecho de propiedad comunal de los pueblos indígenas, bajo la luz del Convenio 169 y de la Declaración, entre otros instrumentos internacionales, considerándolos como *"un corpus iuris coherente que define las obligaciones de los Estados Miembros de la OEA en relación con la protección de los derechos de propiedad indígena"*[424]. De esta manera, la Declaración adquiere fuerza vinculante y de cumplimiento obligatorio para los Estados respectivos.

8.3. Obligaciones específicas del Estado frente al derecho colectivo al territorio ancestral

El Estado peruano está en la obligación de implementar normas internacionales de promoción, respeto, protección y garantía de los derechos humanos de

423 OEA, 2009: párrafo 48
424 OEA, 2009: párrafos 5, 6

los pueblos indígenas. Esta implementación significa llevar adelante reformas jurídico-legales, programáticas, administrativas e institucionales, a fin de adecuar la legislación nacional a los estándares internacionales previstos por el Convenio 169, la Declaración, así como por los Pactos Internacionales y otros instrumentos de derechos humanos.

La reforma jurídico-legal debe partir de una reforma constitucional; es decir, al más alto nivel del sistema legal interno. Una vez eliminadas las normas contradictorias a los estándares internacionales e introducidas las normas compatibles con los principios y derechos reconocidos en los tratados y declaraciones internacionales, pero con caracteres específicos internos, el Estado debe activar los mecanismos de reglamentación adecuada e implementación.

Stavenhagen precisa que existe un vacío muy grande entre las normas y principios internacionales de protección de los derechos humanos de los pueblos indígenas y la legislación doméstica. Las normas internacionales, afirma el autor, *"no siempre pasan automáticamente a formar parte de la legislación nacional, aun cuando hayan sido ratificadas. En ocasiones son ignoradas por funcionarios públicos, así como en la jurisprudencia de los tribunales"*[425]. Esta afirmación no se aleja de la realidad peruana; pues, no obstante a la ratificación del Convenio 169, los derechos inherentes y originarios de los pueblos indígenas apenas son conocidos en el quehacer de la justicia y administración pública. En algunos casos, determinados derechos son citados de modo ambiguo y genérico, en la mayoría simplemente son ignorados.

Es urgente que el Estado peruano, tal como precisa el ex Relator Especial Anaya, lleve *"a cabo exámenes amplios de su legislación y de los programas administrativos en vigor para determinar en qué medida podrían ser incompatibles con la Declaración"* y con el Convenio 169, especialmente en relación a los territorios y recursos naturales de los pueblos indígenas[426]. En tal sentido, se hace necesaria la aprobación de nuevas leyes o la enmienda de las existentes, la que debe ir acompañada de una transformación de las estructuras jurídicas nacionales. Las normas relativas a tierras comunales, reservas territoriales estatales a favor de los pueblos indígenas en situación de aislamiento, entre otras, no son suficientes para proteger los derechos territoriales colectivos de los pueblos indígenas de la Amazonía peruana, tampoco responden a los estándares internacionales establecidos en las normas de protección del Convenio 169 y de la Declaración.

---

425 STAVENHAGEN, 2007: 117

426 A/66/288, 2011: párrafo 73

Como quiera que el Convenio 169 sea un tratado multilateral con efectos legales vinculantes para las partes que lo han suscrito y ratificado y contiene normas y principios generales, es necesaria, en caso de Perú, su implementación completa y debida.

El Artículo 14 (2, 3) del Convenio 169 señala cuáles son las obligaciones que el Estado tiene frente al derecho inherente y originario de los pueblos indígenas a sus territorios y recursos naturales:

> *2. Los gobiernos deberán tomar las medidas que sean necesarias para determinar las tierras que los pueblos interesados ocupan tradicionalmente y garantizar la protección efectiva de sus derechos de propiedad y posesión.*
> *3. Deberán instituirse procedimientos adecuados en el marco del sistema jurídico nacional para solucionar las reivindicaciones de tierras formuladas por los pueblos interesados.*

Al respecto, Swepston opina que *"the Convention makes it clear that rights do exist whenever lands have been traditionally occupied"*[427]. Es decir, que los territorios ocupados por los pueblos indígenas desde sus ancestros o de modo tradicional, son materia de protección obligada por parte del Estado, quien debe tomar las medidas necesarias para la identificación de los mismos y así garantizar la protección efectiva de los derechos territoriales y resolver conflictos en este campo.

El Estado peruano está en la obligación de establecer mecanismos o procedimientos adecuados para la identificación de los territorios de los pueblos indígenas y tomar medidas destinadas a la protección cabal del derecho a la propiedad y posesión. La OIT explica que dichas medidas incluyen necesariamente *"la demarcación y otorgamiento de títulos y, en otros, puede llegar al reconocimiento de acuerdos de autogobierno o regímenes de coadministración"*. Por ser una tarea muy compleja, el Estado debe empezar con *"la adopción de la legislación pertinente, la definición de los procedimientos adecuados y el establecimiento de los mecanismos institucionales necesarios para la implementación y resolución de reivindicaciones contrapuestas"*[428]. A fin de evitar mayor afectación de los derechos territoriales de los pueblos indígenas y mientras dure el proceso de adecuación, es obligatorio que el Estado adopte medidas transitorias para la protección debida.

A continuación exponemos las acciones básicas, detalladas por el Convenio 169 y la Declaración, que forman parte de las obligaciones estatales destinadas a garantizar el disfrute del derecho fundamental, inherente, originario y vital de los pueblos indígenas a territorios ancestrales o tradicionales y recursos naturales.

---

427 SWEPSTON en ANAYA, 2009: 134ss

428 OIT, 2009: 95, 96

8.3.1. Reconocimiento jurídico-legal del derecho de propiedad de pueblos indígenas

La existencia de los pueblos indígenas no está supeditada a un acto constitutivo del Estado, tampoco lo está el derecho originario de los mismos sobre sus territorios tradicionales o ancestrales y recursos naturales, por ser éste un derecho inherente y originario y por preceder, en su mayoría, a la fundación del Estado-nación actual. Sin embargo, la permanente agresión de este derecho por parte de gobiernos y particulares, que están llevando a la pérdida de control de los territorios ancestrales, hace urgente que el Estado responda a sus obligaciones internacionales asumidas mediante el Convenio 169, la Declaración y otros instrumentos jurídicos. Esto implica el reconocimiento jurídico y legal de los derechos territoriales de los pueblos indígenas, sean éstos en aislamiento o no. Este reconocimiento debe llevarse a cabo respetando plenamente las costumbres, las tradiciones, el sistema tradicional de posesión, la distribución y la transmisión de los territorios indígenas.

En el punto 4 hemos tratado el tema del derecho originario de los pueblos indígenas al territorio ancestral basado en la posesión, uso, control y disfrute tradicional de sus territorios. Igualmente, hemos explicado de cómo este derecho adopta en el derecho occidental la figura de derecho de propiedad y de posesión, tal como precisa el Artículo 14 (1) del Convenio 169. Sea cual fuere la forma de posesión de territorios ejercida por los pueblos indígenas, el Estado está en la obligación de reconocerla bajo el nombre de propiedad y posesión.

La Declaración ha precisado en su Artículo 26 (tercer párrafo) la obligación del Estado de reconocer y proteger jurídicamente las tierras y territorios indígenas y los recursos naturales que en ellos existen; a decir:

> *Los Estados asegurarán el reconocimiento y protección jurídicos de esas tierras, territorios y recursos. Dicho reconocimiento respetará debidamente las costumbres, las tradiciones y los sistemas de tenencia de la tierra de los pueblos indígenas de que se trate.*

El Estado, al reconocer jurídicamente el derecho colectivo de los pueblos indígenas a sus territorios, está en el deber de respetar las tradiciones y costumbres de los pueblos indígenas, su vínculo especial con los territorios que ocupan, así como las relaciones de entendimiento con los pueblos vecinos. Es decir, el Estado está llamado a respetar la naturaleza especial de la propiedad indígena. Lo contrario significa afirmar la existencia de una sola forma de usar y disponer de las tierras, y negar las formas tradicionales de los pueblos originarios[429]. Esto impli-

429 Fundación para el Debido Proceso Legal y otros, 2010: 17

ca la violación de obligaciones internacionales del Estado en cuanto al derecho de propiedad. Por tanto, él está llamado a implementar las reglas internacionales a fin de superar la exclusión de los pueblos indígenas ocurrida durante estos últimos siglos, y corregir la superposición de derechos privados sobre territorios ancestrales, promovida desde los sucesivos gobiernos nacionales.

El reconocimiento del derecho inherente y originario de los pueblos indígenas a sus territorios y recursos naturales implica actos formales como la inclusión de este derecho en la norma de mayor jerarquía: la Constitución Política. El hecho de que se haya introducido el Convenio 169 al sistema legal del país no es suficiente, pues hace falta especificar el derecho y reglamentarlo de acuerdo a la realidad de los pueblos indígenas del país.

La CIDH ha precisado que no es suficiente reconocer el derecho de los pueblos indígenas a los territorios ancestrales, sino que hace falta, conforme al Artículo 2 de la Convención Americana, adoptar *"las medidas legislativas, administrativas y de cualquier otro carácter que sean necesarias para crear un mecanismo efectivo de delimitación y titulación"* de la propiedad colectiva de los pueblos indígenas y de acuerdo con sus costumbres, tradiciones, valores y usos.[430]

Para dar cumplimiento a esta obligación, el Estado peruano debe establecer, con la participación activa de los pueblos indígenas, todo un proceso equitativo, independiente, imparcial, abierto y transparente, *"en el que se reconozcan debidamente las leyes, tradiciones, costumbres y sistemas de tenencia de la tierra de los pueblos indígenas, para reconocer y adjudicar los derechos de los pueblos indígenas en relación con sus tierras, territorios y recursos"* (Artículo 27 de la Declaración).

En consecuencia, el Estado está obligado a reconocer mediante actos constitucionales, legales, administrativos y judiciales el derecho de los pueblos indígenas a sus territorios en las modalidades y formas diversas y particulares de posesión, uso, disfrute y control.

8.3.2. Identificación de los territorios ancestrales

El Estado, en coordinación con los pueblos indígenas interesados, deberá identificar los territorios ancestrales a demarcarse. Para la identificación, tendrá que reunir información suficiente de tipo antropológico, sociológico, étnico, histórico, entre otros. Esta información especializada servirá para precisar la ocupación ancestral, histórica o tradicional de los territorios y el disfrute de los recursos naturales; es más, tendrá que identificar las *"prácticas tradicionales de subsistencia,*

430 OEA, 2009: párrafo 46

rituales o de sanación; de la toponimia de la zona en el lenguaje de la comunidad", entre otros.[431]

La identificación del territorio ancestral o tradicional de los pueblos indígenas que viven al interior de las fronteras actuales del país es una tarea previa a la delimitación y titulación oficial. Para ello, el Estado en coordinación con cada uno de los pueblos indígenas tendrá que tomar las medidas administrativas y financieras para elaborar, con ayuda técnica, los planos de ubicación respectiva. En el caso de los pueblos indígenas de la Amazonía peruana, la identificación de los territorios ancestrales o tradicionales de cada pueblo se hará considerando la ocupación tradicional del territorio, desde los lugares donde se ubican las viviendas, pasando por los bosques, ríos, lagunas y lagos donde desarrollan sus actividades económicas tradicionales de caza, pesca y recolección de frutos, así como por los campos de siembra de productos agrícolas y crianza de animales domésticos, hasta los lugares sagrados y de culto. Los territorios de los pueblos indígenas en situación de aislamiento o contacto reciente, deberán ser identificados respetando la situación de vulnerabilidad de los pueblos y de preferencia en coordinación con organizaciones defensoras de pueblos indígenas de la Amazonía. Es decir, la identificación de los territorios indígenas en la Amazonía peruana va más allá de las tierras comunales establecidas legalmente por el Estado como tierras agropecuarias.

De acuerdo con la CIDH, la identificación comprende los territorios tradicionales que los pueblos indígenas ocupan actualmente y los que dejaron de ocupar como producto de la colonización y con los cuales siguen manteniendo una relación especial de tipo espiritual, económico, histórico, religioso, etc.[432]

8.3.3. Delimitación y demarcación de los territorios ancestrales

Ésta es otra de las obligaciones del Estado cuyo propósito es establecer los límites precisos de los territorios ancestrales identificados. Los límites de cada uno de los territorios deberán ser señalados físicamente de tal forma que no haya confusión en el futuro. Esta tarea será ejecutada en coordinación directa con los pueblos indígenas o sus representantes legítimos.

Es necesario que el Estado adopte medidas legislativas, administrativas e institucionales a fin de efectivizar el mecanismo de delimitación y demarcación que ha de conducir a la titulación de la propiedad de los pueblos indígenas, de

---

431 OEA, 2009: párrafo 79

432 OEA, 2009: párrafo 78

acuerdo con sus leyes consuetudinarias y tradiciones ancestrales[433]. La falta, o retardo, de delimitación y demarcación de los territorios ancestrales o tradicionales pone en situación de mayor vulnerabilidad a los pueblos indígenas frente a los intereses de terceros, especialmente frente a empresas dedicadas a la exploración y explotación de los recursos naturales en sus territorios. La omisión a esta obligación puede causar conflictos no sólo con los pueblos indígenas vecinos, sino también con los colonos migrantes que invaden territorios indígenas. Dicha omisión significa para el sistema interamericano la violación de los Artículos 21, 1 y 2 de la Convención Americana.[434]

A fin de cautelar los derechos territoriales de los pueblos indígenas, los procedimientos de identificación, delimitación y demarcación de los territorios ancestrales deben ser rápidos, efectivos, adecuados y especiales; deben diferenciarse de los mecanismos legales establecidos para la titulación agraria (tierras comunales). Es más, los mecanismos de delimitación y demarcación deben establecerse con participación plena de los pueblos interesados.

La CIDH ha precisado que el Estado no puede *"diseñar ni llevar a cabo planes o proyectos de desarrollo o inversión, ni otorgar concesiones de explotación de los recursos naturales"* que puedan comprometer territorios indígenas que no han sido delimitados, demarcados o titulados, sin consulta efectiva y sin el consentimiento previo e informado de los pueblos indígenas interesados.[435]

8.3.4. Titulación y registro oficial de la propiedad colectiva de territorios indígenas

Como los pueblos indígenas son propietarios originarios y legítimos de los territorios que ocupan desde sus ancestros o tradicionalmente, ellos tienen el derecho de obtener el título jurídico formal de sus territorios, el que debe ser registrado en una entidad creada con tal fin. La titulación y el registro significan actos de reconocimiento oficial del derecho a la propiedad indígena por parte del Estado y no actos discrecionales sujetos a la voluntad de éste. El Estado no se está desprendiendo de sus dominios ni está haciendo un favor a los pueblos indígenas; sino, está en la obligación internacional de titular y registrar la propiedad indígena.

---

433 Sentencia de la Corte Interamericana de Derechos Humanos en el caso de la Comunidad Mayagna (Sumo) Awas Tingni vs. Nicaragua, dada el 31 de agosto de 2001, punto 3 de la parte resolutiva

434 OEA, 2009: párrafo 95

435 OEA, 2009: párrafo 106

La titulación de los territorios indígenas debe contar con procedimientos especiales, efectivos y regulados mediante normas específicas y no mediante normas comunes vigentes en el país para la titulación de tierras agrícolas (como las tierras de las comunidades nativas y campesinas).[436]

Debido a que el derecho originario a los territorios ancestrales es un derecho colectivo de los pueblos indígenas, el título oficial de propiedad indígena sobre sus territorios debe obedecer a tal característica. Es decir, la titulación debe ser de forma colectiva. Sin embargo, esto no ha de interferir ni perjudicar, como sostiene la CIDH, a las formas internas de los pueblos indígenas en cuanto al uso y la tenencia de las tierras y disfrute de los recursos naturales por parte de sus miembros.[437]

La falta de titulación oficial de los territorios indígenas o el retardo de la misma, no puede justificar los actos de apropiación por parte del Estado para otorgarlos a terceros con fines de explotación económica, ni menos para autoproclamarse soberano sobre los territorios que pertenecen a los pueblos que los ocuparon desde antes de la llegada de los invasores europeos y de la formación del Estado actual.

La titulación formal de los territorios ancestrales de los pueblos indígenas tiene la finalidad concreta, como precisa la CIDH, de otorgarles seguridad jurídica frente a los intereses no sólo de terceros privados, sino también del mismo Estado.[438]

En cuanto a las características legales del derecho de propiedad indígena contenido en el título formal, no hay normas internacionales que las definan. Sin embargo, el derecho reconocido mediante dicho título debería ser permanente, exclusivo, inalienable, imprescriptible e inembargable, tal como en un primer momento proponía el Proyecto de Declaración Americana sobre los derechos de los pueblos indígenas (Proyecto de Declaración Americana)[439] en su (antiguo) Artículo XVIII (3.i)[440]:

---

436 OEA, 2009: párrafo 85

437 OEA, 2009: párrafo 82

438 OEA, 2009: párrafo 83

439 Proyecto de Declaración Americana sobre los derechos de los pueblos indígenas aprobado por la Comisión Interamericana de Derechos Humanos el 26 de febrero de 1997, sesión 1333a, 95 Período Ordinario de Sesiones. Este proyecto no cuenta con el respaldo de los representantes de los pueblos indígenas de América por no responder a los estándares internacionales de protección de derechos

440 El texto de este artículo procede de la primera propuesta aprobada en febrero de 1997. En la actualidad (mayo 2015) dicha propuesta ha desaparecido del proyecto

[...] cuando los derechos de propiedad y uso de los pueblos indígenas surgen de derechos preexistentes a la existencia de los Estados, éstos deberán reconocer dichos títulos como permanentes, exclusivos, inalienables, imprescriptibles e inembargables.

Una vez titulado el territorio indígena, el título debe ser registrado en un registro especial público, creado por el Estado con dicha finalidad.

El Estado deberá ofrecer garantías a fin de que el registro oficial del título de propiedad indígena esté rodeado de suficiente seguridad jurídica, de tal forma que éste (título de propiedad indígena) tenga el valor suficiente ante cualquier autoridad administrativa o instancia judicial. Es decir, como precisa la CIDH, *"[e]l derecho de los pueblos indígenas y tribales a la propiedad de sus territorios debe tener certeza jurídica"* y debe ser reconocido y respetado en el derecho interno del país.[441]

La certeza jurídica requiere que los títulos oficiales otorgados por el Estado sean protegidos contra actos arbitrarios de los gobiernos de turno, que den por extinguido o reducido el derecho de propiedad de los pueblos indígenas, como es el caso de expropiaciones y adjudicaciones a terceros para su explotación comercial. Sólo el consentimiento previo e informado de los pueblos afectados podrá llevar a tal reducción o extinción, con las garantías que ofrece el derecho internacional para la expropiación y el pago de una compensación justa, no pudiendo el Estado, en tal caso, invocar razones políticas de colonización o desarrollo agrícola u otra índole. Del mismo modo, la certeza jurídica requiere que el Estado se abstenga de afectar el título colectivo sobre los territorios ancestrales mediante estrategias jurídicas o sociopolíticas como la creación de municipios no indígenas en territorios indígenas[442]. Todo esto implica que los títulos de propiedad reconozcan el derecho de los pueblos indígenas sobre los territorios tradicionales o ancestrales, con las características ya mencionadas (inalienables, permanentes, exclusivas, imprescriptibles e inembargables).

La posesión inmemorable y tradicional de los territorios por los pueblos indígenas debe ser suficiente para que el Estado reconozca la propiedad indígena, otorgue el título y disponga el registro respectivo. Los derechos colectivos de propiedad y posesión indígenas, al no ser constituidos por ley no pueden ser extinguidos o modificados unilateralmente por el Estado.

441 OEA, 2009: párrafo 87
442 OEA, 2009: párrafos 88-91

8.3.5. Procedimientos para la reivindicación y restitución de territorios indígenas

Ante todo, el Estado tiene la obligación de prevenir y sancionar la invasión o colonización del territorio de los pueblos indígenas por personas no indígenas. El Estado debe tomar las medidas legales, administrativas y judiciales suficientes para repeler los actos de amenaza, usurpación y reducción del derecho originario de propiedad indígena.[443]

Ocurrida la pérdida de dominio y control de los territorios indígenas, el Artículo 14 (3) del Convenio 169 establece la obligación del Estado bajo los siguientes términos:

> *Deberán instituirse procedimientos adecuados en el marco del sistema jurídico nacional para solucionar las reivindicaciones de tierras formuladas por los pueblos interesados.*

En cuanto a conflictos surgidos entre diferentes grupos o pueblos indígenas sobre un territorio ocupado en común, el Estado deberá tener en cuenta obligatoriamente el uso tradicional compartido de dicha área, debiendo buscar fórmulas de uso y manejo conjunto con participación activa de los pueblos indígenas (Artículo 2.1 del Convenio 169), garantizándoles la continuidad del uso compartido y sin descuidar la protección jurídica del territorio tradicional en conflicto.

Del mismo modo, el Artículo 8 (2.b.) de la Declaración obliga a los Estados a adoptar las medidas y mecanismos adecuados para la prevención y reparación en casos de enajenación de territorios indígenas:

> *Los Estados establecerán mecanismos eficaces para la prevención y el resarcimiento de:[…]*
> *b) Todo acto que tenga por objeto o consecuencia enajenarles sus tierras, territorios o recursos.*

Los pueblos indígenas de la Amazonía tienen el derecho de reivindicar los territorios y recursos naturales que han perdido por actos arbitrarios de terceros y del propio Estado. Este derecho presenta dos opciones: la restitución de los territorios que se encuentran en manos ajenas, o la indemnización justa, imparcial y equitativa, cuando no sea posible la restitución, tal como precisa el Artículo 28 de la Declaración:

> *Los pueblos indígenas tienen derecho a la reparación, por medios que puedan incluir la restitución o, cuando ello no sea posible, una indemnización justa, imparcial y equitativa, por las tierras, los territorios y los recursos que tradicionalmente hayan poseído u ocupado o utilizado de otra forma y que hayan sido confiscados, tomados, ocupados, utilizados o dañados sin su consentimiento libre, previo e informado.*

---

443 OEA, 2009: párrafo 114

Salvo que los pueblos interesados hayan convenido libremente en otra cosa, la indemnización consistirá en tierras, territorios y recursos de igual calidad, extensión y condición jurídica o en una indemnización monetaria y otra reparación adecuada.

Los pueblos indígenas tienen derecho a la restitución de sus territorios, por significar éste un derecho esencial para la supervivencia e integridad de los pueblos. La restitución debe ser viable aun cuando los territorios se encuentren en manos de terceros privados y éstos los exploten económicamente (en forma productiva). En consecuencia, el Estado está en la obligación de establecer los mecanismos suficientes, efectivos y rápidos para hacer realidad la restitución de los territorios indígenas. Para ello, el Estado deberá proveer de recursos administrativos y judiciales eficaces que ofrezcan las garantías del debido proceso, que sean accesibles, simples y rápidos. Estos mecanismos deberán ofrecer a los pueblos indígenas la posibilidad real de recuperar sus territorios ancestrales o tradicionales; es decir, no debe limitarse a la espera de la voluntad de los tenedores actuales y forzar a los indígenas a aceptar tierras alternativas o el pago de una compensación monetaria.[444]

Para la recuperación de los territorios indígenas no se requiere ni la posesión material ni la existencia de un título formal de propiedad. Es que el derecho a la recuperación de los territorios subsiste mientras continúe vigente el vínculo especial (espiritual, económico, tradicional, usos, ceremonial, etc.) que los une con el territorio ancestral. Aun cuando ese vínculo se haya roto por razones de fuerza mayor (reubicación por razones de salud o crisis humanitaria, etc.) o por conflictos armados, el derecho de los pueblos indígenas a la restitución se encuentra latente.[445]

Es decir, el derecho originario a la propiedad indígena se mantiene a pesar de la pérdida de posesión y la falta de un título formal que los declare, siendo la restitución la opción más justa de respetar el derecho humano de los pueblos indígenas a sus territorios y recursos naturales que prevalece frente a intereses privados y del Estado.

La jurisprudencia interamericana ha desarrollado fórmulas jurídicas para que los Estados resuelvan el conflicto surgido entre los pueblos indígenas y terceros sobre reivindicación de territorios ancestrales. En principio, se reconoce la vigencia tanto del derecho a la propiedad privada de los particulares así como del derecho colectivo de los pueblos indígenas (de los miembros de las comunidades indígenas), los mismos que están amparados por la Convención Americana. Sin

444 OEA, 2009: párrafo 139
445 OEA, 2009: párrafo 132

embargo, en caso de conflicto entre ambos derechos, es decir en caso de pérdida de la posesión de territorios indígenas y otorgamiento de títulos a terceros de buena fe o no, los pueblos indígenas tienen derecho a recuperarla o a obtener tierras de igual extensión y calidad. Aun cuando las tierras (territorios) que se reclaman hayan pasado a manos de diferentes propietarios *"por un largo período de tiempo y estén debidamente registradas no constituye un motivo suficiente para justificar la falta de reconocimiento del derecho a la propiedad y recuperación territorial de los pueblos indígenas"*, ni se libera el Estado de la responsabilidad internacional.[446]

En todo caso, precisa la CIDH, deberá someterse a la ponderación *" para determinar la limitación de uno u otro de los derechos de propiedad en conflicto, a la luz de los estándares de legalidad, necesidad, proporcionalidad y objetivo legítimo en una sociedad democrática"*, debiendo tenerse en cuenta la situación especial de los pueblos indígenas y las obligaciones internacionales asumidas por el Estado frente a ellos.[447]

La Corte Interamericana ha precisado que la devolución o restitución de las tierras tradicionales de los pueblos indígenas, perdidas en el proceso de colonización, es la forma que más se acerca a la *'restitutio in integrum'*, debiendo el Estado adoptar las medidas legales y administrativas necesarias, a fin de asegurar a los pueblos afectados el derecho a la propiedad sobre sus territorios, el uso, goce y control de los mismos.[448]

En cuanto a la opción de indemnización, ésta sólo es posible si la restitución de los territorios y recursos naturales no es viable por razones objetivas y justificadas. Esta forma de reivindicación puede presentar a su vez dos alternativas: la entrega de territorios o tierras y recursos de igual calidad, extensión y condición jurídica, o un pago monetario. En este caso, es el Estado quien debe probar suficientemente la imposibilidad de restitución de los territorios enajenados.

Esta segunda alternativa de reivindicación sólo se justifica si se han agotado todos los medios posibles para llevar adelante la restitución del territorio indígena. En todo caso la entrega de tierras alternativas o el pago de una justa indemnización monetaria se deben llevar a cabo previo acuerdo con los pueblos

---

446 OEA, 2009: párrafo 119

447 OEA, 2009: párrafo 138

448 Sentencia de la Corte Interamericana de Derechos Humanos en el caso de la Comunidad Indígena Xákmok Kásek vs. Paraguay (Fondo, Reparaciones y Costas), del 24 de agosto del 2010; párrafo 281

afectados, es decir respetando las garantías de la consulta previa establecida por el Convenio 169.[449]

Sin embargo, aquí nos hacemos la siguiente pregunta: ¿Dónde se encuentran esas tierras sustitutas para ser entregadas a los pueblos a cambio del territorio que han perdido? ¿Será en territorios de otros pueblos vecinos o al interior de sus propios territorios ancestrales tal como precisa la Corte Interamericana en el caso de la Comunidad Xákmok Kásek?:

> *Si por motivos objetivos y fundamentales – entre los cuales, se reitera, no podrán argüirse exclusivamente el hecho que las tierras estén en manos privadas o estén racionalmente explotadas- las autoridades paraguayas resuelven dar prioridad al derecho a la propiedad de los particulares por sobre el derecho a la propiedad de los miembros de la Comunidad, deberá entregar a éstos tierras alternativas, dentro del territorio tradicional de sus ancestros.*[450]

Aquí se observa que las tierras a que se refiere la Corte Interamericana son tierras que la comunidad Xákmok Kásek ha reclamado como parte de su territorio ancestral. Si las tierras alternativas de una comunidad se encuentran en sus propios territorios ancestrales, entonces la indemnización mediante la entrega de tierras alternativas, bajo tal interpretación, no tiene sentido.

8.3.6. Consulta y consentimiento previo de los pueblos indígenas

El Estado peruano se ha autoproclamado soberano en el aprovechamiento de todos los recursos naturales, renovables y no renovables existentes en el país, inclusive en territorios de pueblos indígenas (Artículo 66 de la Constitución 1993). Igualmente, él se ha declarado propietario exclusivo de los hidrocarburos in situ (Artículo 8 del Texto Único de Hidrocarburos), dejando de lado cualquier pretensión de los pueblos en cuyos territorios se encuentran. Frente a tal prerrogativa impuesta unilateralmente por el Estado, el Convenio 169 ha postulado el remedio jurídico de la consulta previa para casos de exploración y explotación de los recursos naturales en territorios ancestrales o tradicionales de los pueblos indígenas. La consulta previa ha adoptado la forma tanto de un derecho colectivo de los pueblos indígenas como la de una obligación ineludible del Estado, tal como leemos del Artículo 15 (2) del Convenio 169:

> *En caso de que pertenezca al Estado la propiedad de los minerales o de los recursos del subsuelo, o tenga derechos sobre otros recursos existentes en las tierras, los gobiernos deberán establecer o mantener procedimientos con miras a consultar a los pueblos interesados, a fin de determinar si los intereses de esos pueblos serían perjudicados, y en qué medida, antes*

---

449 Sentencia Kákmok Kásek, 2010: párrafo 147

450 Sentencia Kákmok Kásek, 2010: párrafo 286

de emprender o autorizar cualquier programa de prospección o explotación de los recursos existentes en sus tierras. Los pueblos interesados deberán participar siempre que sea posible en los beneficios que reporten tales actividades, y percibir una indemnización equitativa por cualquier daño que puedan sufrir como resultado de esas actividades.

La consulta previa, como su nombre ya lo indica, debe realizarse antes de que el gobierno otorgue cualquier autorización, a empresas privadas o estatales, para actividades de prospección, exploración y explotación de los hidrocarburos, o cualquier otro recurso natural existente en territorio ancestral. La finalidad de la consulta previa está claramente establecida en la norma contenida en el Artículo 6 (2) del mismo Convenio 169:

Las consultas llevadas a cabo en aplicación de este Convenio deberán efectuarse de buena fe y de una manera apropiada a las circunstancias, con la finalidad de llegar a un acuerdo o lograr el consentimiento acerca de las medidas propuestas.

La consulta previa, de buena fe e informada tendrá como finalidad llegar a un acuerdo bilateral con el pueblo, en cuyos territorios se pretende explorar y/o explotar los recursos naturales, de los cuales el Estado se siente propietario, o lograr el consentimiento libre, previo e informado del mismo pueblo, titular del derecho de propiedad.

El CEACR de la OIT, citado por Anaya, en el caso denunciado por la Federación del pueblo Shuar contra Ecuador por incumplimiento del Convenio 169, ha llegado a la conclusión de que:

[...] the concept of consulting the indigenous communities that could be affected by the exploration or exploitation of natural resources includes establishing a genuine dialogue between both parties characterized by communication and understanding, mutual respect, good faith and the sincere wish to reach a common accord.[451]

Por tanto, una reunión simple de información sobre los planes del gobierno no puede ser tomada como una consulta previa. Es más, la consulta deberá llevar a cabo el Estado a través de sus órganos correspondientes y antes de tomar cualquier decisión gubernamental que afecte los derechos territoriales de los pueblos indígenas.

En principio, los pueblos indígenas tienen el derecho a la libre determinación, en tal sentido están libres de *"elaborar las prioridades y estrategias para el desarrollo o la utilización de sus territorios y otros recursos"* (Artículo 32, primer párrafo, de la Declaración). Sin embargo, como el Estado se ha arrogado derechos superiores a los de los pueblos indígenas, entonces queda por el momento la consulta previa como un remedio frente a esa situación.

451 ANAYA, 2009: 161

La Declaración corrobora las normas del Convenio 169 y precisa que el Estado debe celebrar la consulta previa y de buena fe a los pueblos indígenas, a través de sus representantes legítimos, para obtener su consentimiento libre e informado antes de tomar cualquier decisión que afecte la integridad de los territorios tradicionales. Así leemos del Artículo 32 (segundo párrafo) de la Declaración:

> *Los Estados celebrarán consultas y cooperarán de buena fe con los pueblos indígenas interesados por conducto de sus propias instituciones representativas a fin de obtener su consentimiento libre e informado antes de aprobar cualquier proyecto que afecte a sus tierras o territorios y otros recursos, particularmente en relación con el desarrollo, la utilización o la explotación de recursos minerales, hídricos o de otro tipo.*

Esta norma tiene que analizarse en conjunto con la contenida en el Artículo 19 de la misma Declaración:

> *Los Estados celebrarán consultas y cooperarán de buena fe con los pueblos indígenas interesados por medio de sus instituciones representativas antes de adoptar y aplicar medidas legislativas y administrativas que los afecten, para obtener su consentimiento libre, previo e informado.*

Como vemos, la obligación de llevar adelante la consulta es una tarea del Estado y no de las empresas contratistas interesadas en los recursos naturales. Como la finalidad de la consulta es obtener el consentimiento previo, libre e informado de los pueblos indígenas o llegar a un acuerdo consensuado, sin dicho consentimiento o acuerdo no es posible ejecutar los planes de los gobiernos de exploración y/o explotación de los recursos naturales en territorio indígena.

Naturalmente, la obligación de consultar a los pueblos indígenas va más allá de las medidas estatales que afectan los derechos territoriales; pues, se aplica en general a acciones administrativas o legislativas de los Estados que puedan tener impacto sobre los derechos e intereses de los pueblos indígenas.

La CIDH ha precisado que la consulta previa tiene que llevarse a cabo obligatoriamente en los siguientes casos: a) medidas relacionadas con los procesos de acceso y goce efectivo del territorio ancestral; b) medidas relacionadas al establecimiento de fronteras del territorio indígena a través de los procesos de delimitación y demarcación física; c) elección de tierras alternativas y/o pago de indemnización conforme al Convenio 169 y Declaración; d) establecimiento de normas referidas al procedimiento de consulta previa; e) decisiones que puedan afectar, modificar, reducir o extinguir los derechos de propiedad indígenas; entre otros.[452]

---

452 OEA, 2009: párrafos 277-281

Después de aproximadamente 17 años desde la ratificación del Convenio 169 y debido a la presión ejercida por los pueblos indígenas y organismos internacionales, el Congreso peruano ha dado la Ley de Consulta para regular el derecho a la consulta de los pueblos indígenas u originarios. El objetivo de esta ley sería desarrollar los principios y procedimientos del derecho a la consulta previa en cuanto a las medidas legislativas o administrativas que afecten directamente a los pueblos indígenas. Según dicha ley, la finalidad de la consulta sería *"alcanzar un acuerdo o consentimiento entre el Estado y los pueblos indígenas u originarios respecto a la medida legislativa o administrativa que les afecten directamente"* (Artículo 2).

Aparentemente, con la dación de dicha ley, Perú habría dado un paso importante en la implementación de normas internacionales que protegen los derechos de los pueblos indígenas. Sin embargo, ya desde los criterios de identificación de los pueblos indígenas (que no respeta la auto-identificación y autodefinición de los pueblos), la ley tiene limitaciones que no responden a los estándares internacionales desarrollados al interior de las Naciones Unidas. En cuanto al proceso de consulta, para la cual ha sido dada esta ley, se tiene que sólo las entidades estatales tienen la prerrogativa de decidir si las medidas legislativas o administrativas se someten o no a la consulta previa (Artículo 9 de la Ley de Consulta). Igualmente, la decisión final si se lleva o no a cabo la medida, objeto de consulta, sólo es de competencia de la entidad estatal, así expresa el Artículo 15 de la Ley de Consulta:

> *La decisión final sobre la aprobación de la medida legislativa o administrativa corresponde a la entidad estatal competente. Dicha decisión debe estar debidamente motivada e implica una evaluación de los puntos de vista, sugerencias y recomendaciones planteados por los pueblos indígenas u originarios durante el proceso de diálogo, así como el análisis de las consecuencias que la adopción de una determinada medida tendría respecto a sus derechos colectivos reconocidos constitucionalmente en los tratados ratificados por el Estado peruano.*
>
> *El acuerdo entre el Estado y los pueblos indígenas u originarios, como resultado del proceso de consulta, es de carácter obligatorio para ambas partes. En caso de que no se alcance un acuerdo, corresponde a las entidades estatales adoptar todas las medidas que resulten necesarias para garantizar los derechos colectivos de los pueblos indígenas u originarios y los derechos a la vida, integridad y pleno desarrollo.*
>
> *[...]*

Para esta Ley de Consulta, el consentimiento de los pueblos indígenas no tiene ninguna importancia, pues sea cual fuere el resultado del proceso de consulta, el que tiene la última palabra es el Estado.

A nivel internacional, el consentimiento previo, libre e informado de los pueblos indígenas es la finalidad de la consulta previa; es decir, un requisito fundamental para llevar adelante los proyectos y programas de desarrollo e inversión ejecutados por los gobiernos en territorios indígenas. Sin embargo, este requisito sólo es mencionado de paso por la citada Ley de Consulta (y su reglamento), sin detallar los casos en los que se requiere o no el consentimiento previo de los pueblos afectados.

Citando al UNPFII, Stavenhagen resume los elementos básicos del consentimiento previo, libre e informado: a) el consentimiento debe estar libre de coerción, intimidación y manipulación; b) el consentimiento debe darse con mucha antelación a cualquier autorización o comienzo de actividades; c) la información sobre los planes y actividades a consultarse debe ser completa, precisa, comprensible y debe referirse a su naturaleza, envergadura, ritmo, razones, objetos, duración, evaluación preliminar de sus efectos (económico, social, cultural, ambiental), beneficio, entre otros. Esta información debe ser dada en el idioma del pueblo a consultarse; d) los representantes indígenas deben estar debidamente acreditados por los respectivos pueblos para expresar el consentimiento.[453]

El consentimiento previo de los pueblos consultados, con los elementos básicos mencionados, es una condición irrefutable para que el Estado lleve adelante proyectos de inversión y desarrollo, como la industria de hidrocarburos, en territorios indígenas.

La consulta previa no es un acto unilateral del gobierno estatal; sino, todo un proceso de diálogo, en igualdad de condiciones y con reglas claras de negociación, destinadas a lograr un acuerdo consensuado, mutuo y de buena fe entre el Estado y el pueblo indígena, propietario de los territorios y recursos naturales.

La Sentencia dictada por la Corte Interamericana en el caso del grupo tribal Saramaka perteneciente a los Maroon de Surinam, también protegido por el Convenio 169, ha establecido que el Estado debe someter no sólo a consulta previa sino también obtener el consentimiento libre, informado y previo del pueblo interesado *"cuando se trate de planes de desarrollo o de inversión a gran escala que tendrán un mayor impacto dentro del territorio Saramaka"*.[454]

Las actividades de hidrocarburos en territorios de pueblos de la Amazonía peruana, son actividades industriales de gran escala e impacto sobre la integridad territorial y medioambiental. Dichas actividades están poniendo en peligro

---

453 STAVENHAGEN, 2007: 162

454 Sentencia de la Corte Interamericana de Derechos Humanos dictada en el caso del Pueblo Saramaka vs. Surinam, emitida el 28 de noviembre de 2007; párrafo 134

de extinción los recursos naturales de subsistencia de los pueblos afectados. Sin estos recursos y con territorios contaminados, deforestados y degradados la misma existencia de los pueblos afectados está en peligro inminente.

La CIDH ha resumido los casos en los que el Estado está en la obligación de obtener el consentimiento previo de los pueblos indígenas: a) los planes o proyectos de desarrollo o inversión que signifiquen el desplazamiento o reubicación de los pueblos indígenas tal como precisa el Artículo 10 de la Declaración; b) planes de inversión o desarrollo o concesión de explotación de recursos naturales que privan a los pueblos indígenas del uso y goce libre de sus territorios o tierras y recursos naturales necesarios; c) depósito o almacenamiento de materiales peligrosos en territorio indígena[455]. Para llevar a cabo los planes de exploración y explotación de hidrocarburos en territorios de pueblos indígenas de la Amazonía peruana, el Estado debe obtener el consentimiento previo de los pueblos afectados.

Mediante el Reglamento de la Ley de Consulta peruana se ha limitado el ámbito de aplicación de la consulta previa a los actos administrativos y legislativos (en caso de dictarse decretos legislativos) del poder ejecutivo (Artículo 2); sin embargo hay que recordar que el Artículo 6 (1.a.) del Convenio 169 obliga a los gobiernos, entendido éste en su sentido más amplio, es decir tanto al poder legislativo como ejecutivo, a consultar a los pueblos indígenas cuando las medidas legislativas y administrativas han de afectarlos. Las mismas leyes y sus reglamentos caen bajo los términos de '*medidas legislativas*', que también deberían ser objeto de consulta previa.

Ya Stavenhagen, ex Relator Especial, en uno de sus informes recomendaba a los parlamentos nacionales establecer, si todavía no era el caso, comisiones especiales que se dediquen a asuntos indígenas y sus derechos, y que las propuestas legislativas cuenten con la participación activa de los pueblos indígenas y respondan a sus necesidades y demandas justas.[456]

El Convenio 169 y la Declaración han establecido que la consulta previa tiene por finalidad alcanzar un acuerdo mutuo bilateral o el consentimiento expreso, libre y previo de los pueblos cuyos derechos se verán afectados. Si no se ha llegado a tal acuerdo o no se ha logrado el consentimiento, entonces no es posible dictarse las medidas legislativas o administrativas que signifiquen la afectación de los derechos colectivos de los pueblos indígenas; resultando inviables los proyectos de exploración y explotación de recursos naturales en territorios indígenas.

---

455 OEA, 2009: párrafo 334

456 STAVENHAGEN, 2007: 132

No es como se afirma en la segunda parte del Artículo 5(d) del Reglamento de la Ley de Consulta:

> *Las consultas deben realizarse con la finalidad de llegar a un acuerdo o lograr el consentimiento sobre las medidas administrativas o legislativas propuestas. No obstante, el no alcanzar dicha finalidad no implica la afectación del derecho a la consulta [...]*

En consecuencia, el Estado tendrá que mejorar y perfeccionar la medida legislativa o administrativa de tal forma que convenza a los pueblos indígenas interesados, en cuyos territorios se intenta explorar y explotar recursos naturales y que la consulta no termine en los plazos cortos y cerrados establecidos por el Reglamento de la Ley de Consulta.

Los proyectos de exploración y explotación de hidrocarburos que vienen desarrollándose en territorios de pueblos indígenas de la Amazonía peruana (cuadro 11), han sido aprobados sin la consulta previa ni el consentimiento de los pueblos indígenas afectados. Por tanto, el Estado ha incumplido sus obligaciones internacionales precisadas por el Convenio 169 y otras normas vinculantes. Esta omisión debe ser corregida, pues la obligación de consulta a los pueblos indígenas en el país rige a partir del 2 de febrero de 1995 (doce meses después de ratificado el Convenio 169 por el gobierno nacional). El retardo en la implementación de una norma vinculante no libera al Estado de sus obligaciones contraídas.

8.4. Tratamiento especial de territorios de pueblos indígenas en situación de aislamiento

Los territorios ancestrales o tradicionales de los pueblos indígenas en situación de aislamiento están protegidos por el Convenio 169 y la Declaración. Sin embargo, por la situación vulnerable en la que se encuentran dichos pueblos y sus territorios, al interior de la ONU se han elaborado las Directrices de Protección dirigidas a los Estados de América del Sur, en cuyas fronteras nacionales viven pueblos o grupos indígenas en situación de aislamiento o contacto inicial.

Las Directrices de Protección han resaltado la obligación de los Estados de identificar, delimitar y titular las áreas que ocupan tradicionalmente los pueblos indígenas en situación de aislamiento o contacto inicial, y declarar la intangibilidad de las mismas (de modo transitorio hasta que los pueblos decidan la titulación formal de modo voluntario). Igualmente, ellas han precisado que las áreas colindantes a los territorios tradicionales de dichos pueblos deben ser protegidos a fin de evitar contactos forzados que los pongan en peligro de extinción (Directriz 54). Su Directriz 55 describe tanto los territorios tradicionales de dichos pueblos, como las áreas colindantes o de amortiguamiento:

a. Tierras y territorios de los pueblos indígenas en aislamiento y en contacto inicial: aquellas tierras donde viven y donde tienen asegurado el mantenimiento de sus formas de vida y que han utilizado o transitado históricamente. En estas tierras, debe establecerse una prohibición de entrada así como de realizar cualquier tipo de acto. El conjunto de estas tierras y territorios podrían denominarse territorios intangibles o reservas territoriales protegidas. Deben ser establecidas a partir de la identificación de las tierras y territorios por los que se mueven los pueblos en aislamiento.
b. Tierras de amortiguamiento: tierras que rodean las de los pueblos indígenas en aislamiento y en contacto inicial. Con el fin de evitar contactos accidentales, se deben establecer medidas específicas de protección que limiten dichas posibilidades de contacto. Estas zonas deben tener acceso limitado, las actividades económicas deben establecer mecanismos y barreras físicas para evitar contacto y deben controlarse las actividades que se lleven a cabo en su interior.

La obligación del Estado consiste en establecer normas claras que prohíban el ingreso de cualquier persona al interior de los territorios donde viven los pueblos en aislamiento y contacto inicial. Para ello, el Estado deberá identificar dichos territorios, teniendo en cuenta la ocupación tradicional de los mismos: áreas de caza, pesca, siembra itinerante, recolección de frutos, áreas de recorrido, entre otros. Igualmente deberán identificarse las áreas contiguas a dichos territorios a fin de proteger a los pueblos en aislamiento contra cualquier contacto no deseado.

La identificación de los territorios y áreas de amortiguamiento es sólo el primer paso. Seguidamente, el Estado deberá delimitar y titular legalmente los territorios tradicionales de los pueblos indígenas en situación de aislamiento y contacto inicial. Con tal fin, las Directrices de Protección han precisado los componentes fundamentales de la garantía estatal de protección de los derechos territoriales. Veamos lo que dice su Directriz 56:

La garantía de la protección del derecho a sus tierras, territorios y recursos naturales incluye varios componentes fundamentales:
a. Delimitación y titulación legal de las tierras necesarias para la supervivencia de los pueblos indígenas en aislamiento y en contacto inicial y el establecimiento de los límites de las zonas de amortiguamiento.
b. Prohibición de implementar cualquier tipo de actividad no autorizada, económica o no, en sus tierras.
c. Prohibición de acceso a personas ajenas a los pueblos indígenas en aislamiento y en contacto inicial a sus tierras y territorios, salvo en situaciones de excepción que estarán debidamente reguladas por el organismo técnico especializado. En los casos de pueblos indígenas en contacto inicial, estos pueblos son los que deben determinar qué personas pueden entrar en sus tierras o territorios.
d. Limitación del acceso y protección especial a las tierras de amortiguamiento que permiten evitar el contacto directo con los pueblos indígenas en aislamiento o la intromisión en los procesos de acercamiento de los pueblos indígenas en contacto inicial.

e. *Establecimiento de mecanismos efectivos para garantizar las prohibiciones anteriormente mencionadas; estos mecanismos deben incluir la tipificación penal del delito de contacto forzado con pueblos indígenas en aislamiento. Mecanismos que instauren también sistemas efectivos de monitoreo que no puedan forzar contactos, y en los que se impliquen activamente los pueblos indígenas que vivan alrededor de las tierras de los aislados.*

La delimitación y titulación de los territorios ancestrales y tradicionales de los pueblos indígenas en aislamiento de la Amazonía peruana, son pasos fundamentales que debe dar el Estado para proteger y garantizar el disfrute libre de los derechos territoriales inherentes y originarios. De esta manera, se podrá parar el proceso de extinción de pueblos altamente vulnerables, cuyos territorios se ven asediados constantemente por empresas de todo tipo, incluso por agentes estatales.

9. Responsabilidad internacional de empresas

El disfrute cabal de los derechos humanos y libertades fundamentales, especialmente en países receptores de capital extranjero, está siendo afectado por las empresas, ante todo transnacionales, quienes aprovechando de la globalización y los vacíos que existen en el sistema de defensa y garantía de los derechos humanos, cometen actos que violan los derechos de personas y pueblos que viven en zonas de influencia de las actividades empresariales, sin ser sancionadas adecuadamente, ni asumir la reparación por los daños causados.

Para enfrentar tal situación, John Ruggie, ex Representante Especial del Secretario General de la ONU sobre la cuestión de los derechos humanos y las empresas transnacionales y otras empresas comerciales, ha elaborado un marco teórico y político basado en los siguientes tres principios: a) la obligación del Estado de proteger los derechos humanos contra el abuso cometido por terceros, en particular por las empresas, debiendo adoptar las medidas adecuadas; b) la obligación de las empresas de respetar los derechos humanos en base al principio de la debida diligencia; y c) el acceso a los recursos o remedios. Estos tres principios han sido incluidos en el Marco de las Naciones Unidas para "proteger, respetar y remediar".[457]

Acertadamente, Ruggie precisa que los derechos legales de las empresas transnacionales han crecido de tal forma que la inversión y flujos de comercio son estimulados a gran escala por los Estados, sin que por medio se consideren aspectos de prevención y sanción en casos de violación de derechos humanos protegidos internacionalmente. Muestra de ello es la enorme cantidad de tratados bilaterales de inversión suscritos a nivel internacional, mediante los cuales, prácticamente, las empresas toman como rehenes a los Estados receptores de inversión, haciéndolos dependientes del capital que importan y sujetándolos al arbitraje internacional vinculante. Del mismo modo, la compleja composición de las empresas transnacionales dificulta la identificación de los responsables de actos ilícitos que atentan los derechos humanos. Los Estados que acogen a los

457 A/HRC/8/5, Informe del Representante Especial del Secretario General sobre la cuestión de los derechos humanos y las empresas transnacionales y otras empresas comerciales, John Ruggie, sobre Promoción y Protección de Todos los Derechos Humanos, Civiles, Políticos, Económicos, Sociales y Culturales, incluido el Derecho al Desarrollo.- Proteger, respetar y remediar: un marco para las actividades empresariales y los derechos humanos, del 7 de abril de 2008; párrafo 9

inversores, mediante los acuerdos bilaterales de inversión asumen el compromiso de tratar a los inversores extranjeros de manera justa y equitativa, sin la posibilidad de hacer cambios unilaterales en las reglas de inversión, aun cuando se violen los derechos humanos de individuos y/o pueblos. De esta manera, la protección legal de las inversiones ha llegado a ocupar un lugar preferente y se han dejado de lado las obligaciones de proteger los derechos humanos.[458]

En base al Marco de las Naciones Unidas para "proteger, respetar y remediar", Ruggie ha elaborado un conjunto de Principios Rectores sobre las Empresas y los Derechos Humanos (Principios Rectores) y los ha puesto a disposición del Consejo de Derechos Humanos de la ONU[459], quien, por considerarlos un punto de referencia normativo y operacional para hacer realidad el marco citado, oficialmente los ha hecho suyos.[460]

Para el Consejo de Derechos Humanos, los Principios Rectores tienen su fundamento en el derecho internacional de derechos humanos, así como en las normas y prácticas existentes desde antes de su redacción. Si bien ellos no establecen *"nuevas obligaciones jurídicas, son esenciales porque aclaran y explican por las implicancias jurídicas y normativas de las obligaciones y responsabilidades respectivas de los Estados y las empresas comerciales con respecto a los derechos humanos".*[461]

Los Principios Rectores parten de la obligación internacional del Estado de proteger a las personas contra la violación de los derechos humanos, especialmente, por empresas transnacionales y otras empresas comerciales (empresas), tal como expresa su punto 1:

> *Los Estados deben proteger contra las violaciones de los derechos humanos cometidas en su territorio y/o su jurisdicción por terceros, incluidas las empresas. A tal efecto deben adoptar las medidas apropiadas para prevenir, investigar, castigar y reparar esos abusos mediante políticas adecuadas, actividades de reglamentación y sometimiento a la justicia.*

---

458 A/HRC/8/5, 2008: párrafos 12, 34

459 A/HRC/17/31 del 21 de marzo de 2011 del Consejo de Derechos Humanos de la ONU referido al Informe del Representante Especial del Secretario General para la cuestión de los derechos humanos y las empresas transnacionales y otras empresas, John Ruggie: Principios Rectores sobre las empresas y los derechos humanos: puesta en práctica del marco de las Naciones Unidas para "proteger, respetar y remediar"

460 A/HRC/RES/17/4 del Consejo de Derechos Humanos de la ONU, del 6 de julio de 2011

461 A/HRC/FBHR/2012/2 del Consejo de Derechos Humanos de la ONU, del 25 de septiembre de 2012

Como hemos citado anteriormente, el Estado tiene la obligación asumida internacionalmente de promover el respeto, respetar, proteger y garantizar los derechos humanos de todos los que viven al interior de sus fronteras. El Estado falta a dicha obligación cuando no adopta las medidas adecuadas (políticas, legislativas, reglamentarias y de enjuiciamiento) para la prevención, investigación, castigo y reparación de los actos ilícitos cometidos por terceros, como las empresas, que afectan los derechos humanos.

Tal como precisa el punto 3 de los Principios Rectores, el Estado, en cumplimiento de su obligación internacional de protección de los derechos humanos, tiene deberes puntuales:

a. *Hacer cumplir las leyes que tengan por objeto o por efecto hacer respetar los derechos humanos a las empresas, evaluar periódicamente si tales leyes resultan adecuadas y remediar eventuales carencias;*
b. *Asegurar que otras leyes y normas que rigen la creación y las actividades de las empresas, como el derecho mercantil, no restrinjan sino que propicien el respeto de los derechos humanos por las empresas;*
c. *Asesorar de manera eficaz a las empresas sobre cómo respetar los derechos humanos en sus actividades;*
d. *Alentar y si es preciso exigir a las empresas que expliquen cómo tienen en cuenta el impacto de sus actividades sobre los derechos humanos.*

Al comentar este punto, Ruggie precisa que los Estados deben combinar tanto medidas nacionales como internacionales, obligatorias y facultativas, para cumplir con su obligación de promover el respeto de los derechos humanos por las empresas que operan al interior de sus fronteras. Igualmente, los Estados deben aclarar aspectos legislativos en cuanto al régimen de tierras, los derechos de propiedad, entre otros. Las leyes mercantiles y otras relativas a las actividades empresariales deben contener un marco que propicie el respeto de los derechos humanos por las empresas.[462]

Para la ejecución de proyectos de inversión, las obligaciones de las empresas deberían ir más allá de la presentación de estudios de impacto ambiental. Los Estados deberían regular también la obligación de presentar estudios de impacto sobre los derechos humanos individuales y colectivos, con detalle de las medidas de prevención y mitigación.

Teniendo en cuenta la dimensión de las obligaciones internacionales en el campo de las inversiones y comercio, los Principios Rectores resaltan el deber de

462 A/HRC/17/31, 2011: comentario al Artículo 3

los Estados de establecer un marco normativo interno para proteger los derechos humanos, tal como establece su punto 9:

> *Los Estados deben mantener un marco normativo nacional adecuado para asegurar el cumplimiento de sus obligaciones de derechos humanos cuando concluyan acuerdos políticos sobre actividades empresariales con otros Estados o empresas, por ejemplo a través de tratados o contratos de inversión.*

Si bien los acuerdos bilaterales sobre inversión y de libre comercio ofrecen beneficios económicos, también pueden limitar, disminuir o anular la capacidad de los Estados receptores de capitales extranjeros para aprobar y aplicar nuevas leyes protectoras de derechos humanos. Por tanto, es deber de los Estados "*asegurarse de que retienen las facultades normativas y regulatorias para proteger los derechos humanos en el marco de tales acuerdos*", sin que esto signifique la falta de protección a los inversores o empresarios.[463]

9.1. Responsabilidad de las empresas de respetar y remediar

Las empresas, sea cual fuere su tamaño, sector, contexto operacional, propietario, estructura o lugar de operaciones, tienen la responsabilidad de respetar los derechos humanos de las personas y grupos de personas que viven en el lugar de sus actividades, tal como precisa el punto 11 de los Principios Rectores:

> *Las empresas deben respetar los derechos humanos. Eso significa que deben abstenerse de infringir los derechos humanos de terceros y hacer frente a las consecuencias negativas sobre los derechos humanos en las que tengan alguna participación.*

El deber de las empresas de respetar los derechos humanos es una norma de conducta establecida internacionalmente. Dicho deber existe al margen de "*la capacidad y/o voluntad de los Estados de cumplir sus propias obligaciones de derechos humanos*"[464]; esto significa que la responsabilidad de las empresas va más allá o es adicional a la obligación que tienen de cumplir las leyes y normas nacionales que protegen los derechos fundamentales. En otras palabras, la responsabilidad de las empresas de respetar los derechos humanos y libertades fundamentales se diferencia de la responsabilidad legal establecida por disposiciones nacionales y en una determinada jurisdicción.[465]

---

463 A/HRC/17/31, 2011: comentario al Artículo 9

464 A/HRC/17/31, 2011: comentario al Artículo 11

465 A/HRC/17/31, 2011: comentario al Artículo 12

En cuanto al tipo de derechos humanos que las empresas han de respetar, el punto 12 de los Principios Rectores precisa que son todos los derechos humanos reconocidos internacionalmente:

> *La responsabilidad de las empresas de respetar los derechos humanos se refiere a los derechos humanos internacionalmente reconocidos – que abarcan, como mínimo, los derechos enunciados en la Carta Internacional de Derechos Humanos y los principios relativos a los derechos fundamentales establecidos en la Declaración de la Organización Internacional del Trabajo relativa a los principios y derechos fundamentales en el trabajo.*

La responsabilidad internacional de las empresas de respetar los derechos humanos incluye toda la gama de derechos humanos individuales y colectivos reconocidos por instrumentos internacionales como la Declaración Universal de los Derechos Humanos, los Pactos Internacionales, Convenios de la OIT como el Convenio 169, Declaración de la ONU sobre los derechos de los pueblos indígenas, entre otros. Esto quiere decir que los derechos colectivos de los pueblos indígenas también deben ser respetados por las empresas; pues, siguiendo a Ruggie, las empresas tienen el deber de *"respetar los derechos humanos de las personas pertenecientes a grupos o poblaciones específicos y deberán prestarles una atención especial cuando vulneren los derechos humanos de esas personas"*.[466]

La responsabilidad de respetar los derechos humanos exige a las empresas determinadas reglas de prevención como las detalladas en el punto 13 de los Principios Rectores:

> *a. Eviten que sus propias actividades provoquen o contribuyan a provocar consecuencias negativas sobre los derechos humanos y hagan frente a esas consecuencias cuando se produzcan;*
> *b. Traten de prevenir o mitigar las consecuencias negativas sobre los derechos humanos directamente relacionadas con operaciones, productos o servicios prestados por sus relaciones comerciales, incluso cuando no hayan contribuido a generarlos.*

La responsabilidad de respetar los derechos humanos exige a las empresas evitar que sus propias acciones u omisiones o las de otras empresas, con quienes tienen relaciones comerciales o de otro tipo, lesionen los derechos humanos. Producida la afectación del derecho humano, las empresas deberían mitigar las consecuencias negativas que sus actividades han generado.

La responsabilidad de respetar los derechos humanos también exige a las empresas a asumir un compromiso político, actuar en base al principio de la diligencia debida y establecer procedimientos de remediación, tal como detalla el punto 15 de los Principios Rectores:

---

466 A/HRC/17/31, 2011: comentario al Artículo 12

Para cumplir con su responsabilidad de respetar los derechos humanos, las empresas deben contar con políticas y procedimientos apropiados en función de su tamaño y circunstancias, a saber:

a. Un compromiso político de asumir su responsabilidad de respetar los derechos humanos;
b. Un proceso de diligencia debida en materia de derechos humanos para identificar, prevenir, mitigar y rendir cuentas de cómo abordan su impacto sobre los derechos humanos;
c. Unos procesos que permitan reparar todas las consecuencias negativas sobre los derechos humanos que hayan provocado o contribuido a provocar.

El compromiso político previsto en el inciso (a) se materializará mediante una declaración aprobada al más alto nivel de dirección de la empresa, la misma que debe basarse en un asesoramiento especializado, dirigido a su personal, socios y otras partes vinculadas con sus operaciones, productos y actividades, y hecha pública tanto interna como externamente (punto 16 de los Principios Rectores).

El inciso (b) se ocupa del principio de la diligencia debida en materia de derechos humanos, el mismo que obliga a las empresas a identificar el impacto de sus actividades en los derechos humanos individuales y colectivos; así como, prevenir, mitigar y dar cuenta de sus consecuencias negativas. En ese sentido, las empresas están en la obligación de evaluar el impacto real y potencial de sus actividades sobre los derechos humanos, a fin de remediarlos o establecer medidas de prevención o mitigación, respectivamente. Igualmente, las empresas tienen el deber de integrar el principio de la diligencia debida en el sistema general de gestión de riesgos de la empresa, que debe incluir los riesgos para los titulares de los derechos humanos. Además, la diligencia debida debe abarcar la identificación de las consecuencias negativas sobre los derechos humanos que las empresas provoquen o contribuyan a provocar de modo directo o indirecto (punto 17 de los Principios Rectores). A pesar de que las empresas procedan con la diligencia debida en materia de derechos humanos y ésta reduzca los efectos de acciones judiciales entabladas en contra de ellas, no significa que las empresas queden *"automática y plenamente exentas de toda responsabilidad por provocar o contribuir a provocar violaciones de los derechos humanos"*.[467]

Es decir, la base de la diligencia debida está compuesta por la responsabilidad de las empresas de identificar y evaluar la naturaleza de los efectos negativos actuales y potenciales de sus actividades sobre los derechos humanos, antes de dar inicio a sus actividades empresariales. Deberá identificar a los posibles afectados y *"prestar atención especial a personas pertenecientes a grupos o poblaciones expuestos a un mayor riesgo de vulnerabilidad o de marginación"*, como es el caso de los pueblos indígenas (punto 18 de los Principios Rectores).

467 A/HRC/17/31, 2011: comentario al Artículo 17

Por su parte, la OCDE ha elaborado las Directrices para Empresas Multinacionales (Directrices OCDE), las mismas que contienen una serie de principios y normas voluntarias en forma de recomendaciones de los gobiernos a las empresas multinacionales para las buenas prácticas y de esta forma potenciar el desarrollo sostenible mediante una conducta empresarial responsable y compatible con las políticas estatales y los estándares internacionales.[468]

No obstante a que las Directrices OCDE contienen normas de cumplimiento voluntario dirigidas a las empresas multinacionales (empresas o partes de empresas domiciliadas en diferentes países pero que están unidas entre sí y cuyas distintas formas de actividades están debidamente coordinadas), los Estados adherentes, entre los que se encuentra Perú, están obligados a implementarlas de acuerdo con la decisión del Consejo de la OCDE para las Directrices.[469]

De acuerdo a dichas directrices, es una regla general que las empresas multinacionales respeten los derechos humanos reconocidos internacionalmente.[470]

En concordancia con el Marco de las Naciones Unidas de "proteger, respetar, y remediar", así como con los Principios Rectores sobre Empresas y Derechos Humanos, las Directrices OCDE han desarrollado en su Capítulo IV (Parte I) el tema relacionado a los derechos humanos. En este capítulo se reitera la obligación del Estado de proteger los derechos humanos de todos. Del mismo modo, recomienda a las empresas respetar los derechos humanos conforme a las normas internacionales y las obligaciones asumidas por los Estados en cuyas fronteras operan. En consecuencia, las empresas deben:

1. *Respect human rights, which means they should avoid infringing on the human rights of others and should address adverse human rights impacts with which they are involved.*
2. *Within the context of their own activities, avoid causing of contributing to adverse human rights impacts and address such impacts when they occur.*
3. *Seek ways to prevent or mitigate adverse human rights impacts that are directly linked to their business operations, products or services by a business relationship, even if they do not contribute to those impacts.*
4. *Have a policy commitment to respect human rights.*
5. *Carry out human rights due diligence as appropriate to their size, the nature and context of operations and the severity of the risks of adverse human rights impacts.*
6. *Provide for or co-operate through legitimate processes in the remediation of adverse human rights impacts where they identify that they have caused or contributed to these impacts.*

---

468 OECD (2011), *OECD Guidelines for Multinational Enterprises*; OECD Publishing; párrafo 1 de la Introducción, Parte I

469 OECD, 2011: párrafo 1 de la Introducción, Parte I

470 OECD, 2011: inciso A.2, Capítulo II sobre Políticas Generales, Parte I

De acuerdo a esta recomendación, las empresas deberían respetar los derechos humanos de terceros, especialmente de los que viven en el lugar donde realizan sus operaciones, sin importar el tamaño de la empresa, relaciones comerciales, estructuras comerciales o el área o sector de operaciones. El respeto a los derechos humanos por parte de las empresas, como precisa el comentario 36 de las Directrices OCDE, es independiente de la capacidad y voluntad del Estado de cumplir sus obligaciones internacionales asumidas en la defensa y protección de los derechos humanos.

El respeto a los derechos humanos incluye la adopción de medidas adecuadas para identificar, prevenir y mitigar actuales y potenciales impactos negativos en los derechos humanos, así como para remediarlos, tal como precisa el párrafo 1 en mención. Esto significa que las empresas deberían evitar causar efectos negativos en los derechos humanos o contribuir a ello mediante actos de omisión o acción. En todo caso, deberían adoptar las medidas necesarias para poner fin a los efectos negativos causados o por causar o en los que contribuyeron o están por contribuir.[471]

Aunque en una constelación complicada de relaciones comerciales con otras empresas privadas o públicas, en la que la empresa ejecutora de un proyecto no ha contribuido o no contribuya a la afectación directa de los derechos humanos, ella debería buscar las vías necesarias para prevenir y remediar los efectos negativos en los derechos humanos causados por sus socios o contrapartes.[472]

Las empresas tienen la responsabilidad de remediar los efectos negativos de sus actividades comerciales e industriales en los derechos humanos de otros. Es decir que tienen la obligación de reparar los daños causados en los derechos de los individuos o grupos de personas que viven o habitan en las áreas donde operan. El punto 22 de los Principios Rectores precisa:

> *Si las empresas determinan que han provocado o contribuido a provocar consecuencias negativas deben repararlas o contribuir a su reparación por medios legítimos.*

En caso de que la empresa detecte, mediante la aplicación de la diligencia debida, que ha violado uno de los derechos humanos reconocidos internacionalmente, está en la obligación de remediar los efectos negativos de sus actos u omisiones.

471 OECD, 2011: comentario 42

472 OECD, 2011: comentario 43

9.2. El principio de la diligencia debida y los derechos de los pueblos indígenas

Se ha precisado que la responsabilidad de las empresas transnacionales y otras empresas de respetar los derechos humanos está regida por el principio de la diligencia debida, el mismo que significa *"una conducta por la cual las empresas no sólo garantizan el cumplimiento de las leyes nacionales sino que controlan el riesgo de causar perjuicios a los derechos humanos con miras a evitarlo"*[473]. Es decir, además de respetar las leyes nacionales, las empresas están en la obligación de respetar los derechos humanos reconocidos internacionalmente. Este ámbito de respetar, según Ruggie, viene definido por las *"expectativas sociales, como parte de lo que a veces se denomina la licencia social de la empresa para operar"*.[474]

Las empresas tienen la obligación de respetar las normas internacionales de derechos humanos en base al principio de la diligencia debida que debe orientar sus actividades comerciales. La diligencia debida no se limita al respeto de las normas legales internas del país donde laboran las empresas, sino que debe guiarse *"por los estándares internacionales que vinculan a dichos Estados y a la comunidad internacional en su conjunto"*[475]. La diligencia debida es un principio que obliga a las empresas a no fomentar ni contribuir a que los Estados omitan el cumplimiento de sus obligaciones internacionales, ni pretender o intentar remplazarlos en su cumplimiento.

La diligencia debida en el respeto de los derechos humanos de los pueblos indígenas, obliga a las empresas interesadas en la extracción de los recursos naturales en territorios ancestrales o tradicionales a cumplir los siguientes pasos:

a. **Identificación de pueblos indígenas**.- el reconocimiento de los pueblos indígenas es una tarea del Estado, quien está en la obligación de reconocer a los diferentes pueblos indígenas que ocupan territorios ancestrales o tradicionales al interior del país. La falta de su reconocimiento explícito o limitado no significa la no existencia de dichos pueblos, por tanto las empresas no se liberan de la obligación de identificar *"de antemano la existencia de pueblos indígenas potencialmente afectados por sus futuras actividades"*.[476]
b. **Identificación de las formas tradicionales de posesión y uso de las tierras, territorios y recursos naturales**.- las empresas están en la obligación de

473 A/HRC/8/5, 2008: párrafo 25
474 A/IIRC/8/5, 2008: párrafo 54
475 A/66/288, 2011: párrafo 93
476 A/66/288, 2011: párrafo 95

identificar los derechos territoriales inherentes y tradicionales de los pueblos indígenas en cuyos territorios han de establecer sus actividades industriales o comerciales. La ausencia de un reconocimiento estatal de la propiedad indígena no da carta blanca a las empresas para no respetar los derechos territoriales de los pueblos indígenas reconocidos internacionalmente. Esto implica también que las empresas están llamadas a comprender el vínculo especial (económico, cultural, social, cósmico, religioso, etc.) que une a los pueblos indígenas con sus territorios.[477]

c. **Reconocimiento del deber del Estado de consultar previamente**.- el Estado está en la obligación de celebrar consultas previas y recabar el consentimiento de los pueblos indígenas antes de comprometer sus territorios ancestrales o tradicionales con proyectos de explotación de recursos naturales. Las empresas involucradas están en la obligación de promover e incluso de exigir al Estado el cumplimiento de tal obligación. El ex Relator Especial sostiene que las empresas *"no deberían aspirar a reemplazar a los gobiernos en aquellas situaciones en l[a]s que las normas internacionales exijan su responsabilidad directa a la hora de realizar dichas consultas"*[478]; sino, deben promover e incluso insistir a fin de que el Estado asuma su obligación internacional de consultar previamente a los pueblos afectados antes de poner en marcha sus proyectos y programas de desarrollo e inversión.
d. **Realización de estudios de impacto ambiental y social**.- las empresas deben respetar el derecho de los pueblos indígenas a un medio ambiente natural, sano y equilibrado; es decir, a la conservación de sus territorios libres de todo tipo de contaminación y degradación. Ellas están llamadas también a respetar la integridad social de los pueblos indígenas; por tanto, su deber radica en insistir al Estado en establecer mecanismos para la realización de estudios de impacto ambiental y social, que incluya el impacto en los derechos humanos, conforme a estándares internacionales establecidos al respecto.
e. **Participación en los beneficios**.- siendo los pueblos indígenas propietarios legítimos de los territorios que habitan desde sus ancestros, ellos tienen el derecho irrenunciable de participar en las ganancias que trae la explotación de los recursos naturales existentes en sus territorios; además, de recibir la compensación por daños y perjuicios que pueda traer dicha explotación. El ex Relator Especial sostiene que la participación en los beneficios debe ser considerada como *"una forma de respetar un derecho, y no una concesión graciable o*

477 A/66/288, 2011: párrafos 96, 97

478 A/66/288, 2011: párrafo 99

caritativa con miras a obtener el apoyo social del proyecto o minimizar posibles conflictos".[479]

El principio de la diligencia debida rige las actividades de las empresas, quienes están en la obligación de respetar los derechos humanos de los pueblos indígenas reconocidos mediante normas internacionales. La falta de reconocimiento oficial (estatal) o de reconocimiento limitado de los pueblos indígenas y sus derechos colectivos al interior de un país no libera a las empresas contratistas de tal obligación. Por el contrario, ellas están llamadas a no fomentar la omisión de cumplimiento de obligaciones internacionales asumidas por el Estado frente a los pueblos indígenas y sus derechos humanos colectivos.

Para identificar a los pueblos indígenas y los derechos inherentes y originarios que tienen, las empresas deberán realizar una evaluación independiente basada en criterios internacionales y no limitarse a reglas internas establecidas por el Estado, tal como ocurre con los derechos limitados reconocidos a las comunidades nativas en Perú. Las empresas están obligadas a respetar la relación especial que une a los pueblos indígenas con los territorios que ocupan y la situación vulnerable en que se encuentran.

479 A/66/288, 2011: párrafo 102

Conclusiones y recomendaciones

La Amazonía peruana es la región más extensa y diversa del país. Gracias a sus diferentes ecosistemas, ella es el hábitat natural perfecto para la reproducción y conservación de una variedad de especies de plantas y animales, muchos endémicos y otros en proceso de extinción. La riqueza biológica registrada en esta región ha permitido que Perú sea calificado como uno de los países mega-diversos de la Tierra. Esta región es también el hogar de miles de seres humanos, quienes, unidos por lazos familiares, sociales, históricos y culturales, ocupan grandes extensiones de territorios biodiversos, los que son cuidados, conservados y protegidos desde sus ancestros más lejanos.

Ya antes de la llegada de los invasores europeos (siglo XVI) y mucho antes de la formación del Estado peruano actual (siglo XIX), la Amazonía estaba poblada por cientos de pueblos autóctonos u originarios, internacionalmente llamados indígenas. Desde entonces, y debido a la permanente colonización de la región, muchos de esos pueblos han desaparecido y otros están en proceso de extinción. Sucesos históricos, como la cristianización forzada, la fiebre del caucho y confrontaciones armadas (Estado contra grupos subversivos o terroristas), caracterizados por la persecución, esclavitud, explotación y muerte de los pobladores indígenas, los han llevado a una disminución demográfica alarmante y a la desaparición de pueblos enteros.

Aproximadamente 60 pueblos indígenas amazónicos, pertenecientes a 17 familias etnolingüísticas, han sido identificados recientemente. Estos pueblos, autodenominados originarios para diferenciarse del resto de la sociedad, han sobrevivido la permanente invasión y colonización de la región. Ellos, sumados a los pueblos originarios de la Sierra y Costa, hacen de Perú un país pluricultural, multinacional y multiétnico.

Por razones coyunturales y para salvar parte de sus territorios ancestrales, la mayoría de los pueblos de la Amazonía peruana se ha organizado en comunidades nativas y mantiene contacto permanente o esporádico con el Estado y con la sociedad envolvente. No obstante a la permanente colonización de la región y a la influencia externa, dichos pueblos han conservado y recreado tradiciones, costumbres y usos ancestrales.

A causa de las agresiones sufridas en el pasado y por razones estratégicas de sobrevivencia, una minoría de los pueblos amazónicos, o grupos de éstos, ha optado por vivir en zonas inaccesibles de la Amazonía, lejos de la influencia de la sociedad nacional, y ha rechazado cualquier contacto con ésta, incluso con pueblos indígenas vecinos. Estos pueblos o grupos han sido denominados, desde fuera, pueblos en situación de aislamiento. La cantidad de estos pueblos, llamados también autónomos por los representantes indígenas de la región, no ha sido determinada. De acuerdo a cálculos empíricos, aproximadamente 29 pueblos o grupos indígenas viven en situación de aislamiento en la región amazónica. De esta manera, Perú se convierte en el segundo país, después de Brasil, con la mayor cantidad de pueblos autónomos o en aislamiento. Por razones obvias, no existe estadística demográfica de su población.

Los pueblos indígenas de la Tierra, como los de la Amazonía peruana, han sido reconocidos por el derecho internacional como sujetos de derechos humanos colectivos. Normas internacionales, unas con fuerza legal vinculante y otras no, como los Pactos Internacionales, el Convenio 169 y la Declaración, se ocupan de los derechos inherentes de los pueblos indígenas destinados a garantizar su existencia como sociedades especiales. Dichos instrumentos internacionales, así como importantes documentos producidos al interior de la ONU, como el Estudio Martínez-Cobo y otros informes y estudios posteriores, se han propuesto revertir la situación grave de discriminación, segregación, explotación, racismo, esclavitud, despojo y expropiación de bienes, en la que fueron colocados los pueblos indígenas a partir de la invasión europea y que les impide disfrutar, a diferencia de otros, de los derechos humanos y libertades individuales y colectivos reconocidos a nivel internacional y local.

Mientras el derecho internacional avanza en el reconocimiento de los pueblos indígenas como sociedades especiales y sujetos de derechos humanos colectivos, la legislación peruana no ha encontrado un orden en el sistema de protección de los pueblos indígenas existentes en el país. La Constitución 1993 no contiene normas dedicadas a la variedad de pueblos originarios, menos contiene los derechos fundamentales que garanticen su sobrevivencia. Ella se aferra a la figura jurídica de las comunidades nativas (y campesinas) creada en los años 70' del siglo pasado, a pesar de que dichas comunidades no son más que organizaciones o personas jurídicas cuya existencia está supeditada a las disposiciones legales y no a la voluntad de los pueblos indígenas, con derechos limitados a una parcela de tierra agropecuaria. Si bien el Convenio 169 fue firmado, ratificado e introducido oficialmente al acervo legal del país, el Estado se resiste a la implementación debida de sus normas y principios universales. El hecho de definir a pueblos indígenas o mencionarlos en leyes ordinarias, dictadas a exigencia de los pueblos indígenas y para salvar, a medias, obligaciones internacionales, como la Ley de Pueblos en Aislamiento, o la Ley de Consulta, no significa el reconocimiento de los mismos y la protección y garantía de sus derechos inherentes y originarios. Estas leyes ordinarias no recogen los estándares internacionales para la protección debida de los pueblos indígenas.

Los pueblos indígenas amazónicos, en aislamiento o no, a pesar de la permanente invasión y colonización de su región, aún continúan ocupando territorios heredados de sus antepasados. Estos pueblos, obedeciendo a normas consuetudinarias y tradicionales y desde épocas inmemorables (mucho antes de la llegada de los invasores europeos), fueron accediendo a territorios ricos en recursos naturales, necesarios y útiles para la subsistencia y el desarrollo de sus sociedades. El cuidado y la conservación de los territorios ancestrales han obedecido a la relación intrínseca especial de tipo espiritual, cultural, social, económico, religioso y hasta cósmico, que guardan los pueblos indígenas con su medio natural.

Para los pueblos indígenas de la Amazonía peruana, con algunas variaciones, el territorio es el universo donde se origina la vida de todos los animales, plantas y seres humanos. El territorio es un todo indivisible y está compuesto por elementos materiales e inmateriales que dependen y se complementan entre sí. Los elementos materiales, como los ríos, lagunas, lagos, bosques, montañas, suelo, subsuelo, atmósfera y demás recursos naturales, guardan una relación intrínseca con el desarrollo cultural, social, político y económico de los pueblos originarios. Por tanto, territorio no sólo es el lugar que se habita o se explota económicamente, sino también es el lugar que guarda la memoria de los pueblos, donde se practican las costumbres, tradiciones y ritos ancestrales. La remoción arbitraria de uno de sus elementos significa poner en peligro la unidad del universo y por ende la existencia del pueblo indígena. La existencia de éstos depende vitalmente del territorio que ocupan, llámese éste ancestral, histórico, tradicional o comunal.

La posesión colectiva, continua, directa, permanente y/o estacional de los territorios ancestrales, debidamente identificados, así como su uso, distribución, control y disfrute tradicional y consuetudinario, convierten a los pueblos indígenas en los titulares del derecho ancestral u originario sobre los territorios que ocupan. Este derecho se remonta a épocas anteriores a la invasión europea y la fundación del actual Estado-nación. Es decir, el derecho de los pueblos indígenas a los territorios ancestrales existe al margen de la voluntad del Estado y antecede o se antepone a cualquier pretensión de terceros, sean privados o públicos. El derecho de los pueblos indígenas a sus territorios ancestrales abarca todos sus elementos que incluyen los recursos naturales, renovables o no renovables, existentes en ellos.

El derecho originario de los pueblos indígenas ha sido reconocido por el derecho internacional como el derecho a la propiedad y posesión de territorios ancestrales, y le ha otorgado la calidad de derecho humano colectivo intrínseco e inherente, precisamente porque la existencia de los pueblos indígenas depende vitalmente de la existencia de sus territorios ancestrales o tradicionales y porque el derecho de los pueblos indígenas existe al margen de cualquier reconocimiento legal nacional o internacional. El derecho sobre territorios actuales de pueblos indígenas sometidos a traslados arbitrarios también encuentra protección bajo el derecho de propiedad y posesión, pues su ocupación obedece a la recreación de tradiciones y normas consuetudinarias cuidadas desde sus ancestros.

El Estado peruano aún no ha reconocido debidamente el derecho originario, intrínseco e inherente a territorios ancestrales de los pueblos indígenas comprendidos al interior de sus fronteras nacionales. La titulación de tierras comunales sobre áreas superficiales de uso agropecuario no significa la titulación de territorios ancestrales, entendido éste como un todo; sino, el fraccionamiento legal de los mismos que debilita el derecho originario. La mayoría de los pueblos amazónicos se ha visto obligada a organizarse en comunidades nativas para lograr la titulación parcial de sus propios territorios, aún con el riesgo de dejar sin protección áreas importantes como lagos, montañas, fuentes de agua, bosques, entre otros. En la titulación de tierras comunales, el Estado asume el rol de un benefactor quien se desprende de sus propiedades para favorecer a las comunidades nativas.

Después de la creación de las llamadas comunidades nativas (y campesinas) y para seguir limitando el derecho de propiedad indígena, la legislación nacional se ha inventado otras figuras jurídicas como las áreas naturales de protección, las mismas que se han establecido precisamente sobre territorios ancestrales de pueblos indígenas, especialmente amazónicos. Al ver que la figura de comunidades nativas no era suficiente para la protección de los territorios ancestrales, los pueblos indígenas se han visto obligados, otra vez, a aceptar, incluso a solicitar, el establecimiento de dichas áreas naturales de protección sobre sus territorios. Igualmente, para evitar la extinción de los pueblos indígenas en situación de aislamiento, los representantes indígenas han solicitado el establecimiento de débiles reservas territoriales, las mismas que por su naturaleza no garantizan la intangibilidad de sus territorios.

La falta de implementación adecuada de las normas internacionales de protección de los pueblos indígenas y sus derechos humanos colectivos, especialmente a territorios ancestrales y recursos naturales, está siendo aprovechada por gobiernos sucesivos, quienes están permitiendo una nueva forma de invasión y colonización de los territorios tradicionales de los pueblos indígenas.

Desde hace más de 20 años, el Estado peruano, en un marco económico neoliberal y de economía de mercado instituida en la Constitución de 1993, viene impulsando y desarrollando una política agresiva de inversión privada extranjera y nacional en diferentes áreas de la economía, especialmente en la explotación comercial de recursos naturales. Para ello se ha autoproclamado propietario soberano sobre todos los recursos naturales renovables y no renovables existentes al interior de sus fronteras, omitiendo por completo la existencia del derecho inherente de los pueblos indígenas a los territorios ancestrales y sus respectivos recursos naturales.

Para atraer capital extranjero a suelo peruano, el Estado ha firmado más de 40 convenios bilaterales de protección a la inversión privada y tratados de libre comercio con cláusulas de inversión con países, especialmente industrializados y semi-industrializados. Del mismo modo ha creado todo un sistema legal, de acuerdo con estándares internacionales, de protección tanto de los inversores privados y estatales extranjeros como de sus capitales y ganancias, reconociéndoles derechos y garantías como la igualdad de trato, prohibición de expropiación, libertad de transferencia, entre otros.

Una de las áreas económicas priorizadas por el Estado peruano para la promoción de inversiones extranjeras es la exploración y explotación de recursos de hidrocarburos convencionales y no convencionales. Para ello el Estado, arrogándose derechos exclusivos de propiedad sobre dichos recursos, ha dividido gran parte del territorio nacional en lotes, los mismos que van siendo ofrecidos a empresas transnacionales del sector. Una de las áreas más afectadas por la lotización es la Amazonía, la misma que ha sido comprometida hasta más del 84% para proyectos de inversión en hidrocarburos. La lotización de la Amazonía para la exploración y explotación de hidrocarburos, y el otorgamiento de lotes mediante contratos de licencia a largo plazo a las empresas transnacionales, viene afectando gravemente el territorio de los pueblos indígenas que allí viven.

A marzo del 2015 más del 34% de suelo amazónico se encontraba en manos de empresas petroleras y gaseras. El área contratada varía constantemente, dependiendo de la suscripción de nuevos contratos o la extinción de antiguos. De los 43 lotes (incluidos sub-lotes), con contratos vigentes (a marzo del 2015) en la Amazonía para la exploración y explotación de hidrocarburos, 33 se superponen a territorios ancestrales de pueblos indígenas, de los cuales 14 afectan también territorios de pueblos en situación de aislamiento.

Ni el otorgamiento de títulos comunales, ni el establecimiento de áreas naturales protegidas o reservas territoriales, impiden al Estado y empresas la ejecución de proyectos de inversión en hidrocarburos en territorios tradicionales de los pueblos indígenas de la Amazonía. Las empresas transnacionales, premunidas de contratos-ley firmados con el Estado y respaldados por toda una gama de garantías legales, ingresan a territorios ancestrales sin una comunicación previa, ni consulta y/o aceptación de los pueblos afectados. Dichas empresas dan inicio a sus labores ignorando la existencia de los pueblos, titulares de derechos ancestrales, originarios, inherentes y colectivos.

La afectación de los territorios indígenas por actividades hidrocarburíferas sólo es un ejemplo de cómo el Estado dispone libremente de los territorios de aquellos pueblos, cuya existencia y titularidad de derechos originarios e inherentes no han sido reconocidas formalmente.

La lotización de los territorios ancestrales de los pueblos indígenas amazónicos, la entrega a las empresas contratistas mediante contratos de licencia para la exploración y explotación y la ocupación ilegítima de los mismos, constituyen violación del derecho humano colectivo de los pueblos indígenas al territorio ancestral y recursos naturales, siendo el Estado el primer responsable de tal afectación.

La superposición de lotes de hidrocarburos con territorios de pueblos indígenas significa la superposición de derechos privados sobre derechos colectivos de sociedades indígenas. La ocupación física de las áreas comprendidas en los contratos de licencia, es decir, la toma de posesión de los lotes mediante actos que van desde la apertura de caminos hasta el tendido de oleoductos, trae consigo graves consecuencias en la integridad de los territorios ancestrales y en el medio ambiente natural. La integridad de los territorios indígenas se ve afectada por la reducción y pérdida del espacio territorial, el abandono de los mismos, la restricción de acceso de los pueblos a sus territorios, el empobrecimiento de éstos y su privatización.

Es más, una nueva ola de colonos amenaza con despojar definitivamente a los pueblos indígenas de sus territorios. Las carreteras, caminos y trochas que se abren para dar paso a las maquinarias y los medios de transporte de los empleados de la empresa, no sólo son utilizados por éstos, sino también por otras personas interesadas en recursos naturales comerciales, incluso por traficantes de drogas.

Las actividades de hidrocarburos en territorios indígenas afectan gravemente el medio ambiente natural de los pueblos, quienes se han convertido en testigos de la deforestación, degradación y contaminación de los bosques, suelos, cuerpos de agua, aire y subsuelo, preservados y conservados desde sus ancestros. A partir del ingreso de los contratistas a territorios indígenas y debido a la destrucción del hábitat natural, muchas especies de animales y plantas, importantes para la alimentación, medicina y culto de pueblos amazónicos, han desaparecido o están en peligro de extinción.

La contaminación de los territorios (cuerpos de agua, los bosques y suelos) indígenas con aguas de producción que contienen elementos químicos tóxicos (cromo, cadmio, bario, níquel, mercurio, arsénico) y con petróleo y líquidos de gas derramados están llevando a la desaparición irreversible de la principal fuente de reproducción y preservación de la riqueza biológica de los pueblos amazónicos.

Aun cuando los instrumentos internacionales no reconozcan clara y abiertamente la existencia de un derecho humano sustantivo específico, los pueblos indígenas tienen el derecho humano colectivo, inherente y fundamental a un medio ambiente natural, sano, seguro, saludable, equilibrado, libre de polución, degradación y de otras formas que afecten la vida, la salud y bienestar de sus miembros. La jurisprudencia interamericana ha sentado bases para la protección del derecho al medio ambiente de los pueblos indígenas a partir del Protocolo de San Salvador. Para ella, los pueblos indígenas tienen derecho a gozar y disfrutar de sus territorios ancestrales libres de polución y degradación, para de esta manera asegurar la existencia y el desarrollo de sus sociedades.

El derecho al medio ambiente está íntimamente ligado al derecho colectivo sobre los territorios ancestrales. Es decir, el derecho de los pueblos indígenas a la integridad de sus territorios ancestrales implica también el derecho a la integridad del medio ambiente natural que los rodea. No es posible que los pueblos indígenas sigan ocupando territorios dañados o degradados, pues su integridad sufre un desbalance que repercute en la relación especial que une a los pueblos con los territorios ancestrales. La polución de éstos impide a los pueblos a seguir desarrollando sus actividades tradicionales.

La legislación nacional peruana carece de un sistema de protección efectiva del medio ambiente, en general, y no cuenta con normas de prevención y sanción en caso de contaminación de los territorios de pueblos indígenas. Algún intento de frenar los derrames o sanar los pasivos ambientales no cambia la afectación de los territorios y medio ambiente natural de los pueblos amazónicos.

El Estado, al disponer libremente de los territorios ancestrales de los pueblos indígenas, permitiendo o tolerando la contaminación del medio ambiente natural, afecta también el derecho a la libre determinación que dichos pueblos tienen en el manejo, control y disfrute de sus territorios y recursos naturales. El disfrute de este último se concretiza en la libertad de decisión de los pueblos indígenas, de modo independiente y sin la influencia del Estado o la imposición de proyectos de inversión o desarrollo, para determinar sus prioridades económicas. Sólo ellos están llamados a regular la forma y modo de disfrute y la disposición de los recursos presentes en sus territorios.

A fin de que los pueblos indígenas puedan disfrutar, con dignidad y libertad, de los derechos humanos colectivos, originarios e inherentes, el Estado peruano debe dar cumplimiento a sus obligaciones internacionales asumidas mediante la suscripción y ratificación de los tratados internacionales y la aprobación de otros acuerdos para la promoción, respeto, protección y garantía de los derechos humanos. Para ello, no es suficiente introducir las normas internacionales a la legislación nacional, sino es necesario implementarlas de acuerdo a la realidad de los pueblos indígenas y respetando los estándares internacionales. La implementación trae consigo todo un cambio en el sistema jurídico nacional, que empieza con la modificación de la constitución política, pasa por la regulación legal y reglamentaria y culmina con la creación de instituciones y mecanismos que garanticen el disfrute pleno de los derechos humanos colectivos.

Es urgente que los pueblos indígenas sean reconocidos oficialmente como pueblos originarios del país y titulares de derechos fundamentales. Es necesario que los pueblos indígenas a través de sus representantes legítimos participen en los órganos de toma de decisión del Estado, especialmente cuando se pretende comprometer los territorios ancestrales.

Específicamente, el Estado debe reconocer el derecho de propiedad y posesión de los territorios ancestrales de los pueblos indígenas de la Amazonía, en situación de aislamiento o no, en base al derecho originario e inherente reconocido internacionalmente. Seguidamente, debe proceder, con ayuda de especialistas y en coordinación con cada uno de los pueblos, a identificar, delimitar y demarcar los territorios ancestrales. Para hacer frente a intereses de terceros, públicos y privados, el Estado debe proceder a la titulación y registro oficial de los territorios identificados y demarcados. Finalmente, debe establecer procedimientos y mecanismos jurídicos adecuados para facilitar la restitución de territorios ancestrales expropiados ilegítimamente y con los que los pueblos indígenas todavía mantienen un vínculo especial o, si habiéndolo perdido, su derecho se mantiene latente.

Al haberse autoproclamado propietario exclusivo de los hidrocarburos existentes en todo el país, el Estado tiene la obligación de someter sus decisiones, que impliquen afectación de territorios ancestrales de pueblos indígenas con actividades de exploración y explotación de dichos recursos, a consulta previa y obtener el consentimiento previo de los pueblos afectados. Sin este consentimiento no es posible seguir desarrollando proyectos industriales que dañan la integridad de los territorios. Los pueblos indígenas, titulares del derecho de propiedad sobre los territorios ancestrales, por ende de todos los recursos naturales existentes en ellos, tienen el derecho de aceptar o no la exploración o explotación de los hidrocarburos en sus territorios. En caso de consentimiento, ellos tienen el derecho de participar de las negociaciones con el Estado y las empresas y de obtener el pago respectivo.

Para contrarrestar los efectos negativos de la ocupación ilegítima de los territorios indígenas, el Estado está en la obligación de dictar las medidas necesarias (políticas, legislativas, reglamentarias y de enjuiciamiento) a fin de prevenir, sancionar y reparar los daños causados por las empresas contratistas en los derechos humanos de los pueblos indígenas. Los contratos de licencia que firma deberían contener cláusulas claras que obliguen a las empresas a respetar los derechos individuales y colectivos de los miembros y pueblos indígenas reconocidos internacionalmente. De esta forma, el Estado estaría en la facultad de dar por terminado el contrato si la empresa incumple dicho compromiso. En general, las leyes de inversión, así como los convenios bilaterales de inversión, deberían contener semejantes disposiciones.

Las empresas nacionales o transnacionales dedicadas a actividades hidrocarburíferas también están obligadas a respetar los derechos humanos de todos. Aun cuando el Estado nacional no establezca reglas claras de conducta para el respeto de los derechos humanos en la ejecución de las actividades hidrocarburíferas, las empresas no están liberadas de su responsabilidad de respetarlos. Las empresas deberían guiar sus políticas de trabajo en base al principio de la diligencia debida, la misma que significa el cumplimiento no sólo de las leyes nacionales, sino ante todo el respeto de los derechos humanos reconocidos internacionalmente, y de no fomentar el incumplimiento de las obligaciones estatales asumidas mediante tratados internacionales.

Epílogo

El presente libro es la versión actualizada, perfeccionada y revisada de la tesis doctoral que lleva el título de "Actividades de hidrocarburos en territorios de pueblos indígenas de la Amazonía peruana: Afectación del derecho colectivo al territorio ancestral", sustentada el día el 22 de noviembre del 2013 ante la Comisión Académica de la Facultad de Ciencias Jurídicas de la Universidad de Viena (Austria). Tanto la tesis como la defensa oral han merecido la nota máxima (1: sehr gut) del sistema universitario austríaco. Igualmente, dicha tesis fue nominada para la premiación "Award of Excellence" convocada por el Ministerio de Ciencias e Investigación de Austria, como una de las mejores tesis del período 2013/2014.

Bibliografía

1. Normas internacionales y regionales

African (Banjul) Charter on Human and Peoples' Rights, adopted 27 June 1981, entered into force 21 October 1986

Carta Andina Para la Promoción y Protección de los Derechos Humanos, adoptada por el Consejo Presidencial Andino en Guayaquil, Ecuador, el 26 de julio del 2002

Carta de las Naciones Unidas firmada en San Francisco, Estados Unidos, el 26 de junio de 1945, vigente desde el 24 de octubre de 1945

Carta Mundial de la Naturaleza, aprobada el 28 de octubre de 1982

Convención Americana sobre Derechos Humanos, suscrita en San José de Costa Rica el 22 de noviembre de 1969, en la Conferencia Especializada Interamericana sobre Derechos Humanos

Convención de la Organización para la Cooperación y Desarrollo Económicos del 14 de diciembre de 1960

Convención Internacional sobre la Eliminación de todas las Formas de Discriminación Racial, adoptada el 21 de diciembre de 1965 y en vigor desde el 4 de enero de 1969

Convención para la Protección de la Flora, de la Fauna y de las Bellezas Escénicas Naturales de los Países de América, firmada el 12 de octubre de 1940

Convention on Access to Information, Public Participation in Decision-Making and Access to Justice in Environmental Matters, don at Aarhus, Denmark, on 25 June 1998

Convenio 169 de la Organización Internacional del Trabajo sobre pueblos indígenas y tribales en países independientes, adoptado el 27 de junio de 1989; aprobado en Perú mediante Resolución Legislativa Nro. 26253 del 2 de diciembre de 1993, ratificado el 2 de febrero de 1994 y en vigencia en Perú desde el 2 de febrero de 1995

Convenio sobre la Diversidad Biológica firmado en Río de Janeiro, Brasil, el 5 de junio de 1992

Declaración de Estocolmo sobre el Medio Humano 1972, proclamada por la Conferencia de las Naciones Unidas sobre el Medio Humano reunida en Estocolmo del 5 al 16 de junio de 1972

Declaración de las Naciones Unidas sobre los derechos de los pueblos indígenas, aprobada mediante Resolución 61/295 de la Asamblea General de las Naciones Unidas del 13 de septiembre de 2007

Declaración de Río sobre el Medio Ambiente y el Desarrollo, proclamada por la Conferencia de las Naciones Unidas sobre el Medio Ambiente y el Desarrollo llevada a cabo en Río de Janeiro, Brasil, del 3 al 14 de junio de 1992

Declaración sobre la concesión de la independencia a los países y pueblos coloniales, aprobada mediante Resolución 1514 de la Asamblea General de las Naciones Unidas del 14 de diciembre de 1960

Declaración y Programa de Acción de Viena, aprobados en la Conferencia Mundial de Derechos Humanos organizada en Viena, Austria, del 14 al 25 de junio de 1993

Declaración de Bizkaia sobre el Derecho al Medio Ambiente, proclamada por la Diputación Foral de Bizkaia, Instituto Vasco de Administración Pública, UNESCO Etxea-Centro UNESCO Euskal Herria y el Istituto Pedro Arrupe de Derechos Humanos de la Universidad de Deusto, durante el Seminario Internacional sobre el Derecho al Medio Ambiente, celebrado en Bilbao del 10 al 13 de febrero de 1999

Draft Declaration of Principles on Human Rights and the Environment on 16 May 1994

Pacto Internacional de las Naciones Unidas sobre los Derechos Civiles y Políticos, adoptado el 16 de diciembre de 1966, en vigor desde el 23 de marzo de 1976

Pacto Internacional de las Naciones Unidas sobre los Derechos Económicos, Sociales y Culturales del 16 de diciembre de 1966, vigente desde el 3 de enero de 1976

Programa 21 aprobado por la Conferencia de las Naciones Unidas sobre el Medio Ambiente y el Desarrollo llevada a cabo en Río de Janeiro, Brasil, entre el 3 y 14 de junio de 1992

Protocolo Adicional a la Convención Americana sobre Derechos Humanos en Materia de Derechos Económicos, Sociales y Culturales "Protocolo de San Salvador" adoptado en San Salvador el 17 de noviembre de 1988, en el decimoctavo período ordinario de sesiones de la Asamblea General. Entró en vigor el 16 de noviembre de 1999. Refrendado por Perú el 17 de mayo de 1995

The OECD Declaration and Decisions on International Investment and Multinational Enterprises, DAFFE/IME (2000)20, on 8 November 2000

2. Normas nacionales peruanas

Constitución Política del Perú de 1979, promulgada el 12 de julio de 1979

Constitución Política del Perú de 1993, promulgada el 29 de diciembre de 1993

Decreto Ley 20653 sobre la Ley de Comunidades Nativas y de Promoción Agropecuaria de Regiones de Selva y Ceja de Selva, promulgado el 18 de junio de 1974

Decreto Ley 22175, Ley de Comunidades Nativas y de Desarrollo Agrario de las Regiones de Selva y Ceja de Selva, promulgado el 9 de mayo de 1978

Decreto Legislativo 295, Código Civil peruano, promulgado el 24 de julio de 1984

Decreto Legislativo 635, Código Penal, del 3 de abril de 1991

Decreto Legislativo 662, Ley de Fomento a la Inversión Extranjera, del 29 de agosto de 1991

Decreto Legislativo 757, Ley Marco para el Crecimiento de la Inversión Privada, del 8 de noviembre de 1991

Decreto Legislativo 1078 que modifica la Ley 27446, Ley del Sistema Nacional de Evaluación del Impacto Ambiental, dado el 27 de junio de 2008

Ley 26505, Ley de la Inversión Privada en el desarrollo de las actividades económicas en las tierras del territorio nacional y de las comunidades campesinas y nativas, de fecha 17 de julio de 1995, modificada en su Artículo 7 por la Ley 26570 del 2 de enero de 1996

Ley 26821, Ley Orgánica para el aprovechamiento sostenible de los recursos naturales, promulgada el 25 de junio de 1997

Ley 26834, Ley de Áreas Naturales Protegidas, promulgada el 30 de junio de 1997

Ley 27037, Ley de Promoción de la Inversión en la Amazonía promulgada el 30 de diciembre de 1998

Ley 27446, Ley del Sistema Nacional de Evaluación del Impacto Ambiental, promulgada el 20 de abril de 2001

Ley 28611, Ley General del Ambiente, promulgada el 13 de octubre del 2005

Ley 28736, promulgada el 16 de mayo de 2006, sobre la protección de pueblos indígenas u originarios en situación de aislamiento y en situación de contacto inicial

Ley 29134, Ley que Regula los Pasivos Ambientales del Subsector Hidrocarburos, promulgada el 16 de noviembre de 2007

Ley 29763, Ley Forestal y de Fauna Silvestre, promulgada el 22 de julio de 2011

Ley 29785, Ley del Derecho a la Consulta Previa a los Pueblos Indígenas u Originarios, reconocido en el Convenio 169 de la Organización Internacional del Trabajo (OIT), promulgada el 7 de setiembre de 2011

Ley 30230, Ley que establece medidas tributarias, simplificación de procedimientos y permisos para la promoción y dinamización de la inversión en el país, promulgada el 12 de julio de 2014

Decreto Supremo 003-79-AA, Reglamento de la Ley de Comunidades Nativas y de Desarrollo Agrario de las Regiones de Selva y Ceja de Selva, dictado el 25 de enero de 1979

Decreto Supremo 017-96-AG, del 18 de octubre de 1996, que aprueba el reglamento del Artículo 7 de la Ley 26505 referido a servidumbres sobre tierras para el ejercicio de actividades mineras o de hidrocarburos

Decreto Supremo 003-97-AG, del 7 de abril de 1997, que declara la Zona Reservada de Güeppí para la conservación de la diversidad biológica en Loreto

Decreto Supremo 011-97-AG, del 12 de junio de 1997, que aprueba el Reglamento de la Ley 26505 referida a la inversión privada en el desarrollo de actividades económicas en tierras del territorio nacional y de las comunidades campesinas y nativas.

Decreto Supremo 037-2001-AG, del 23 de junio de 2001, que crea la Reserva Comunal el Sira

Decreto Supremo 038-2001-AG que aprueba el Reglamento de la Ley de Áreas Naturales Protegidas, emitido el 22 de junio de 2001

Decreto Supremo 031-2002-AG, del 11 de mayo del 2002, que establece la Reserva Comunal Amarakaeri ubicada en el departamento de Madre de Dios

Decreto Supremo 028-2003-AG, del 25 de julio de 2003, que crea la Reserva Territorial a favor de los grupos étnicos en aislamiento voluntario y contacto inicial Kugapakori, Nahua, Nanti y otros

Decreto Supremo 032-2004-EM del 18 de agosto de 2004 que aprueba el Reglamento de las Actividades de Exploración y Explotación de Hidrocarburos

Decreto Supremo 008-2005-PCM que aprueba el Reglamento de la Ley 28245, Ley Marco del Sistema Nacional de Gestión Ambiental, dado el 28 de enero de 2005

Decreto Supremo 042-2005-EM del 7 de octubre de 2005 que aprueba el Texto Único Ordenado de la Ley 26221, Ley Orgánica de Hidrocarburos

Decreto Supremo 015-2006-EM, del 2 de marzo de 2006, que aprueba el Reglamento para la Protección Ambiental en las Actividades de Hidrocarburos (derogado por D.S. 039-2014-EM)

Decreto Supremo 008-2007-MIMDES, Reglamento de la Ley para la protección de pueblos indígenas u originarios en situación de aislamiento y en situación de contacto inicial, publicado el 5 de octubre de 2007

Decreto Supremo 023-2007-AG, del 10 de agosto del 2007, que establece la categorización parcial de la Zona Reservada Santiago-Comaina como "Parque Nacional Ichigkat-Cordillera del Cóndor" y "Reserva Comunal Tuntanain"

Decreto Supremo 019-2009-MINAM, del 24 de setiembre de 2009, que aprueba el Reglamento de la Ley 27446, Ley del Sistema Nacional de Evaluación de Impacto Ambiental

Decreto Supremo 015-2010-MINAM, del 26 de octubre del 2010, que aprueba la categorización definitiva de la Reserva Nacional Pucaruro

Decreto Supremo 004-2011-EM que aprueba el Reglamento de la Ley que regula los Pasivos Ambientales del Subsector Hidrocarburos, del 18 de febrero de 2011

Decreto Supremo 001-2012-MC que aprueba el Reglamento de la Ley Nro. 29784, Ley del Derecho a la Consulta Previa a los Pueblos Indígenas u Originarios reconocido en el Convenio 169 de la Organización del Trabajo (OIT), publicado el 3 de abril de 2012

Decreto Supremo 039-2014-EM que aprueba el Reglamento para la Protección Ambiental en las Actividades de Hidrocarburos, publicado el 12 de noviembre de 2014

Decreto Supremo 006-2012-MINAM, del 25 de octubre de 2012, aprobando la categorización de la Zona Reservada Güeppí como Parque Nacional Güeppí-Sekime, así como la Reserva Comunal Himeki y la Reserva Comunal Airo Pai

Resolución Directoral Regional 441-DZA-VIII-73, del 20 de octubre de 1973, de la Dirección Zonal Agraria de Loreto, estableciendo la Reserva Territorial del Estado a favor del grupo etnolingüístico Matsés o Mayoruna

Resolución Directoral 190-97-CTARU/DRA, del 1 de abril de 1997, que declara la Reserva Territorial Mashco-Piro

Resolución Ministerial 0046-90-AG/DGRAAR, publicada el 25 de febrero de 1990, sobre la creación de la Reserva Territorial del Estado a favor de los grupos étnicos Kugapakori y Nahua

Resolución Ministerial 0411-2005-AG, del 21 de abril de 2005, estableciendo la Zona Reservada "Pucaruro" ubicada en el distrito del Tigre, provincia y departamento de Loreto

Resolución Ministerial 0283-2006-AG, del 11 de abril de 2006, que establece la Zona Reservada Sierra del Divisor

3. Sentencias y decisiones

ACPR/COMM/A044/1 del 27 de mayo de 2002, decisión de la Comisión Africana de Derechos Humanos y de Pueblos en el proceso seguido por el pueblo de Ogoni contra el gobierno militar de Nigeria, (http://www.cesr.org/downloads/AfricanCommissionDecision.pdf, mayo 2012)

Expediente 0025-2005-PI/TC y 0026/2005-PI/TC, Sentencia del Tribunal Constitucional peruano emitida el 25 de abril de 2006

Expediente 1206-2005-PA/TC, Sentencia del Tribunal Constitucional del 20 de abril de 2007, en el recurso extraordinario interpuesto por la Asociación de Promotores de Salud del Vicariato San José del Amazonas "Blandine Masicote Perú"

Sentencia de la Corte Interamericana de Derechos Humanos en el caso de la Comunidad Mayagna (Sumo) Awas Tingni contra Nicaragua, dada el 31 de agosto de 2001

Sentencia de la Corte Interamericana de Derechos Humanos, del 17 de junio de 2005, en el Caso de la Comunidad indígena Yakye Axa contra Paraguay

Sentencia de la Corte Interamericana de Derechos Humanos dictada en el caso del Pueblo Saramaka contra Surinam, emitida el 28 de noviembre de 2007

Sentencia de la Corte Interamericana de Derechos Humanos sobre el fondo, reparaciones y costas, dictada en el caso de la Comunidad Indígena Xákmok Kásek vs. Paraguay el 24 de agosto de 2010

Sentencia de la Corte Interamericana de Derechos Humanos, sobre el fondo y reparaciones, recaída en el caso del pueblo indígena Kichwa de Sarayaku vs. Ecuador el 27 de junio de 2012

4. Libros

ALVAREZ ALONSO, José, *Imágenes del Paraiso, La Reserva Nacional Allpahuayo-Mishana*; Instituto de Investigaciones de la Amazonía Peruana-IIAP, Perú, 2006 (http://www.iiap.org.pe/Publicaciones/CD/documentos/L026.pdf, octubre 2010)

ANAYA, S. James, *International Human Rights and Indigenous Peoples*, 1st. Edition, Wolters Kluwer Law and Business, United States of America, 2009

ARMAS, Angel, BÖRNER, Jan, TITO, Marcos, DIAZ, Licely, TAPIA-CORAL, Sandra C., WUNDER, Sven, REYMOND, Louis y NASCIMIENTO, Nathalia, *Pagos por Servicios Ambientales para la conservación de bosques en la Amazonía peruana: Un análisis de viabilidad*, SERNANP, Perú, 2009 (http://www.ibcperu.org/biblioteca/resultado2.php, noviembre 2012)

ATOCHE FERNÁNDEZ, Paola y RODAS RAMÍREZ, Santiago, *Normas de Protección del Medio Ambiente*, 1ra. Edición, Editorial Rodhas, Perú, 2010

AYLWIN OYARZÚN, José, *Ombudsman y Derechos Indígenas en América Latina: Estudio comparativo sobre el marco normativo e institucional*, Instituto Interamericano de Derechos Humanos, Costa Rica, 2006 (http://www.iidh.ed.cr/BibliotecaWeb/PaginaExterna.aspx?url=/BibliotecaWeb/Varios/

Documentos/BD_157895943/Ombudsman-indigenas-completo.pdf, septiembre 2010)

BENAVIDES, Margarita (editora), *Atlas de Comunidades Nativas y Áreas Naturales Protegidas del Nordeste de la Amazonía Peruana*, Perú, 2010

BERNALES BALLESTEROS, Enrique, *La Constitución de 1993, Análisis Comparado,* Perú, 1996

CAMPODÓNICO, Humberto, *Reformas e inversión en la industria de hidrocarburos de América Latina*, Chile, 2004 (http://www.eclac.org/publicaciones/xml/1/20461/Lcl2200e.pdf, diciembre 2011)

CANTUARIAS SALAVERRY, Fernando y LÓPEZ RAYGADA, Pierino S. (editores), *TLC Peru- Estados Unidos: contenido y aplicación,* Universidad Peruana de Ciencias Aplicadas, Perú, 2008

CASAFRANCA VALENCIA, Handersson y CARHUATOCTO SANDOVAL, Henry, *OJOS QUE NO VEN… La Justicia en el caso de los Pueblos Indígenas en Aislamiento Voluntario del Napo Tigre VS la petrolera PERENCO*, Perú, 2009 (http://www.ibcperu.org/doc/isis/11491.pdf, diciembre 2011)

CHARTERS, Claire y STAVENHAGEN, Rodolfo (editores), *El Desafío de la Declaración, Historia y Futuro de la Declaración de la ONU sobre Pueblos Indígenas*, Dinamarca, 2010

CHIRIF, Alberto y CORNEJO CHAPARRO, Manuel (editores), *Imaginario e imágenes de la época del caucho: Los sucesos del Putumayo*, Perú, 2009

CHIRIF, Alberto, GARCÍA, Pedro y SMITH, Richard Chase, *El Indígena y su Territorio*, Perú, 1990 (http://www.ibcperu.org/doc/isis/40.pdf, febrero 2011)

CHIRIF, Alberto y GARCÍA HIERRO, Pedro, *Marcando Territorio, progresos y limitaciones de la titulación de territorios indígenas en la Amazonía*, Perú, 2007

CHIRINOS SOTO, Enrique, *La Constitución.- lectura y comentarios*, Perú, 2010

Conferencia de las Naciones Unidas sobre Comercio y Desarrollo, *Análisis de las Políticas de Inversiones.- Perú*, Suiza, 2000, (www.caf.msinfo.info/bases/biblo/texto/bb-1993.pdf, enero 2012)

DÁVILA ORDOÑEZ, Jimpson y GAMBOA BALBÍN, César, *Análisis Legal de los Contratos de Transporte del Proyecto Camisea*, Perú, 2010 (http://www.dar.org.pe/hidrocarburos/analisis_contratos.pdf, febrero 2011)

DOLZER, Rudolf and SCHREUER, Christoph, *Principles of international investment law*, United States of America, 2008

DOUROJEANNI, Marc, BARANDIARÁN, Alberto y DOUROJEANNI, Diego, *Amazonía Peruana en 2021*, Perú, 2010 (http://www.dar.org.pe/documentos/amazonialibro2cd.pdf, febrero 2011)

FISCH, Jörg, *Das Selbstbestimmungsrecht der Völker.- Die Domestizierung einer Illusion*, Verlag C.H. Beck, Deutschland, 2010

Fundación para el Debido Proceso Legal, Instituto de Defensa Legal, Seattle University School of Law y Oxfam, *El derecho a la consulta de los pueblos indígenas en Perú*, Primera Edición, Estados Unidos de América, 2010 (www.idl.org.pe/webpane/informes/110349file, septiembre 2010)

GALTUNG, Johan, *Menschenrechte anders gesehen*, Suhrkamp Taschenbuch Verlag, Erste Auflage, Deutschland, 1994, übersetzt von Georg Günther

GAMBOA BALBÍN, César, *Reservas territoriales del Estado a favor de pueblos indígenas en aislamiento voluntario o contacto inicial*, DAR, Perú (sin fecha) (http://www.dar.org.pe/hidrocarburos/libro_reservas.pdf, febrero 2011)

GAMBOA BALBÍN, César (editor), *Hidrocarburos y Amazonía peruana: ¿Superposición de derechos u oportunidades para el desarrollo sostenible?*, Derecho, Ambiente y Recursos Naturales, Perú, 2010 (http://www.gruporeddperu.net/superposicion_desarrollo_sostenible.pdf, diciembre 2011)

GAMBOA, César, CUETO, Vanessa y DÁVILA, Jimpson, *Análisis de los Contratos de Gas de Camisea.- Lecciones aprendidas sobre cómo negociar con nuestros recursos naturales (Lotes 88 y 56)*, Perú, 2008 (http://www.dar.org.pe/hidrocarburos/analisis_contratos.pdf, febrero 2011)

GAMBOA, César, SANTILLÁN, Asunta, *Compendio de Normas e Instrumentos sobre Pueblos Indígenas Aislados*, Perú, 2007 (www.dar.org.pe, diciembre 2011)

GARCÍA HIERRO, Pedro y SURRALLÉS, Alexandre, *Antropología de un Derecho.- libre determinación territorial de los pueblos indígenas como derecho humano*, Dinamarca, 2009

GÓMEZ ROBLEDO, Antonio, *El ius cogens internacional.- Estudio histórico-crítico*, Primera reimpresión, Instituto de Investigaciones Jurídicas, Serie Doctrina Jurídica, N° 147, México, 2003 (http://biblio.juridicas.unam.mx/libros/libro.htm?l=1073, marzo 2013)

Grupo Internacional de Trabajo sobre Asuntos Indígenas (IWGIA): *Pueblos indígenas en aislamiento voluntario y contacto inicial en la Amazonía y el Gran Chaco*, Dinamarca, 2007 (http://www.iwgia.org/graphics/Synkron-Library/DocumentsSpanish/PublicacionesPDF/INFORME%209.pdf, diciembre 2010)

GUTIERREZ CAMACHO, Walter (director), *La Constitución Comentada*, Gaceta Jurídica, primera edición, Tomo I, Perú, 2005 (http://juristasfraternitas.wordpress.com//?s=Constituci%C3%B3n+comentada+&search=Ir, mayo 2012)

KÄLIN, Walter und KÜNZLI, Jörg, *Universeller Menschenrechtsschutz*, 2. Auflage, Helbing Lichtenhahn Verlag Nomos, Basel, 2008

KOLARI, Tuula, *The Right to a Decent Environment with Special Reference to Indigenous Peoples*, Juridica Lapponica 31, Rovaniemi University of Lapland, Arctic Centre, The Northern Institute for Environmental and Minority Law, Finland, 2004

MIKKELSEN, Caecilie (editora), *The Indigenous World 2010*, IWGIA, 2010

MINDE, Henry, EIDE, Asbjørn and ÅHRÉN, Mattias, *The UN Declaration on the Rights of Indigenous Peoples.- What made it possible? The work and process beyond the final adoption* Gáldu Cála – Journal of Indigenous Peoples Rights No. 4/2007, Norway, 2007 (http://www.galdu.org/web/index.php?sladja=52&vuolitsladja=101&odashapmi=&giellal=eng, mayo 2011)

MÜLLER-ARMACK, Alfred, *Genealogie der Sozialen Marktwirtschaft*, Deutschland, 1981

NOOKE, Günter, LOHMAN, Georg und WAHLERS, Gerhard, *Gelten Menschenrechte universal? Begründung und Infragestellungen*, Originalausgabe, Herder GmbH, Deutschland, 2008

NOWAK, Manfred, *Einführung in das internationale Menschenrechtssystem*, Neuer Wissenschaftlicher Verlag GmbH, Österreich, 2002

NOWAK, Manfred, *Introduction to the International Human Rights Regime*, Brill Academic Publishers, The Netherlands, 2003

ODECOFROC Perú, equipo de investigación, *Crónica de un engaño, los intentos de enajenación del territorio fronterizo Awajún en la Cordillera del Cóndor a favor de la minería*, IWGIA 2009 (http://www.iwgia.org/iwgia_files_publications_files/0286_Cronica_de_un_Engano.pdf, enero 2012)

Oficina General de Epidemiología del Ministerio de Salud de Perú, *Pueblos en situación de extrema vulnerabilidad: el Caso de los Nanti de la reserva territorial Kugapakori Nahua Rio Camisea, Cusco*, Perú, 2003 (http://www.ibcperu.org/doc/isis/7166.pdf, mayo 2012)

PETERSON, Luke Eric, *Derechos humanos y tratados bilaterales de inversión.- Panorama del papel de la legislación de derechos humanos en el arbitraje entre inversores y Estados*, Canadá, 2009 (http://www.ichrdd.ca/site/publications/index.php?lang=es&subsection=catalogue&id=2871, marzo 2011)

Programa de las Naciones Unidas para el Desarrollo-PNUD, *Informe sobre Desarrollo Humano Perú 2009, por una densidad del Estado al servicio de la gente. Una visión desde las cuencas*, Parte II, Perú, 2009 (http://www.pnud.org.pe/data/publicacion/idh2009vol2-03cap2.pdf, octubre 2010)

ROLDÁN, Roque y CAMAYO, Ana María, *Los Indígenas en el Ordenamiento Institucional del País*, Perú, 1999

SAN ROMÁN, Jesús Víctor, *Perfiles históricos de la Amazonía*, CETA CAAP IIAP, Perú, 1994 (http://www.iiap.org.pe/Publicaciones/CD/documentos/L009.pdf, octubre 2010)

SCURRAH, Martin, editor, *Defendiendo Derechos y Promoviendo Cambios.- El Estado, las Empresas Extractivas y las Comunidades Locales en el Perú*, Primera Edición, Perú, 2008

STAVENHAGEN, Rodolfo, *Los pueblos indígenas y sus derechos*, México, 2007 (www.cinu.org.mx/prensa/.../Libro%20Stavenhagen%20UNESCO.pdf, marzo 2011)

SURRALLÉS, Alexandre, *En el corazón del sentido.- Percepción, afectividad, acción en los candoshi, Alta Amazonía*, traducido por Rosa Álvarez, Primera edición, Instituto Francés de Estudios Andinos e IWGIA, Perú, 2009

TOUZETT GIANELLO, Pedro, *Marcos regulatorios y el rol de las empresas estatales de hidrocarburos. Estudio de caso: Perú*, 2007, (http://temp2.olade.org/documentos2/hidrocarburos/MARCOS%20REGULATORIOS%20-%20ESTUDIO%20DE%20CASO%20PERU.pdf, noviembre 2011)

UN Department of Economic and Social Affairs, Division for Social Policy and Development, Secretariat of the Permanent Forum on Indigenous Issues, *State of the World's Indigenous Peoples*, USA, 2009 (http://www.un.org/esa/socdev/unpfii/documents/SOWIP_web.pdf, febrero 2012)

VEBER, Hanne (compiladora), *Historias para nuestro future Yotantsi Ashi Otsipanik.- Narraciones autobiográficas de líderes Asháninkas y Ashéninkas*, IWGIA, Dinamarca, 2009

5. Artículos, revistas, exposiciones

ABELLO-GALVIS, Ricardo, *Introducción al Estudio de las Normas de Ius Cogens en el seno de la Comisión de Derecho Internacional, CDI*, en Vniversitas, N° 123, pp. 75-104, Colombia, 2011 (www.juridicas.unam.mx, marzo 2013)

AGURTO, Jorge, *La Lucha Indígena en la Cuenca del Rio Corrientes: Una experiencia aleccionadora; en Pueblos Indígenas e Hidrocarburos*, en IWGIA 2-3/2006 (www.iwgia.org, septiembre 2010)

ANDERSON, Mitch, FINER, Matt, HERRIGES, Daniel, MILLER, Andrew and SOLTANI Atossa, *ConocoPhillips in the Peruvian Amazon*, Amazon Watch and Save America's Forests, USA, 2009 (www.amazonwatch.org, www.saveamericasforests.org, diciembre 2011)

BARANDIARÁN GÓMEZ, *Alberto, Camisea y el fantasma de una Política de Hidrocarburos en el Perú*, Perú, 2008 (http://www.ibcperu.org/doc/isis/8914.pdf, diciembre 2011)

BENAVIDES, *Margarita, Conservación, derechos indígenas y poder en la gestión de los bienes comunes. El caso de la reserva comuna El Sira en la Amazonía peruana*, Perú, 2005 (http://www.ibcperu.org/doc/isis/5316.pdf, junio 2011)

BENAVIDES, Margarita, *Amazonía peruana: el choque de dos visiones de desarrollo. La protesta indígena del 2008 y 2009 frente a los decretos legislativos que afectaban sus territorios*, Perú, 2010 (http://www.ibcperu.org/doc/isis/12047.pdf, junio 2011)

BENAVIDES, Margarita y PARIONA, Mario, *La Cooperativa Forestal Yánesha y el sistema de manejo forestal comunitario en la Selva central peruana*, exposición en seminario Forest Ecosystems in the Americas: Community-based Management and Sustainability, University of Wisconsin, Madison, USA, 1994 (http://www.ibcperu.org/doc/isis/2801.pdf, junio 2011)

BOYLE, Alan, *Human Rights and the Environment: A Reassessment*, 2010 (http://www.unep.org/environmentalgovernance/Portals/8/documents/Events/HumanRightsEnvironmentRev.pdf, mayo 2012)

Center for International Environmental Law (CIEL), *One Species, One Planet: Environmental Justice and Sustainable Development*, Final Edition, USA, 2002 (http://ciel.org/Publications/OneSpecies_OnePlanet.pdf, mayo 2012)

CHIRIF, Alberto, *Época del Caucho y Barbarie*; como introducción a la obra "El Proceso del Putumayo" de Carlos Valcárcel, Perú, 2004 (http://www.runa.org.pe/dcultural/informes/archivos/caucho_y_barbarie.pdf, noviembre 2010)

CLAVERO, Bartolomé, *Terra Nullius y Propiedad Indígena (a propósito del caso Comunidad Kákmok Kásek vs. Paraguay)*, España, 2010 (http://clavero.derechosindigenas.org/?p=7494, diciembre 2011)

DELLUTRI, Rodrigo, *El Derecho Humano al Medio Ambiente: El Caso de los Pueblos Autóctonos*, American University International Law Review 24, N° 1, pp. 73-101, 2008 (http://www.auilr.org/pdf/24/24-1-5.pdf, mayo 2012)

Derecho, Ambiente y Recursos Naturales (DAR), *Purús*, Perú, 2010 (http://www.dar.org.pe/documentos/Purus_WWF-DAR.pdf, febrero 2011)

EXENBERGER, Andreas, *Die Soziale Marktwirtschaft nach Alfred Müller-Armack*, Institut für Wirtschaftstheorie, Wirtschaftspolitik und Wirtschaftsgeschichte der Universität Innsbruck WP 97/01, Österreich (http://homepage.uibk.ac.at/~c43207/die/papers/muellerarmack.pdf, noviembre 2011)

FINER, Matt and ORTA-MARTÍNEZ, Martí, *A second hidrocarbon boom threatens the Peruvian Amazon: trends, projections, and policy implications*, United Kingdom, 2010 (http://iopscience.iop.org/1748-9326/5/1/014012, febrero 2012)

FRANCIONI, Francesco, *International Human Rights in an Environmental Horizon*; in The European Journal of International Law, Vol. 21, N° 1, 2010, pp. 41ss (http://ejil.oxfordjournals.org/content/21/1/41.full.pdf+html, mayo 2012)

GAVALDÁ, Marc, *Repsol, Pluspetrol y Petrobras industrializan la Selva del Urubamba*, Perú, 2012 (http://servindi.org/actualidad/57975#more-57975, enero 2012)

Grupo Internacional de Trabajo Sobre Asuntos Indígenas (IWGIA), *Pueblos Indígenas e Hidrocarburos*, Revista 2-3/06 sobre Asuntos Indígenas, Dinamarca, 2006 (http://www.iwgia.org/publications, diciembre 2011)

HEINÄMÄKI, Leena: *The Right to Be a Part of Nature: Indigenous Peoples and the Environment*, Dissertation, Finland, 2010 (http://doria17-kk.lib.helsinki.fi/bitstream/handle/10024/67145/Hein%C3%A4m%C3%A4kiDORIA.pdf?sequence=3, mayo 2012)

Instituto Interamericano de Derechos Humanos, *Campaña Educativa sobre Derechos Humanos y Derechos Indígenas*, Costa Rica, 2007

Instituto Latinoamericano para una Sociedad y un Derecho Alternativos, *El derecho a la consulta previa en América Latina. Del reconocimiento formal a la exigibilidad de los derechos de los pueblos indígenas*, El Otro Derecho N° 40, Colombia, 2009

KUPPE, René, *Derechos Indígenas y Protección del Ambiente ¿Dos Estrategias en Contradicción?*, en Pueblos Indígenas y Derechos Étnicos. VII Jornadas Lascasianas, Universidad Nacional Autónoma de México, Doctrina Jurídica Nro. 5, pp. 173-194, México 1999 (http://biblio.juridicas.unam.mx/libros/1/98/11.pdf, mayo 2012)

MARTÍNEZ, Esperanza, *La Resistencia a la Actividad Petrolera a Nivel Regional, en Pueblos Indígenas e Hidrocarburos*, en IWGIA 2-3/2006 (www.iwgia.org, septiembre 2010)

RIVAS TOLEDO, Alex, *Los Pueblos Indígenas en aislamiento desde los derechos humanos y la conservación de la biodiversidad*, Unión Mundial para la Naturaleza-UICN, Ecuador 2005 (http://www.ibcperu.org/doc/isis/11102.pdf, octubre 2011)

Sociedad Peruana de Derecho Ambiental, *Perspectivas sobre las negociaciones del ALCA, Propiedad intelectual e inversiones*, en Derecho Ambiental N° 12, Perú, 2003 (http://www.spda.org.pe/ver-publicacion.php?id=42, enero 2012)

STAVENHAGEN, Rodolfo, *Los Pueblos Indígenas y su Acceso a los Derechos Humanos*, México, 2003 (http://www.ichrp.org/files/papers/115/123_-_Los_pueblos_ind_genas_y_su_acceso_a_los_derechos_humanos__Stavenhagen__Rodolfo__2003_.pdf, diciembre 2011)

Unión de Nativos Ayoreo de Paraguay, Iniciativa Amotocodie y Grupo Internacional de Trabajo Sobre Asuntos Indígenas, *El Caso Ayoreo*, Informe IWGIA

4, Paraguay, sin fecha (http://www.iwgia.org/iwgia_files_publications_files/0287_El_Caso_Ayoreo_Paraguay_Informe_IGIA_4.pdf, mayo 2012)

VILLENA, Sergio, *Globalización y Multiculturalidad. Pueblos Indígenas y Medio Ambiente en la Amazonía*, en Perfiles Latinoamericanos 17, México, 2000 (http://publicaciones.flacso.edu.mx/images/Perfiles/perfiles17/17Villena.pdf, mayo 2012)

6. Estudios, directrices, informes, guías

A/42/427, informe de la Comisión Mundial sobre el Medio Ambiente y el Desarrollo: *"Nuestro futuro común"*, presentado a la Asamblea General de las Naciones Unidas, 1987 (http://www.un.org/es/comun/docs/?symbol=A/42/427, mayo 2012)

A/66/288, informe del Relator Especial James Anaya, *Los derechos de los pueblos Indígenas*, presentado ante la Asamblea General de las Naciones Unidas, 2011 (http://daccess-dds-ny.un.org/doc/UNDOC/GEN/N11/449/45/PDF/N1144945.pdf?OpenElement, mayo 2012)

A/67/301, informe del Relator Especial James Anaya, *Los derechos de los pueblos indígenas*, James Anaya, presentado ante la Asamblea General de las Naciones Unidas, 1012 (http://unsr.jamesanaya.org/esp/annual-reports/informe-del-2012-a-la-asamblea-general, diciembre 2012)

A/HRC/8/5, informe del Representante Especial del Secretario General sobre la cuestión de los derechos humanos y las empresas transnacionales y otras empresas comerciales, John Ruggie, sobre *Promoción y Protección de Todos los Derechos Humanos, Civiles, Políticos, Económicos, Sociales y Culturales, incluido el Derecho al Desarrollo.- Proteger, respetar y remediar: un marco para las actividades empresariales y los derechos humanos*, 2008 (http://ap.ohchr.org/documents/alldocs.aspx?doc_id=14100, octubre 2012)

A/HRC/12/34/Add.8, informe del Relator Especial sobre la situación de los derechos humanos y las libertades fundamentales de los indígenas, *Observaciones sobre la situación de los pueblos indígenas de la Amazonía y los sucesos del 5 de junio y días posteriores en las provincias de Bagua y Uctubamba*, Perú, 2009 (http://ap.ohchr.org/documents/sdpage_e.aspx?m=73&t=9, diciembre 2012)

A/HRC/17/31, informe del Representante Especial del Secretario General para la cuestión de los derechos humanos y las empresas transnacionales y otras empresas, John Ruggie, *Principios Rectores sobre las empresas y los derechos humanos puesta en práctica del marco de las Naciones Unidas para "proteger, respetar y remediar"*, presentado ante el Consejo de Derechos Humanos de las Naciones Unidas, 2011 (www.ohchr.org/Documents/Publications/GuidingPrinciplesBusinessHR_SP.pdf - 2012-05-06, noviembre 2012)

A/HRC/18/35, informe del Relator Especial sobre la situación de los derechos humanos y las libertades fundamentales de los indígenas, James Anaya, *Industrias extractivas que realizan operaciones dentro de territorios indígenas o en proximidad de ellos,* presentado ante el Consejo de Derechos Humanos de las Naciones Unidas, 2011 (http://daccess-dds-ny.un.org/doc/UNDOC/GEN/N11/449/45/PDF/N1144945.pdf?OpenElement, mayo 2012)

Amnistía Internacional, *Perú: Bagua, seis meses después,* Reino Unido, 2009 (https://doc.es.amnesty.org/cgi-bin/ai/BRSCGI?CMD=VERDOC&BASE=-SIAI&SORT=&DOCR=1&RNG=10&FMT=SIAIWEB3.fmt&SEPARA-DOR=&&INAI=AMR4601709, enero 2013)

Asociación Interétnica de Desarrollo de la Selva Peruana (AIDESEP), *Informe Especializado de las Obligaciones del Estado Peruano sobre la Protección de los Pueblos Indígenas en Aislamiento y en Contacto Inicial de la "Reserva Territorial Kugapakori, Nahua, Nanti y otros"*, primera parte, Perú, 2008 (http://www.dar.org.pe/hidrocarburos/informe_rtkn.pdf, junio 2011)

BARANDIARÁN GÓMEZ, Alberto, *Evaluación Ambiental estratégica en el Perú.- Propuestas para el diseño de esta herramienta,* Perú, 2008 (http://www.dar.org.pe/archivos/publicacion/21_eae.pdf, julio 2012)

CASTILLO CASTAÑEDA, Pedro y DEL CASTILLO, Laureano: *Marco jurídico e institucional del régimen de la propiedad de las comunidades campesinas,* Informe final, Perú, 2011 (www.eclac.org/publicaciones/.../LCL1278P.pdf, diciembre 2012)

CCPR/C/21/Rev.1/add.5, General Comment N° 23, *The rights of minorities (Art 27),* Office of the High Commissioner for Human Rights, 1994 (http://www.unhchr.ch/tbs/doc.nsf/0/fb7fb12c2fb8bb21c12563ed004df111, diciembre 2012)

CCPR General Comment N° 12, *The right to self-determination of peoples (Art. 1),* Office of the High Commissioner for Human Rights, Twenty-first sesión, 1984, (http://www.unhchr.ch/tbs/doc.nsf/0/f3c99406d528f37fc12563ed004960b4, diciembre 2012)

CHE PIU, Hugo, GARCÍA, Tania, *Estudio REDD Perú: La Situación de REDD en el Perú,* Primera Edición, Derecho, Ambiente y Recursos Naturales (DAR), Perú, 2011

Comisión de la Verdad y Reconciliación, *Informe Final sobre el Conflicto Armado Interno ocurrido en Perú entre los años de 1980 y 2000,* Perú, 2003 (http://www.cverdad.org.pe/ifinal/indice.php, noviembre 2010)

Comunidades Nativas de Canaán de Cachiyacu y Nuevo Sucre, del pueblo indígena Shipibo-Conibo, queja presentada ante la Corporación Internacional Financiera, del 6 de abril del 2012, sobre violación de derechos humanos y daños ambientales causados por Maple Energy plc., cliente de dicha corporación

(http://www.accountabilityproject.org/downloads/Peru%20Maple%20complaint%20Spanish.pdf, agosto 2011)

Congreso de la República de Perú, Comisión Especial Multipartidaria Encargada de Estudiar y Recomendar la Solución a la Problemática de los Pueblos Indígenas, *Consulta Previa.- Derecho Fundamental de los Pueblos Indígenas e Instrumento de Gestión Estatal para el Fortalecimiento de la Democracia*, Informe, Perú, 2011

Congreso de la República de Perú, Comisión Multipartidaria Encargada de Estudiar y Recomendar la Solución de la Problemática de los Pueblos Indígenas, *Decretos legislativos vinculados a los pueblos indígenas promulgados por el poder ejecutivo en mérito a la Ley N° 29157*, Informe, Perú, 2008

Defensoría del Pueblo de Perú, *pueblos indígenas en situación de aislamiento y contacto inicial*, Informe Defensorial N° 101, Perú, 2006 (http://www.defensoria.gob.pe/modules/Downloads/informes/defensoriales/informe_101.zip, octubre 2011)

Derecho, Ambiente y Recursos Naturales (DAR), *Manual Informativo.- Derechos de los pueblos indígenas y la actividad de hidrocarburos*, Perú, 2009 (http://www.dar.org.pe/hidrocarburos/manual_ppii.pdf, junio 2011)

E/CN.4/Sub.2/1982/2/Add.6 of the Commission on Human Rights, Sub-Commission on Prevention of Discrimination and Protection of Minorities, *Study of the Problem of Discrimination Against Indigenous Populations*, Final Report (supplementary part) submitted by the Special Rapporteur Mr. José R. Martínez Cobo, 1982 (www.un.org/esa/socdev/unpfil/en/spdaip/html, noviembre 2010)

E/CN.4/Sub.2/1983/21/Add.8 of the Commission on Human Rights, Sub-Commission on Prevention of Discrimination and Protection of Minorities, *Study of the Problem of Discrimination Against Indigenous Populations*, Final Report (last part) submitted by the Special Repporteur Mr. José Martínez Cobo, 1983 (http://www.un.org/esa/socdev/unpfii/documents/MCS_xxi_xxii_e.pdf, noviembre 2010)

Environmental Resources Management Perú, *Estudio de Impacto Ambiental para la Ampliación del Programa de Exploración y Desarrollo en la Locación San Martín Este del Lote 88*, Perú, 2011 (www.erm.com, agosto 2012)

Federación Internacional de Derechos Humanos (fidh), *Empresa y violaciones a los derechos humanos.- Una guía sobre mecanismos de denuncia para víctimas y ONG*,2011

Federación Nativa del Río Madre de Dios y Afluentes (FENAMAD), *Estudio Técnico sobre la presencia de pueblos indígenas en aislamiento voluntario entre las cuencas altas de los Ríos Tambopata, Inambari, Malinowski, Heath y sus afluentes*, Perú, 2009 (http://www.fenamad.org.pe/pdfs/estudio_final_piav.pdf, enero 2012)

Grupo de las Naciones Unidas para el Desarrollo (GNUD), *Directrices sobre asuntos de los pueblos indígenas*, febrero 2008 (http://www.acnur.org/biblioteca/pdf/6451.pdf, noviembre 2010)

HUERTAS CASTILLO, Beatriz, *Despojo Territorial, Conflicto Social y Exterminio: Pueblos indígenas en situación de aislamiento, contacto esporádico y contacto inicial de la Amazonía peruana*, IWGIA, informe 9, 2010 (http://intranet.oit.org.pe/WDMS/bib/virtual/coleccion_tem/pueblo_indigena/indigenas_aislamiento_voluntario.pdf, junio 2011)

Instituto Nacional de Estadística e Informática de Perú (INEI), *Censos Nacionales 2007: XI de Población y VI de Vivienda, resumen ejecutivo, resultados definitivos de las comunidades indígenas*, Perú, 2009 (http://www1.inei.gob.pe/biblioineipub/bancopub/Est/Lib0789/Libro.pdf, febrero 2012)

Observatorio Petrolero de Amazonía Norte, Solsticio Perú, *Contaminación Petrolera en la Cocha Atiliano*, Perú, 2011 (http://www.puinamudt.org/web/images/resized/images/pdf/ContaminacionAtiliano2012.pdf, mayo 2012)

OEA/Ser.L/V/II Doc. 56/09 de la Comisión Interamericana de Derechos Humanos de la Organización de los Estados Americanos, *Derechos de los Pueblos Indígenas y Tribales sobre sus Tierras Ancestrales y Recursos Naturales*, USA, 2009 (http://cidh.org/countryrep/TierrasIndigenas2009/Tierras-Ancestrales.ESP.pdf, febrero 2011)

OECD (2011), *OECD Guidelines for Multinational Enterprises*; OECD Publishing (http://dx.doi.org/10.1787/9789264115415-en, noviembre 2012)

Oficina del Alto Comisionado de las Naciones Unidas para los Derechos Humanos (OHCHR), *Directrices de Protección para los Pueblos Indígenas en Aislamiento y en Contacto Inicial de la Región Amazónica, el Gran Chaco y la Región Oriental de*

Paraguay, Ginebra, 2012 (http://acnudh.org/wp-content/uploads/2012/03/Final-version-Guidelines-on-isolated-indigenous-peoples-february-2012.pdf, marzo 2012)

Organización de Cooperación y Desarrollo Económicos (OCDE), *Marco de Acción para la Inversión*, Francia, 2006 (http://www.oecd.org/general/searchresults/?q=marco de acción para la inversión&cx=012432601748511391518:xzeadub0b0a&cof=FORID:11&ie=UTF-8, octubre 2012)

Organización Internacional del Trabajo (OIT), *Los Derechos de los Pueblos Indígenas y Tribales en la Práctica*, 2009 (http://www.ilo.org/indigenous/Resources/Guidelinesandmanuals/lang–es/docName–WCMS_113014/index.htm, noviembre 2010)

Organización Internacional del Trabajo (OIT), *Monitoreo de los derechos de los pueblos indígenas y tribales a través de los Convenios d la OIT.- Una recopilación de los comentarios de los órganos de control de la OIT 2009-2010*, 2010 (http://www.ilo.org/wcmsp5/groups/public/--ed_norm/--normes/documents/publication/wcms_150209.pdf, febrero 2012)

Organismo de Evaluación y Fiscalización Ambiental (OEFA) de Perú, *Fiscalización Ambiental en Aguas Residuales*, Perú 2014 (https://www.oefa.gob.pe/?wpfb_dl=7827, abril 2015)

Permanent Forum on Indigenous Issues, *Report of the workshop on the Perspectives of Relationships between Indigenous Peoples and Industrial Companies*, Russian Federation 1-4 July 2007 (http://social.un.org/index/IndigenousPeoples/MeetingsandWorkshops/IndigenousPeoplesIndustrialCompanies.aspx, abril 2012)

PR-2767-6 del Secretario al Director Ejecutivo del Banco Interamericano de Desarrollo, *Informe resumen de la ejecución de los compromisos ambientales y sociales del proyecto Camisea*, 2007 (http://idbdocs.iadb.org/wsdocs/getdocument.aspx?docnum=1044709, mayo 2012)

Red Amazónica de Información Socioambiental Georreferenciada (RAISG), *Amazonía Bajo Presión*, 2012 (www.raisg.socioambiental.org, marzo 2013)

SANCHÍS MORENO, Fe, *Guía sobre el Acceso a la Justicia Ambiental.- Convenio de Aarhus*, Asociación para la Justicia Ambiental – ELAW, España, 2007 (http://www.cgae.es/portalCGAE/archivos/ficheros/1192545131597.pdf, junio 2012)

TD/B/C.II/MEM.3/2-2 de diciembre de 2008, de la Conferencia de las Naciones Unidas sobre Comercio y Desarrollo (UNCTAD), Junta de Comercio y Desarrollo, Comisión de la Inversión, la Empresa y el Desarrollo, *La dimensión de desarrollo de los acuerdos internacionales de inversión*, Suiza, 2009 (http://unctad.org/es/Docs/ciimem3d2_sp.pd, abril 2015)

WWF, Zoological Society of London, Global Footprint Network and European Space Agency, *Living Planet,- Biodiversity, biocapacity and better choices*, Report 2012 (http://worldwildlife.org/publications/living-planet-report-2012-biodiversity-biocapacity-and-better-choices, diciembre 2012)

7. Acuerdos bilaterales, convenios, contratos

Contrato de Licencia para la Explotación de Hidrocarburos del Lote 56, suscrito entre PERUPETRO S.A. y el consorcio Pluspetrol Perú Corporation S.A., Hunt Oil Company of Peru L.L.C., sucursal del Perú, SK Corporation, sucursal peruana, Tecpetrol del Perú S.A.C. y Sonatrach Perú Corporation S.A.C., con fecha 25 de junio del 2004

Contrato de Licencia para la Explotación de Hidrocarburos en los lotes 31-B y 31-D suscrito entre PERUPETRO S.A. y la Empresa Maple Gas Corporation del Perú, sucursal peruana, con fecha 30 de marzo de 1994

Contrato de Licencia para la Exploración y Explotación de Hidrocarburos en el Lote 31-E firmado entre PERUPETRO S.A. y la empresa Maple Production del Perú, sucursal peruana con intervención de The Maple Gas Corporation del Perú, Sucursal Peruana, de fecha 6 de marzo de 2001

Contrato de Licencia para la Explotación de Hidrocarburos en el Lote 88, suscrito el 28 de noviembre de 2000 entre PERUPETRO S.A. y el Consorcio integrado por Pluspetrol Perú Corporation y otros. Este contrato fue modificado mediante diferentes acuerdos posteriores, especialmente en cuanto a las empresas del consorcio

Contrato de Licencia para la Exploración y Explotación de Hidrocarburos den el Lote 76 firmado entre PERUPETRO S.A. y Hunt Oil Company of Peru L.L.C., sucursal del Perú, del 2 de mayo de 2006

Convenio de Estudios Regionales en las Áreas I, II, III y IV suscrito entre PERUPETRO S.A. y Petron Resources, L.P., del 26 de abril de 2010

Convenio suscrito entre el Gobierno de la República de Perú y el Gobierno de la República Popular China sobre Promoción y Protección Recíproca de Inversiones con fecha 9 de junio de 1994

Convenio suscrito entra la República del Perú y la República Federal de Alemania sobre Promoción y Protección Recíproca de Inversiones, del 30 de enero de 1995

Convenio suscrito en el Gobierno de la República del Perú y el Gobierno de la República de Finlandia sobre Promoción a Protección de Inversiones, del 14 de junio de 1996

Convenio suscrito entre el Gobierno de la República del Perú y el Gobierno de la República Francesa sobre Promoción y Protección recíproca de Inversiones, del 30 de mayo de 1996

Convenio suscrito entre el Gobierno de la República del Perú y el Gobierno de la República de Corea para la Promoción y Protección Recíproca de Inversiones, del 3 de junio de 1993

Acuerdo para la Promoción y Protección Recíproca de Inversiones entre la República del Perú y el Reino de España, del 17 de febrero de 1996

Agreement between the Government of the United Kingdom of Great Britain and Northern Ireland and the Government of the Republic of Peru for the Promotion and Protection of Investments, 4 October 1993

Convenio suscrito entre la República del Perú y la Confederación Suiza sobre Promoción y Protección Recíproca de Inversiones, del 22 de noviembre de 1991

Modificación del Contrato de Licencia para la Explotación de Hidrocarburos Lotes 31-B y 31-D suscrito por PERUPETRO S.A. y Maple Gas Corporation del Perú S.R.L. y The Maple Companies, Limited, del 2 de enero de 2008

Tratado de Libre Comercio suscrito entre el Gobierno de la República de Perú y el Gobierno de la República Popular China con fecha 28 de abril de 2009

Tratado de Libre Comercio suscrito entre el Gobierno de la República de Perú y Estados Unidos de Norte América con fecha 12 de abril de 2006

Tratado de Libre Comercio suscrito entre Canadá y la República del Perú con fecha 29 de mayo del 2008 y ratificado mediante Decreto Supremo 044-2009-RE del 30 de julio del 2009

Páginas web importantes

Amazon Watch: http://amazonwatch.org/

Asociación Interétnica de Desarrollo de la Selva Peruana (AIDESEP): http://www.aidesep.org.pe/

Business & Human Rights Resource Centre: http://www.business-humanrights.org/SpecialRepPortal/Home

Comisión Interamericana de Derechos Humanos: http://www.oas.org/es/cidh/

Corte Interamericana de Derechos Humanos: http://www.corteidh.or.cr/

Defensoría del Pueblo de Perú: http://www.defensoria.gob.pe/index.php

Derecho, Ambiente y Recursos Naturales (DAR): http://www.dar.org.pe/inicio.htm

Federación Nativa del Río Madre de Dios y Afluentes (FENAMAD): http://fenamad.org.pe/

Foro Permanente para las Cuestiones Indígenas: http://social.un.org/index/Default.aspx?alias=social.un.org/index/indigenouses

Instituto del Bien Común: http://www.ibcperu.org/

International Work Group for Indigenous Affairs (IWGIA): http://www.iwgia.org/

Ministerio de Comercio Exterior y Turismo, donde se publican los Tratados de Libre Comercio (Acuerdos Comerciales): http://www.mincetur.gob.pe/newweb/Default.aspx?tabid=124

Ministerio de Energía y Minas: http://www.minem.gob.pe/

Organización de Cooperación y Desarrollo Económicos (OCDE): http://www.oecd.org/

Organización Internacional del Trabajo: http://www.ilo.org/global/lang-es/index.htm

PERUPETRO S.A., donde se publican los contratos de licencia para la exploración y explotación de hidrocarburos, así como los convenios para estudios de hidrocarburos no convencionales: http://www.perupetro.net.pe/wps/wcm/connect/perupetro/site/InformacionRelevante/Cont_ContratosyConvenios

Relator especial sobre los derechos de los pueblos indígenas: http://www2.ohchr.org/spanish/issues/indigenous/rapporteur/index.htm

Servicios en Comunicación Intercultural (Servindi): http://servindi.org/

Servicio Nacional de Áreas Naturales Protegidas del Estado (SERNANP): http://www.sernanp.gob.pe/sernanp/index.jsp

United Natios Conference on Sustainable Development: http://www.uncsd2012.org/rio20/index.html

United Nations Conference on Trade and Development (UNCTAD), donde se encuentran los tratados de libre comercio de todos los países de la Tierra: http://www.unctadxi.org/templates/DocSearch779.aspx

Índex de nombres

T

U

W

X

Y

Z

www.ingramcontent.com/pod-product-compliance
Ingram Content Group UK Ltd.
Pitfield, Milton Keynes, MK11 3LW, UK
UKHW020641041026
15590UKWH00001B/26

9 783631 670101